物质科学 B

探 究 式 学 习 丛 书
TanjiushiXuexiCongshu

有趣的物质
INTERESTING MATERIAL
（上）

人民武警出版社
2009·北京

图书在版编目（CIP）数据

有趣的物质（上）/周万程，项尚，钱颖丰编著．—北京：人民武警出版社，2009.10

（物质科学探究式学习丛书；1/杨广军主编）

ISBN 978－7－80176－370－9

Ⅰ．有…　Ⅱ．①周…②项…③钱…　Ⅲ．物理学－青少年读物
Ⅳ.04－49

中国版本图书馆 CIP 数据核字（2009）第 192334 号

书名：有趣的物质（上）

主编： 周万程　项尚　钱颖丰
出版发行： 人民武警出版社
经销： 新华书店
印刷： 北京龙跃印务有限公司
开本： 720×1000　1/16
字数： 273 千字
印张： 22
印数： 3000－6000
版次： 2009 年 10 月第 1 版
印次： 2014 年 2 月第 3 次印刷
书号： ISBN 978－7－80176－370－9
定价： 59.60 元（全 2 册）

出版说明

与初中科学课程标准中教学视频 VCD/DVD、教学软件、教学挂图、教学投影片、幻灯片等多媒体教学资源配套的物质科学 A、B、生命科学、地球宇宙与空间科学三套 36 个专题《探究式学习丛书》，是根据《中华人民共和国教育行业标准》JY/T0385－0388 标准项目要求编写的第一套有国家确定标准的学生科普读物。每一个专题都有注册标准代码。

本丛书的编写宗旨和指导思想是：完全按照课程标准的要求和配合学科教学的实际要求，以提高学生的科学素养，培养学生基础的科学价值观和方法论，完成规定的课业学习要求。所以在编写方针上，贯彻从观察和具体科学现象描述入手，重视具体材料的分析运用，演绎科学发现、发明的过程，注重探究的思维模式、动手和设计能力的综合开发，以达到拓展学生知识面，激发学生科学学习和探索的兴趣，培养学生的现代科学精神和探究未知世界的意识，掌握开拓创新的基本方法技巧和运用模型的目的。

本书的编写除了自然科学专家的指导外，主要编创队伍都来自教育科学一线的专家和教师，能保证本书的教学实用性。此外，本书还对所引用的相关网络图文，清晰注明网址路径和出处，也意在加强学生运用网络学习的联系。

本书原由学苑音像出版社作为与 VCD/DVD 视频资料、教学软件、教学投影片等多媒体教学的配套资料出版，现根据读者需要，由学苑音像出版社授权本社单行出版。

出版者

2009 年 10 月

卷首语

朗朗乾坤,芸芸众生,已知未知,有形无形,皆为物质,光怪陆离,妙趣横生。

纵观奇妙的物理世界,有她绰约的风姿,有她靓丽的容颜,有她高深的法力;

漫步神奇的化学殿堂,有她无穷的变化,有她神秘的法术,有她曼妙的舞蹈;

遨游美妙的生物空间,有她和谐的音符,有她诡异的幻化,有她迷人的魅影;

在心灵的悸动中认识物质,

在灵魂的旅途中改造生活,

在生命的画卷中追求唯美……

目 录

纵观奇妙的物理世界

漫步神奇的化学殿堂

物质科学B

纵观奇妙的物理世界

我的精神是气体，可感、有压强。

却难以捕捉。

我的躯壳是液体，

它不停流动，却只朝着一个方向。

我的回忆是固体，

即使很近也被固定在身后，无法搬运。

于是我取丹药、石磺，窃太白法炉，念不二真诀。

将我的精神变成固体，你带不走，却可触摸。

那冷的硬犄和温热的凹陷。

我的回忆变成液体，河床散漫、开阔。

可以向八个方向运动：

在混沌初开的最远处。

与盘古隔篱话桑麻；

移步地平线的左站台。

买往返的车票，

给日晷穿日历的栅栏；

在五、七十年的空旷里，浇地、除尘、偶尔仰头。

吁唏吁唏——

按阳光的寸口，试试它的中气。

我的肉身成为气体，因为分子自由的间距。

可以填充任意一个容器，比如某个省份。

某个动物的重要器官，或者。

某一棵硕大的树。

没有我的世界一片漆黑——电

➤ 囤积的电荷——静电

准备一根干净的塑料吸管和一张新报纸,在报纸上裁下一小块,把它卷裹在吸管外面,然后左手拉住吸管一段,右手捏住报纸卷,将吸管与报纸来回摩擦多次。最后拉出吸管,竖直贴到右手手掌上,再松开手指,奇怪,吸管好像受到一股魔力支配,紧贴在右手掌上不落下来。这是什么原因呢?

干燥的季节里身上可能带静电

用两根吸管和一只一次性塑料杯,还可以做一个更好玩的游戏。把一根已经摩擦过的吸管小心地放在倒置的塑料杯上,然后用手指靠近吸管,就能吸引它转圈。若把另一根吸管摩擦后,再去凑近第一根吸管,却又能把它"驱赶"着转圈。这又是为什么呢?

原来,这些有趣的现象都是因为有了静电这个顽皮的小家伙。

我们都知道摩擦起电而很少听说接触起电。实质上摩擦起电是一种接触又分离的造成正负电荷不平衡的过程。摩擦是一个不断接触与分离的过程。因此摩擦

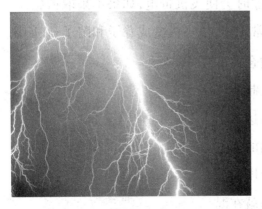

闪电其实也是一种静电放电现象

起电实质上是接触分离起电。在日常生活,各类物体都可能由于移动或摩擦而产生静电。当两个不同的物体相互接触时就会使得一个物体失去一些电荷如电子转移到另一个物体使其带正电,而另一个体得到一些剩余电子的物体而带负电。若在分离的过程中电荷难以中和,电荷就会积累使物体带上静电。所以物体与其它物体接触后分离就会带上静电。通常在从一个物体上剥离一张塑料薄膜时就是一种典型的"接触分离"起电,在日常生活中脱衣服产生的静电也是"接触分离"起电。

另一种常见的起电是感应起电。当带电物体接近不带电物体时会在不带电的导体的两端分别感应出负电和正电。

在干燥和多风的秋天,在日常生活中,我们常常会碰到这种现象:晚上脱衣服睡觉时,黑暗中常听到劈啪的声响,而且伴有蓝光,见面握手时,手指刚一接触到对方,会突然感到指尖针刺般刺痛,令人大惊失色;早上起来梳头时,头发会经常"飘"起来,越理越乱,拉门把手、开水龙头时都会"触电",时常发出"啪、啪"的声响,这就是发生在人体的静电,上述的几种现象就是体内静电对外"放电"的结果。

静电的危害很多,它的第一种危害来源于带电体的互相作用。在飞机机体与空气、水气、灰尘等微粒摩擦时会使飞机带电,如果不采取措施,将会严重干扰飞机无线电设备的正常工作,使飞机变成聋子和瞎子;在印刷厂里,纸页之间的静电会使纸页粘合在一起,难以分开,给印刷带来麻烦;在制药厂里。由于静电吸引尘埃,会使药品达不到标准的纯度;在放电视时荧屏表面的静电容易吸附灰尘和油污,形成一层尘埃的薄膜,使图像的清晰程度和亮度降低;就在混纺衣服上常见而又不易拍掉的灰尘,也是

油罐车用的接地线圈

物质科学B

静电捣的鬼。静电的第二大危害,是有可能因静电火花点燃某些易燃物体而发生爆炸。漆黑的夜晚,我们脱尼龙、毛料衣服时,会发出火花和"叭叭"的响声,这对人体基本无害。但在手术台上,除电火花会引起麻醉剂的爆炸,伤害医生和病人;在煤矿,则会引起瓦斯爆炸,会导致工人死伤,矿井报废。

某静电除尘器的外观

总之,静电危害起因于用电力和静电火花,静电危害中最严重的静电放电引起可燃物的起火和爆炸。人们常说,防患于未然,防止产生静电的措施一般都是降低流速和流量,改造起电强烈的工艺环节,采用起电较少的设备材料等。最简单又最可靠的办法是用导线把设备接地,这样可以把电荷引入大地,避免静电积累。细心的乘客大概会发现;在飞机的两侧翼尖及飞机的尾部都装有放电刷,飞机着陆时,为了防止乘客下飞时被电击,飞机起落架上大都使用特制的接地轮胎或接地线;以泄放掉飞机在空中所产生的静电荷。

我们还经常看到油罐车的尾部拖一条铁链,这就是车的接地线。适当增加工作环境的湿度,让电荷随时放出,也可以有效地消除静电。潮湿的天气里不容易做好静电试验,就是这个道理。科研人员研究的抗静电剂,则能很好地消除绝缘体内部的静电。然而,任何事物都有两面性。对于静电这一隐蔽的捣蛋鬼。只要摸透了它的脾气,扬长避短,也能让它为人类服务。比如,静电印花、静电喷涂、静电植绒、静电除尘和港电分选技术等,已在工业生产和生活中得到广泛应用。静电也开始在淡化海水,喷洒农药、人工降雨、低温冷冻等许多方面大显身手,甚至在宇宙飞船上也安装有静电加料器等静电装置。

物质科学B

▶▶水一样流动的电荷——电流

电流是指电荷的定向移动。电流的大小称为电流强度(简称电流,符号为I),是指单位时间内通过导线某一截面的电荷量,每秒通过1库仑的电量称为1安培(A)。安培是国际单位制中所有电性的基本单位。除了A,常用的单位有毫安(mA)及微安(μA)。物理上规定电流的

传输高压电流的架空线

方向是正电子的流动方向或者负电子的流动的反方向。

电流可以点亮电灯,可以使风扇转动,可以让各种电器工作。但是,电绝不是一个温顺绵羊,如果不小心接触到电门或带电的插座的话,可是会触电的。

触电是由于人体直接接触电源,受到一定量的电流通过人体致使组织损伤和功能障碍甚至死亡。触电时间越长,机体的损伤越严重。低电压电流可使心跳停止(或发生心室纤维颤动),继之呼吸停止。高压电流由于对中枢神经系统强力刺激,先使呼吸停止,再随之心跳停止。雷击是极强的静电电击。

高电压可使局部组织温度高在 2000－4000 度。闪电为一种静电放电,在闪电一瞬间的温度更高,可迅速引起组织损伤和"炭化"。肢体肌肉和肌腱受电热灼伤后,局部水肿,压迫血管,常伴有小营养血管闭塞,引起远端组织缺血、坏死。所以,我们一定要小心用电。

▶▶形成电的小精灵——电子

电子是构成原子的基本粒子之一,质量极小,带负电,在原子中围绕原

子核旋转,是轻子族里一种稳定的亚原子粒子,其静止质量为 9.1066×10^{-28} 克,负电荷的电荷量约为 1.602×10^{-19} 库仑。目前无法再分解为更小的物质。其直径是质子的 0.001 倍,重量为质子的 1/1836。电子围绕原子的核做高速运动。电子通常排列在各个能量层上。当原子互相结合成为分子时,在最外层的电子便会由一原子移至另一原子或成为彼此共享的电子。

原子模型中分布着电子

1897 年,电子的发现最先敲开了通向基本粒子物理学的大门,它宣告了原子是由更基本的粒子组成的,并预告着物理学新时期的即将到来。

大家知道,电子是在它被发现之前命名的。在 19 世纪中期已有人提出了电子理论,但当时并没有引起人们的广泛重视,直到 1896 年洛伦兹的电子理论解释了塞曼效应,尤其是 1897 年汤姆生(J. J. Thomson, 1856 – 1940)在他那有名的实验中,测定了阴极射线的电荷与质量的比值 e/m(后来称做电子的"荷质比"),并通过在卡文迪许实验室进行的电磁场偏转实验和威尔逊云室的轨迹观察,最终确认了电子,从而使电子理论在物理学界引起了人们极大的重视,并为现代物理学的发展起了重大的促进作用。

1932 年 8 月 2 日,美国加州工学院的安德森等人向全世界庄严宣告,他们发现了正电子。

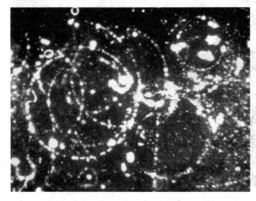

电子在云室中的轨迹

物质科学 B

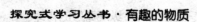

所谓正电子，是指质量、带电量与电子完全相同，但带正电的粒子，最早是由狄拉克从理论上预言的。其实在安德森之前，曾有一对夫妇科学家——约里奥·居里夫妇(皮埃尔·居里夫妇的女婿与女儿)首先观察到正电子的存在，但他们并未引起重视，从而错过了这一伟大发现。这对居里夫妇也为人类作出过杰出贡献，他们除错过了正电子的发现外，还同样错过了中子的发现及核裂变的发现，以至于三次走到诺贝尔物理学奖的门槛前而终未能破门而入。但因他们在放射性方面的杰出贡献，他们仍获得了 1935 年的诺贝尔化学奖。

正电子，其质量为 $m = 9.1 \times 10^{-31}$ 千克，电量为 $g = +1.6 \times 10^{-19}$ 库仑，自旋与电子相同。正电子是如何被检测出来的呢？这就要借助于电磁场中的云雾室了。

我们知道，每一种物质都存在饱和蒸汽压，当外界压强大于该物质的饱和蒸汽压时，这种物质的蒸汽就开始凝结成液滴。但是如果蒸气很纯净，这时即使外界压强超过了它的饱和蒸汽压，蒸汽却不会自动凝结，这就成了过饱和气体。如果这时在过饱和气体中加上一个很小的扰动，如带电粒子的存在或其它杂质的存在，气体就会以这个杂质为核心迅速凝结成小液滴。因此当带电粒子在过饱和蒸汽中飞行时，蒸汽就会沿着粒子飞行的径迹凝结，从而我们通过观测这些液滴的轨迹，就可以知道粒子的运动情况，这就是云雾室，是由著名物理学家威尔逊发明的。

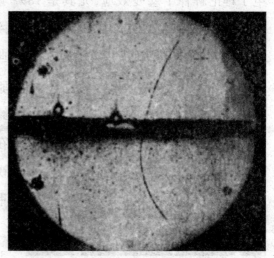

正电子在云室中的轨迹

正电子的发现也是利用云雾室来观测的。在云雾室中充入过饱和的乙醚气,当物质放射出正电子时,正电子穿过云雾室,在正电子运行轨道中出现液滴线,通过外加磁场测量正电子的偏转方向及半径就可以知道它的带电符号,及荷质比(带电量与质量的比值)从而确定正电子的性质。正电子的发现开辟了一个新的研究领域,即反物质领域的研究。

正电子的发现,引起了人们极大的兴趣。很快就查明,正电子不但存在于宇宙射线中,而且在某些有放射性核参加的核反应过程中,也可以找到正电子的径迹。

实验发现,利用能量高于1兆电子伏的γ射线辐射铅板、薄金属箔、气态媒质等都有可能观察到正电子的出现。而且正电子总是和普通电子成对地产生,它们所带的电荷相反,因而在磁场里总是弯向不同的方向,此外,电子对湮灭成光子对的说法也得到实验证实。

人类想象中的正负离子湮灭引擎

人类想象中的正负离子湮灭引擎

电子对的产生及湮灭使人们对基本粒子的认识发生了重大的变化,人们不得不重新考虑究竟什么是基本粒子问题。本来基本粒子意味着这些粒子是构成物质最基本的、不可再分的单元,像电子这样的基本粒子既不能产生,也不会消灭。

但现在发现在适当的条件下,正、负电子对可以成对地产生或湮灭,也就是说可以相互转化。物质的各种形态可以相互转变,这在认识上无疑是个巨大的飞跃。在这以后又发现了更多的反粒子,因而更多的事实反复证实了这一规律。

基本粒子"不基本"？

100 多年前,当美国物理学家 Robert Millikan 首次通过实验测出电子所带的电荷为 $1.602 \times 10^{-19}C$ 后,这一电荷值便被广泛看作为电荷基本单元。然而如果按照经典理论,将电子看作"整体"或者"基本"粒子,将使我们对电子在某些物理情境下的行为感到极端困惑,比如当电子被置入强磁场后出现的非整量子霍尔效应。为了解决这一难题,1980 年,美国物理学家 Robert Laughlin 提出一个新的理论解决这一谜团,该理论同时也十分简洁地诠释了电子之间复杂的相互作用。然而接受这一理论确是要让物理学界付出"代价"的:由该理论衍生出的奇异推论展示,电流实际上是由 1/3 电子电荷组成的。

在一项新的实验中,Weizmann 机构的科学家设计出精妙的方法去检验这一非整电子电荷是否存在。该实验将能很好地检测出所谓的"撞击背景噪声",这是分数电荷存在的直接证据。科学家将一个有电流通过的半导体浸入高强磁场,非整量子霍尔效应随之被检测出来,他们又使用一系列精密的仪器排除外界噪声的干扰,该噪声再被放大并分析,结果证实了所谓的"撞击背景噪声"的确来源于电子,因而也证实了电流的确是由 1/3 电子电荷组成。由此他们得出电子并非自然界基本的粒子,而是更"基本"更"简单"且无法再被分割的亚原子粒子组成。

静电乒乓

在两块竖直放置的平行导体平板之间用绝缘绳悬挂着一个涂覆有金属膜的乒乓球,这就是我们的静电乒乓。

材料准备:平行导体平板、塑料绝缘绳、镀有金属膜的乒乓球。

实验步骤:调节小球位置,使其略偏向于某一平板;用两根导线分别连接起电机的两根放电杆和两块导体平板,顺时针摇动起电机手柄,观察小球运动情况,你能够跟自己解释这种运动现象吗?

实验结果摇动起电机手柄后,小球首先向距离较近的平板摆动,在接触后马上向相反方向摆动至另一极板处,然后再重新摆动回来,如此往复运动,同时发出"乒乓乒乓"的响声,好像两块平板在打乒乓球。

★ 想一想:

为什么开始时要让小球略偏向于某一个平板呢?

挥之即来,呼之即去——磁

≫奇妙的实验——有趣的磁铁

实验材料准备:U型磁铁一块、回形针一枚、白线、钢尺、铁架台。

实验装置描述:用白线分别将U型磁铁和回形针固定在铁架台上,通过调节两者之间的距离,使回形针悬浮在空中。(实验装置图如右所示)

小提示：U 型磁铁和回形针间距约 2cm 的时候实验效果较好,宜选用质地较轻的白线系回形针;为避免实验过程中 U 型磁铁晃动,可用胶带将其固定在铁架台上。

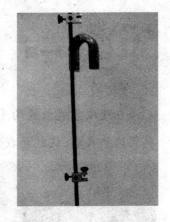

试验装置图

实验步骤：

1、现在回形针已经悬浮在空中了吧？好,拿着钢尺从磁铁和回形针中间水平穿过,看看会发生什么现象？

2、当钢尺吸附在磁铁上时,看看又会发生什么现象？

实验现象：

1、当钢尺从磁铁和回形针中间水平穿过时,回形针会跌落。

2、但是,当钢尺吸附在磁铁上时,回形针又可以站立了。

为什么会发生这样的现象呢？那就要从我们这节的主题——磁铁,开始说起。

➤ 登高一呼,应者云集——磁铁的"号召力"

磁铁又叫"磁石""吸铁石",在日常生活中是一种常见的有趣的物体。这种石头可以魔术般的吸起小块的铁片,而且在随意摆动后总是指向同一方向。早期的航海者把这种磁铁作为其最早的指南针在海上来辨别方向。为什么磁铁能够吸铁呢？要回答这个问题,我们要从物质的内部开始说起。

U 形磁石

大部分物质由分子构成,分子又由原子构成。原子又是由原子核和电子组成的。在原子内部,电子不停地自转,并绕原子核旋转。电子的这两种运动都会产生磁性。但是在大多数物质中,电子运动的方向各不相同、杂乱无章,磁效应相互抵消。因此,大多数物质在正常情况下,并不呈现磁性;而铁、钴、镍或铁氧体等铁磁类物质有所不同,内部的电子自旋可以在小范围内自发地排列起来,形成一个自发磁化区,这种自发磁化区就叫磁畴。铁磁类物质磁化后,内部的磁畴整整齐齐、方向一致地排列起来,使磁性加强,就构成磁铁了。

实际上,磁铁的吸铁过程就是对铁块的磁化过程,磁化了的铁块和磁铁不同极性间产生吸引力,铁块就牢牢地与磁铁"粘"在一起了。我们就说铁有磁性了。

≫"不指南方不肯休"——从指南针到磁的发现

中国是磁的故乡。中华民族很早就认识到了磁现象,磁学是一个历史悠久的研究领域。指南针是中国古代四大发明之一,古代中国在磁的发现、发明和应用上还有许多都居于世界首位,可以说中国是磁的故乡。

公元前 3 世纪,战国时期,《韩非子》中这样记载:"先王立司南以端朝夕"。《鬼谷子》中记载:"郑人取玉,必载司南,为其不惑也"。

公元 1 世纪,东汉王充在《论衡》中写道:"司南之杓,投之于地,其柢指南"。

指南车

公元11世纪,北宋沈括在《梦溪笔谈》中提到了指南针的制造方法:"方家以磁石磨针锋,则能指南……水浮多荡摇,指抓及碗唇上皆可为之,运转尤速,但坚滑易坠,不若缕悬之最善。"同时,他还发现了磁偏角,即:地球的磁极和地理的南北极不完全重合。

可见,磁石的发现、磁石吸铁的发现、磁石指南和最早磁指南器(司南)的发明、指南针的发明和应用、地球磁偏角的发现、地球磁倾角的利用、磁在医药上的应用,北极光地球磁现象和太阳黑子太阳磁现象的发现和最早最多的记载等,都是中国最早发现、发明、应用和记载的,或者居于世界的前列。

司 南

司南简介

上图中的司南是根据汉(前206—公元220年)代的文字资料而制成的仿制品。盘长轴长17.8厘米,短轴长17.4厘米,勺长11.5厘米,口径4.2厘米。

司南大约是把整块的天然磁铁,轻轻地琢磨成勺子的形状,并且把它的S极琢磨成长柄,使重心落在圆而光滑的底部正中。

司南做好以后,还得做一个光滑的底盘。使用的时候,先把底盘放平,再把司南放在底盘的中间,用手拨动它的柄,使它转动。等到司南停下来,它的长柄就指向南方,勺子的口则指向北方。

司南的底盘是用青铜做的,有的是个涂漆的木盘,青铜和漆器都比较光滑,摩擦的阻力比较小,司南转动起来很灵活。这种底盘内圆外方,四周还刻有表示方位的格线和文字。

▶▶大地的"呼唤"——地磁

又称"地球磁场"或"地磁场"。指地球周围空间分布的磁场。地球磁场近似于一个位于地球中心的磁偶极子的磁场。它的磁南极（S）大致指向地理北极附近，磁北极（N）大致指向地理南极附近。地表各处地磁场的方向和强度都因地而异。赤道附近磁场最小（约为0.3－0.4奥斯特），两极最强（约为0.7奥斯特）。

其磁力线分布特点是赤道附近磁场的方向是水平的，两极附近则与地表垂直。地球表面的磁场受到各种因素的影响而随时间发生变化。

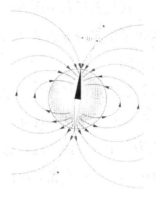

地磁的分布情况

通常把地球磁场分为两部分，即来源于地球内部的"基本磁场"和来源于地球外部的"变化磁场"。

自从人类发现有地磁现象存在，就开始探索地磁起源的问题。人类最早、最朴素的想法就是地球是一块大磁体，北极是磁体的 N 极，南极是磁体的 S 极。这种想法不但中国古代有，在西方1600 年以前吉尔伯特也提出过这样的论点。

太阳与地磁的合作——美丽的极光

但是这种论点有一个片面性，地球本身是个大磁体，这说明地磁场的起因是纯属地球内部的原因。那么地磁场的产生有没有地球外部的原因呢？也就是说地球在太阳系中运行，太阳的磁场，乃至地球在太阳系中最初生成的时刻，有没有形成地磁场的因素呢？

物质科学 B

通过卫星和宇宙飞船对空间环境的探测,从目前的资料来看,虽然太阳黑子引起的电磁暴会剧烈地干扰地磁场,但是可以排除地磁场形成的外部原因。

那么地磁场产生的原因究竟是什么呢?

一种看法认为地球内部有一个巨大的磁铁矿,由于它的存在,使地球成为一个大磁体。这种想象很快被否定了。因为铁磁物质在温度升高到760℃以后,就会丧失磁性。尤其是地心的温度高达摄氏五六千度,熔融的铁、镍物质早就失去了磁性。因而不可能构成地球大磁体。

第二种看法是认为由于地球的环形电流产生地球的磁场。因为地心温度很高,铁镍等物质呈现熔融状态,随着地球的自转,带动着这些铁镍物质也一起旋转起来,使物质内部的电子或带电微粒形成了定向运动。这样形成的环形电流,必定像通电的螺旋管一样,产生地磁场。但是这种理论如何去解释地球磁场在历史上的几次倒转呢?

第三种看法认为是地球内部导电流体与地球内部磁场相互作用的结果,也就是说,地球内部本来就有一个磁场,由于地球自转,带动金属物质旋转,于是产生感应电流。这种感应电流又产生了地球的外磁场。因此这种说法又称做"地球发电机理论"。这种理论的前提是有一个地球内部磁场,那么,这个地球内部磁场又是来源于什么地方呢?它的变化规律又是怎样的呢?这又无法解答了。

此外还有旋转电荷假说、漂移电流假说、热电效应假说、霍耳效应假说和重物旋转磁矩假说等等,这些假说更是不能自圆其说。因此,地磁的起源至今仍然是一个谜。

▷▷ "隐形"的杀手——磁污染

磁污染已成为公认的继大气污染、水质污染、噪声污染之后的第四大污染。国际癌症研究中心提出，居住环境中的磁场强度超过0.4μT(微特斯拉)时，儿童白血病发病率明显升高。

人们生活中存在着磁污染导致的紊乱。比如居住在高压线

无处不在的电磁辐射

下，或电视发射塔附近的居民，许多人会莫名其妙地患上神经衰弱、烦躁、高血压等疾病。因为高压线、电视发射的周围都形成一个巨大的磁场，而这种磁场和地球的磁场，以及我们人体自身的磁场相互干扰，导致人体的磁场紊乱，从而引发不适症状或疾病。

家庭中的电线、电视、电话、收音机、录像机和电脑等，都可形成一个电磁场，都会对人体的磁场产生一定的干扰，对人产生辐射。普通电视机的磁场在屏前5厘米处可达5μT，屏前40厘米外是安全范围。微波炉前5厘米处，磁场强度达8μT，开关附近的磁场最强，离微波炉95厘米以外才是安全范围。电冰箱的磁场强度较低，对人影响不大。总之，近距离接触家用电器均存在不同程度的磁场辐射。连家庭中那些横七竖八的电线也都可形成一个微弱的电磁场。

1998年世界卫生组织最新调查显示，电磁辐射对人体有五大影响:1、电磁辐射是心血管疾病、糖尿病、癌突变的主要诱因;2、电磁辐射对人体生殖系统，神经系统和免疫系统造成直接伤害;3、电磁辐射是造成孕妇流产、不育、畸胎等病变的诱发因素;4、过量的电磁辐射直接影响儿童组织发育、骨骼发育、视力下降;肝脏造血功能下降，严重者可导致视网膜脱落。5、电磁辐射可使男性性功能下降，女性内分泌紊乱，月经失调。

为了减少电磁辐射对人体的危害，有关专家建议:家庭电器的摆设应有讲究。电话、收音机等应远离床头30－50厘米，看电视应在3米之外，

物质科学B

而且时间不能过长。微波炉启动后,应迅速离开,不要逗留。饮食上多食用富含维生素 A、C 和蛋白质的食物,加强机体抗电磁辐射的能力。

≫世界末日还是危言耸听——地磁对调

地磁每一刻都在发生细微变化,但科学家发现,地磁正在减弱,与过去 5000 年相比,其变率在近 300 年来升高,可能是地磁逆转的先兆。事实上,地球自诞生以来,已发生过数百次的地磁逆转,古磁学家表示,它就好像地球进入冰河时期般普通,只是现

科幻电影中所描绘的世界末日的场景

代人类未经历过这种现象而已。事实上,地球自诞生以来,已发生过数百次的地磁逆转,古磁学家表示,它就好像地球进入冰河时期般普通,只是现代人类未经历过这种现象而已。地磁逆转会由"正常"的南磁极(south-magneticpole)和北磁极(northmagneticpole)调转,换句话说,届时指南针的磁针北极会调转指向南极,而不是北极。科学家在大西洋深海采集岩石样本,分析出过去 1.7 亿万年来的地磁逆转记录。

科学家在大西洋深海采集岩石样本,分析出过去 1.7 亿万年来的地磁逆转记录。结果显示,地球平均每 25 万年出现一次地磁逆转现象,然而对上一次发生逆转已是 72 万年前的事,意味地球最新一次的地磁逆转其实早已过期。结果显示,地球平均每 25 万年出现一次地磁逆转现象,然而对上一次发生逆转已是 72 万年前的事,意味地球最新一次的地磁逆转其实早已过期。英国利物浦大学地质学家约翰.

英国利物浦大学地质学家约翰萧,研究由史前时期到现代的陶器,分

析地磁在过去 5000 年的变化。萧,研究由史前时期到现代的陶器,分析地磁在过去 5000 年的变化。陶土含有铁矿物,在烧制陶器的那一刻,铁矿物会根据当时的地磁强度而排列,透过分析陶器上的铁矿物,便能知道几千年来的地磁变化。陶土含有铁矿物,在烧制陶器的那一刻,铁矿物会根据当时的地磁强度而排列,透过分析陶器上的铁矿物,便能知道几千年来的地磁变化。他说:"我们根据陶瓷数据所绘的图表显示,地磁在近 300 年的减弱速度比过去 5000 年来任何时期都厉害。它由强变弱,而且减弱速度非常快。"他说:"我们根据陶瓷数据所绘的图表显示,地磁在近 300 年的减弱速度比过去 5000 年来任何时期都厉害。它由强变弱,而且减弱速度非常快。"按目前减弱速度,地磁可能在数百年内消失,使地球暴露于太空风暴和太阳辐射中,对大气层和地球生物带来难以预料的后果。

按目前减弱速度,地磁可能在数百年内消失,使地球暴露于太空风暴和太阳辐射中,对大气层和地球生物带来难以预料的后果。但地磁亦可能停止减弱,并开始加强,但亦可能在减弱到某一程度时突然逆转,使地球进入新一次"地磁逆转"时期。但地

人类想象中因为地磁逆转而造成世界末日

磁亦可能停止减弱,并开始加强,但亦可能在减弱到某一程度时突然逆转,使地球进入新一次"地磁逆转"时期。美国加州大学圣克鲁斯分校地球学教授格拉茨梅尔,以计算机仿真地磁逆转过程。

美国加州大学圣克鲁斯分校地球学教授格拉茨梅尔,以电脑模拟地磁逆转过程。在地磁逆转之前,地磁会出现混乱和减弱现象,这时地核开始有不寻常变化,部分区域首先出现磁极逆转,令整体磁场减弱,经过一段不

物质科学 B

稳定期,南北磁极终对调。在地磁逆转之前,地磁会出现混乱和减弱现象,这时地核开始有不寻常变化,部分区域首先出现磁极逆转,令整体磁场减弱,经过一段不稳定期,南北磁极终对调。不过我们暂时毋须把指南针丢掉,因地磁逆转过程一般需时数百以至数千年完成。格氏说:"当地磁进入过渡期,它可能会减弱多达90%,届时会有更多宇宙辐射穿过磁场到达地面。全球癌症个案因此稍微上升,卫星通讯亦被扰乱。幸而,我们仍有数百年的时间去准备,我相信那并非什么大灾难,而届时的人类相信已想到办法应付。"

3000 年前的地球磁场

今天的地球磁场

地磁逆转现象在其他星体也有发生,太阳磁场大约 11 年出现一次逆转;火星在 40 亿年前亦出现一次严重的磁场危机,从此失去磁场和大气层,火星上可能存在的生物并因此绝种。我们居住的银河系也带磁性,专家指它也有可能出现磁极逆转。

互动一刻

磁的悬浮魔术

图中的悬浮装置,玻璃罩内是两片相隔一定距离的石墨板,之间放置

了一块立方形的小磁铁，玻璃罩的上面分别
是魔法螺母、环状陶瓷磁铁和可调节圆环。

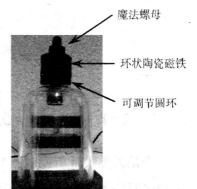

魔法螺母

环状陶瓷磁铁

可调节圆环

接下来，我们就要这个装置来展示磁场
的魔力了，小磁铁能浮起来吗？为什么会浮
起来？没有其他的干扰吗？两个石墨板有
什么用途呢？

实验步骤：稍稍松开魔法螺母，如果玻
璃罩内的小磁铁静止在下面的石墨板上，顺
时针旋转可调节圆环，使环状陶瓷磁铁缓缓下降，同时观察小磁铁的运动
情况，当小磁铁在两片石墨板之间悬浮起来时，停止旋转可调节圆环，并拧
紧螺母。

想想看，如果初始时小磁铁触着在上面的石墨板上，应该如何调节装
置？这时只要逆时针旋转可调节圆环，使环状陶瓷磁铁缓缓上升即可。

实验提示：禁止用扳手之类的工具拧动魔法螺母和可调节圆环，旋转
可调节圆环一定要非常缓慢，否则可能使磁铁在石墨板之间来回不停运
动，形成不稳定的状态。

★ 为什么小磁铁能浮起来？

小磁铁首先受到向下的重力作用，而环状陶瓷磁铁对小磁铁施加向上
的吸引力（只要保持两者相对的一面是异性磁极即可），吸引力的大小随两
者距离的靠近而增大。仔细调节环状陶瓷磁铁的位置，使其施加给小磁铁
的吸引力正好等于小磁铁的重力时，小磁铁就会在两片石墨板之间悬浮
起来。

★ 想一想

我们已经实现了小磁铁奇妙的磁力悬浮，那么有没有办法可以悬浮起
更大、更重的物体呢？

物质科学B

走到哪里，亮到哪里——光

≫莫"视而不见"——认识光

光是人类眼睛所能观察到的一种辐射。我们之所以能够看到客观世界中斑驳陆离、瞬息万变的景象，是因为眼睛接收物体发射、反射或散射的光。光与人类生活和社会实践有着密切的关系实验证明光就是电磁辐射，这部分电磁波的波长范围约在红光的 0.77 微米到紫光的 0.39 微米之间。波长在 0.77 微米以上到 1000 微米左右的电磁波称为"红外线"。在 0.39 微米以下到 0.04 微米左右的称"紫外线"。红外线和紫外线不能引起视觉，但可以用光学仪器或摄影方法去量度和探测这种发光物体的存在。所以在光学中光的概念也可以延伸到红外线和紫外线领域，甚至 X 射线均被认为是光，而可见光的光谱只是电磁光谱中的一部分。

光具有波粒二象性，即既可把光看作是一种频率很高的电磁波，也可把光看成是一个粒子，即光量子，简称光子。

光速取代了保存在巴黎国际计量局的铂制米原器被选作定义"米"的标准，并且约定光速严格等于 299,792,458 米/秒，此数值与当时的米的定义和秒的定义一致。后来，随着实验精度的不断提高，光速的数值有所改变，米被定义为 1/299,792,458 秒内光通过的路程。

在黑暗中闪耀的光

当一束光投射到物体上时,会发生反射、折射、干涉以及衍射等现象。

▶▶ 又一个"你"——光的反射

在照镜子的时候,你会看到镜子里有一个和你一模一样的人,这就是光的反射形成的另一个"你"。光射到物体表面时,会有一部分光被反射回去,这种现象叫光的反射。在反射现象中,反射光线,入射光线和法线都在同一个平面内;反射光线,入射光线分居法线两侧;反射角等于入射角。可归纳为:"三线共面,两线分居,两角相等"

我国古代在这方面具有丰富的知识,在许多实际问题上都反映出来。对人类来说,光的最大规模的反射现象,发生在月球上。我们知道,月球本身是不发光的,它只是反射太阳的光。相传为记载夏、商、周三代史实的《书经》中就提起过这件事。可见那个时候,

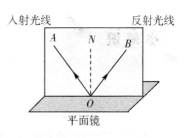

入射线和反射线的关系

人们就已有了光的反射观念。战国时的著作《周髀》裏就明确指出:"日兆月,月光乃生,成明月。"西汉时人们干脆说"月如镜体",可见对光的反射现象有了深一层的认识。《墨经》裏专门记载一个光的反射实验:以镜子把日光反射到人体上,可使人体的影子处于人体和太阳之间。这不但是演示了光的反射现象,而且很可能是以此解释月食的成因。

反射镜成像,就是光线反射的结果。我国古代在这方面是很有创造性的。最早的时候,人们用静止的水面作为光的反射面,当作镜子使用,这镜子叫做"监"。西周金文裏的"监"字写起来很像一个人弯着腰向盛有水的盘子裏照自己的像。这说明在三四千年前,就盛行着利用水面反射成像的方法。到了明清时代,一些穷苦人家也还使用着"水镜"。《儒林外史》裏写的胡屠户,不是要他的女婿范进,撒尿照照自己的形容吗?这话虽不大

雅,但还是一种水镜的遗制,胡屠户决不是发明者。到了周代中期,随着冶炼工艺的进步,才渐渐以金属反射面代替水镜,这才在"监"字的偏旁加以"金",成了"鉴",就是现在大量出土的所谓铜镜了。至于玻璃(反射)镜,那就更晚了。

关于平面镜反射成像规律的研究,在周代后期就在进行了。《墨经》中就指出:平面镜成的像只有一个;像的形状、颜色、远近、正倒,都全同于物体。它还指出:物体向镜面移近,像也向镜面移近,物体远了,像也远了,有对称关系。这个总结是完全正确的。

神奇的魔盒

有这样一个储蓄盒。如果你把硬币从上面小孔投入,只能听见声响,但钱币却不见了。从透窗里看到的永远是一个空盒。这是什么东西在作怪呢?

答案非常简单,魔盒使硬币隐形的原因就在于光的反射。自然界中的物体按照其发光性质,可以分成两类:一类是可以自己发光的,如太阳、恒星等自然光源,以及电灯、火炬等人造光源;另一类本身不能发光,但是可以反射光源发出的光,我们身边绝大多数的物体都属于这一类。可以说,正是由于光的反射,我们眼中才有这样一个五彩缤纷的大千世界。

钻石为什么看上去光彩夺目?木块碎石为什么黯淡无光?这就涉及到物体表面的形状及光滑程度。

大多数物体表面对可见光来说都是粗糙的,它们向四面八方大致均匀地反射来自光源的光,这种反射称为漫反射;而表面光滑的物体,如玻璃和经过精细加工的金属表面,其反射的光就具有方向性,所以我们眼里才能看到清晰的影像。这个玩具盒子的奇妙之处就在于它很好地应用了光的反射。

光的反射在我们身边无处不在,它可以应用在生产、生活、国防和科研的许多方面。光的反射的例子不胜枚举,除了奇特的储蓄盒,多彩的万花筒之外,还有许许多多有关光反射的趣味应用。

≫ 铅笔断了吗? ——光的折射

拿一个透明的玻璃杯装大约2/3的水,再拿一枝铅笔将其一头放入水中,现在从玻璃杯侧面看看那支铅笔,是不是仿佛从中间断开了? 铅笔真的断了吗? 赶紧从水里拿出来看一下,铅笔完好无损,这是为什么呢? 原来,这是光的折射和我们开了一个玩笑。

光从一种介质斜射入另一种介质时,传播方向一般会发生变化,这种现象叫光的折射。光的折射与光的反射一样都是发生在两种介质的交界处,只是反射光返回原介质中,而折射光则进入到另一种介质中,由于光在在两种不同的物质里传播速度不同,故在两种介质的交界处传播方向发生变化,这就是光的折射。值得注意的是在两种介质的交界处,既发生折射,同时也发生反射。

光从空气斜射入水或其他介质中时,折射光线与入射光线、法线在同一平面上,折射光线和入射光线分居法线两侧;折射角小

仿佛断掉的铅笔

物质科学 B

于入射角;入射角增大时,折射角也随着增大;当光线垂直射向介质表面时,传播方向不变,在折射中光路可逆。

➤➤ 折射的魔术——海市蜃楼

平静的海面、大江江面、湖面、雪原、沙漠或戈壁等地方,偶尔会在空中或"地下"出现高大楼台、城郭、树木等幻景,称海市蜃楼。我国山东蓬莱海面上常出现这种幻景,古人归因于蛟龙之属的蜃,吐气而成楼台城郭,因而得名。

蜃景不仅能在海上、沙漠中产生,柏油马路上偶尔也会看到。海市蜃楼是光线在方向密度不同的气层中,经过折射造成的结果。蜃景的种类很多,根据它出现的位置相对于原物的方位,可以分为上蜃、下蜃和侧蜃;根据它与原物的对称关系,可以分为正蜃、侧蜃、顺蜃和反蜃;根据颜色可以分为彩色蜃景和非彩色蜃景等等。

蜃景有两个特点:一是在同一地点重复出现,比如美国的阿拉斯加上空经常会出现蜃景;二是出现的时间一定,比如我国蓬莱的蜃景大多出现在每年的5、6月份,俄罗斯齐姆连斯克附近蜃景往往是在春天出现,而美国阿拉斯加的蜃景一般是在6月20日以后的20天内出现。

自古以来,蜃景就为世人所关注。在西方神话中,蜃景被描绘成魔鬼的化身,是死亡和不幸的凶兆。我国古代则把蜃景看成是仙境,秦始皇、汉武帝曾率人前往蓬莱寻访仙境,还屡次派人去蓬莱寻求灵丹妙药。现代科学已经对大多数蜃景作出了正确解释,认为蜃景是地球上物体反射的光经大

魔幻奇景——海市蜃楼

气折射而形成的虚像,所谓蜃景就是光学幻景。

蜃景与地理位置、地球物理条件以及那些地方在特定时间的气象特点有密切联系。气温的反常分布是大多数蜃景形成的气象条件。

就拿下蜃的形成来说吧。夏季沙漠中烈日当头,沙土被晒得灼热,因沙土的比热小,温度上升极

天空中模糊的景象好像另一个世界

快,沙土附近的下层空气温度上升得很高,而上层空气的温度仍然很低,这样就形成了气温的反常分布,由于热胀冷缩,接近沙土的下层热空气密度小而上层冷空气的密度大,这样空气的折射率是下层小而上层大。当远处较高物体反射出来的光,从上层较密空气进入下层较疏空气时被不断折射,其入射角逐渐增大,增大到等于临界角时发生全反射,这时,人要是逆着反射光线看去,就会看到下蜃。

柏油马路因路面颜色深,夏天在灼热阳光下吸收能力强,同样会在路面上空形成上层的空气冷、密度大,而下层空气热、密度小的分布特征,所以也会形成下蜃。

发生在沙漠里的"海市蜃楼",就是太阳光遇到了不同密度的空气而出现的折射现象。沙漠里,白天沙石受太阳炙烤,沙层表面的气温迅速升高。由于空气传热性能差,在无风时,沙漠上空的垂直气温差异非常显著,下热上冷,上层空气密度高,下层空气密度低。当太阳光从密度高的空气层进入密度低的空气层时,光的速度发生了改变,经过光的折射,便将远处的绿洲呈现在人们眼前了。在海面或江面上,有时也会出现这种"海市蜃楼"的现象。

海市蜃楼是一种光学幻景,是地球上物体反射的光经大气折射而形成的虚像。海市蜃楼简称蜃景,根据物理学原理,海市蜃楼是由于不同的空气层有不同的密度,而光在不同的密度的空气中又有着不同的折射率。也就是因海面上暖空气与高空中冷空气之间的密度不同,对光线折射而产生的。蜃景与地理位置、地球物理条件以及那些地方在特定时间的气象特点有密切联系。气温的反常分布是大多数蜃景形成的气象条件。

≫肥皂泡上的彩色条纹——光的干涉

小时候,很多人都吹过肥皂泡,吹出的泡泡在阳光的照耀下闪烁着五彩缤纷的光芒,这就是光的干涉现象。

干涉的定义为两列或几列光波在空间相遇时相互叠加,在某些区域始终加强,在另一些区域则始终削弱,形成稳定的强弱分布的现象。只有两列光波的频率相同,位相差恒定,振动方向一致的相干光源,才能产生光的干涉。由两个普通独立光源发出的光,不可能具有相同的频率,更不可能存在固定的相差,因此,不能产生干涉现象。

通常的独立光源是不相干的。这是因为光的辐射一般是由原子的外层电子激发后自动回到正常状态而产生的。由于辐射原子的能量损失,加上和周围原子的相互作用,个别原子的辐射过程是杂乱无章而且常常中断,持续对同甚短,即使在极度稀薄的气体发光情况下,和周围原子的相互作用已减至最弱,而单个原子辐射的持续时间也不超过10^{-8}秒。当某个原子辐射中断后,受到激发又会重新辐射,但却具有新韵初相位。这就是说,原子辐射的光波并不是一列连

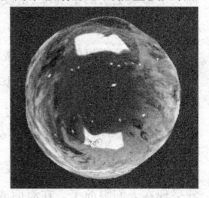

有着斑驳花纹的肥皂泡

续不断、振幅和频率都不随时间变化的简谐波,即不是理想的单色光,而是如图所示,在一段短暂时间内(如 $\tau=10-8s$)保持振幅和频率近似不变,在空间表现为一段有限长度的简谐波列。此外,不同原子辐射的光波波列的初相位之间也是没有一定规则的。这些断续、或长或短、初相位不规则的波列的总体,构成了宏观的光波。由于原子辐射的这种复杂性,在不同瞬时叠加所得的干涉图样相互替换得这样快和这样地不规则,以致使通常的探测仪器无法探测这短暂的干涉现象。

尽管不同原子所发的光或同一原子在不同时刻所发的光是不相干的,但实际的光干涉对光源的要求并不那么苛刻,其光源的线度远较原子的线度甚至光的波长都大得多,而且相干光也不是同一时刻发出的。这是因为实际的干涉现象是大量原子发光的宏观统计平均结果,从微观上来说,光子只能自己和自己干涉,不同的光子是不相干的;但是,宏观的干涉现象却是大量光子各自干涉结果的统计平均效应。

≫ "休想拦住我!"——光的衍射

光在传播过程中,遇到障碍物或小孔(窄缝)时,它有离开直线路径绕道障碍物阴影里去的现象。这种现象叫光的衍射。衍射时产生的明暗条纹或光环,叫衍射图样。产生衍射的条件是:由于光的波长很短,只有十分之几微米,通常物体都比它大得多,但是当光射向一个针孔、一条狭缝、一根细丝时,可以清楚地看到光的衍射。用单色光照射时效果好一些,如果用复色光,则看到的衍射图案是彩色的。

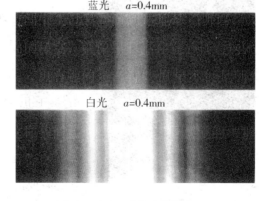

蓝光 $a=0.4mm$

白光 $a=0.4mm$

白光和蓝光形成的衍射条纹

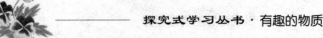

衍射分为两种，分别是狭缝衍射和小孔衍射。

光照射到狭缝上就会出现衍射现象，当狭缝很宽时，缝的宽度远远大于光的波长，衍射现象极不明显，光沿直线传播，在屏上产生一条跟缝宽度相当的亮线；但当缝的宽度调到很窄，可以跟光波相比拟时，光通过缝后就明显偏离了直线传播方向，照射到屏上相当宽的地方，并且出现了明暗相间的衍射条纹，纹缝越小，衍射范围越大，衍射条纹越宽，但亮度越来越暗。

光波照射到小孔上，当孔半径较大时，光沿直线传播，在屏上得到一个按直线传播计算出来一样大小的亮光圆斑；减小孔的半径，屏上将出现按直线传播计算出来的倒立的光源的像，即小孔成像；继续减小孔的半径，屏上将出现明暗相间的圆形衍射光环。

▶▶ "受刺激"的光——激光

激光的最初中文名叫做"镭射"、"莱塞"，是它的英文名称 LASER 的音译，是取自英文 Light Amplificationby Stimulated Emission of Radiation 的各单词的头一个字母组成的缩写词。意思是"受激辐射的光放大"。激光的英文全名已完全表达了制造激光的主要过程。1964 年按照我国著名科学家钱学森建议将"光受激发射"改称"激光"。

炫目的激光

激光是 20 世纪以来，继原子能、计算机、半导体之后，人类的又一重大发明，被称为"最快的刀"、"最准的尺"、"最亮的光"和"奇异的激光"。它的原理早在 1916 年已被著名的物理学家爱因斯坦发现，但要直到 1958 年激光才被首次成功制造。激光是在有理论准备和生产实践迫切需要的背景下应运而生的，它一问世，就获得了异乎寻常的飞快发展，激光的发展不仅使古老的光学科学和光学技术获得了新生,而且导致整个一门新兴产业的出现。激光可使人们有效地利用前所未有的先进方法和手段,去获得空前的效益和成果,从而促进了生产力的发展。

激光有以下几个特点。

定向发光:普通光源是向四面八方发光。要让发射的光朝一个方向传播,需要给光源装上一定的聚光装置,如汽车的车前灯和探照灯都是安装有聚光作用的反光镜,使辐射光汇集起来向一个方向射出。激光器发射的激光,天生就是朝一个方向射出,光束的发散度极小,大约只有 0.001 弧度,接近平行。1962 年,人类第一次使用激光照射月球,地球离月球的距离约 38 万公里,但激光在月球表面的光斑不到两公里。若以聚光效果很好,看似平行的探照灯光柱射向月球,按照其光斑直径将覆盖整个月球。

亮度极高:在激光发明前,人工光源中高压脉冲氙灯的亮度最高,与太阳的亮度不相上下,而红宝石激光器的激光亮度,能超过氙灯的几百亿倍。因为激光的亮度极高,所以能够照亮远距离的物体。红宝石激光器发射的光束在月球上产生的照度约为 0.02 勒克斯(光照度的单位),颜色鲜红,激光光斑明显可见。

若用功率最强的探照灯照射月球,产生的照度只有约一万亿分之一勒克斯,人眼根本无法察觉。激光亮度极高的主要原因是定向发光。大量光子集中在一个极小的空间范围内射出,能量密度自然极高。

颜色极纯:光的颜色由光的波长(或频率)决定。一定的波长对应一定的颜色。太阳光的波长分布范围约在 0.76 微米至 0.4 微米之间,对应的颜色从红色到紫色共 7 种颜色,所以太阳

科幻影片和游戏中的激光刀

光谈不上单色性。发射单种颜色光的光源称为单色光源,它发射的光波波长单一。比如氪灯、氦灯、氖灯、氢灯等都是单色光源,只发射某一种颜色的光。单色光源的光波波长虽然单一,但仍有一定的分布范围。如氪灯只发射红光,单色性很好,被誉为单色性之冠,波长分布的范围仍有 0.00001 纳米,因此氪灯发出的红光,若仔细辨认仍包含有几十种红色。由此可见,光辐射的波长分布区间越窄,单色性越好。激光器输出的光,波长分布范围非常窄,因此颜色极纯。

以输出红光的氦氖激光器为例,其光的波长分布范围可以窄到 2×10^{-9} 纳米,是氪灯发射的红光波长分布范围的万分之二。由此可见,激光器的单色性远远超过任何一种单色光源。

此外,激光还有其它特点:

相干性好。激光的频率、振动方向、相位高度一致,使激光光波在空间重叠时,重叠区的光强分布会出现稳定的强弱相间现象。这种现象叫做光的干涉,所以激光是相干光。而普通光源发出的光,其频率、振动方向、相位不一致,称为非相干光。

闪光时间可以极短。由于技术上的原因,普通光源的闪光时间不可能很短,照相用的闪光灯,闪光时间是千分之一秒左右。脉冲激光的闪光时间很短,可达到 6 飞秒(1 飞秒 = 10^{-15} 秒)。闪光时间极短的光源在生产、科研和军事方面都有重要的用途。

月球激光测距

利用激光直接测定月地之间距离的技术。它的基本原理是:通过望远镜从地面测站向月球发射一束脉冲激光,然后接收从月球表面反射回来的激光回波,通过测站上的计数器测定激光往返的时间间隔,便可推算出月球距离。月球激光测距的原理与经典的天体方位测量原理完全不同。大气对测距的影响很小,可以根据测站的气象资料加以修正。因此大气折射不再是观测精度的严重阻碍。但由于回波很弱,观测要求有很好的透明度。

月球激光测距系统中采用的激光器大多是脉冲红宝石激光器,脉冲功率高达千兆瓦,脉冲宽度为2~4毫微秒。激光束经过望远镜准直后的发散角仅2~4角秒,一般几秒钟发射一次。发射和接收可使用同一个望远镜,其口径一般要大于1米。

回波光讯号极其微弱,通常在接收器的阴极面上仅能产生一个光电子,所以相应地发展了一套单光电子接收技术。在最近研制的新型月球测距系统中,采用了脉宽小于1毫微秒的钇铝石榴石激光器。这样,就有可能在几年内使测距精度达到2~3厘米。

地面测站与月面反射器之间的距离及其变化包含了十分丰富的信息。几年来,应用精确的月球测距资料,已经大大改进了月球的轨道计算;研究了月球物理天平动和内部结构模型;精确测定了反射器的月面坐标,改进了地面测站的地心坐标以及地月系的质量数据;同时还检验了引力理论,证明了广义相对论的正确性。今后还会运用精确的月球测距资料来研究地和极移、测量板块运动等十分重要的课题。

互动一刻

探究光的衍射

戈达德地球物理与天文观测站的激光测距仪工作掠影

材料准备:半导体激光器、电

源、光栅。

实验步骤:由半导体激光器发出的光

先经过一个一维光栅,再通过一个正交光

栅,齿轮带动正交光栅转动,射出的光打在

光屏上。

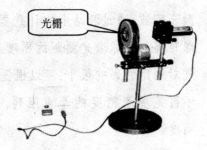

光栅

物质科学B

★ 你看到了什么?

图中,光最后打在光屏上呈现的图像,该图像以中间亮点为圆心在光屏上转动。

是不是很奇妙?为什么会出现这种现象呢?光不是沿直线传播吗?为什么在光屏上会显示出那么多的光点呢?莫非光也具有转弯的本领?

★ 给你个提示

太阳光直接射到许多等宽的狭缝后,每个缝发出的光本身会发生衍射,各个缝之间发出的光会发生干涉。看到的现象是干涉和衍射的相互作用的结果。激光器发出的单色光通过一维光栅以后会形成亮度不同的条纹。如光栅的缝宽、缝距已知,则只需测出待测波长光谱线的偏向角,便可算出相应的光波的波长值。

★ 术语解释

①平面衍射光栅

把许多等宽的狭缝,等距平行地密排起来(如每毫米中排几十、几百到一千多条)形成的光学元件叫平面衍射光栅。

②正交光栅

把两组刻线以90°的夹角复合在一块模板上,则形成正交光栅,正交光栅的两组光谱也有着与两组刻线相同的夹角。

③光谱

含有多种颜色的光被分解后,各种色光按其波长有序排列就是光谱。

无处不在——空气

◆空气的魔力——喷泉实验

1. 仪器的装置(如图所示)。

(1)上端封闭的玻璃管:管子越长效果越好,最好选用牛顿管之类的玻璃管。(2)喷水管:选用长度约20cm左右的尖嘴玻璃管,其一端接有橡胶管。(3)出水管:上端用玻璃管,下端用有一定硬度的橡胶管。(4)储水槽:可与自来水嘴相连,用来提供持续的水源。(5)接水槽:盛接出水管流出的水,也可直接把出水口与下水道相通。(6)橡皮塞:用于封闭玻璃管口。

2. 安装与调试。

(1)将喷水管和出水管插入橡皮塞,然后用止水夹夹住进水口和出水口。(2)将玻璃管装适量的水后并盖紧橡皮塞。将整个装置倒置,然后固定在支架上。(3)将喷水管插入储水槽后,再同时打开止水夹,这时喷泉就可以工作了。(4)如玻璃喷管中水面高于喷嘴时将对喷水高度有影响,这时可调整出水口到进水口的高度差。如果水面较低时由于管外空气压强要比管内空气压强大,这时空气容易通过出水管进入玻璃喷管,使整个装置停止工作。

3. 工作原理

当水沿出水管流出时,封闭的玻璃管中空气的体积增大,压强减小,使管外大气压强大于管中空气的压强,

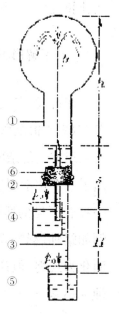

试验装置图

物质科学 B

所以水能从喷嘴喷出。喷射的水柱高度由储水槽到接水槽水平面的高度差来决定。

熊熊的火焰

水柱喷射高度的计算方法如下:设空气压强为 p_0,玻璃喷管中的空气压强为 p,接水槽到储水槽的高度差为 H,储水槽液面到玻璃管中液面的高度差为 s,喷射水柱高度为 h。则储水槽液面的压强应满足:

$$p_0 = \rho g s + \rho g h + p$$

接水槽液面的压强也应满足:

$$p0 = \rho g H + \rho g s + p$$

由以上两式可得 $H = h$,即水柱高度等于出水口到进水口的高度差,由于水与管之间有阻力,因而实际上 $h < H$。该实验不仅说明了大气压的存在,同时也是利用大气压的一个很有趣的实验。

≫ 了解形影不离的"客人"——空气的成分

在古代,空气曾被人们认为是简单的物质,在 1669 年梅猷曾根据蜡烛燃烧的实验,推断空气的组成是复杂的。德国史达尔约在 1700 年提出了一个化学理论,就是"燃素学说"。他认为有一种看不见的所谓的燃素,存在于可燃物质内。例如蜡烛燃烧,燃烧时燃素逸去,蜡烛缩小下塌而化为灰烬,他认为,燃烧失去燃素现象,即:蜡烛 - 燃素 = 灰烬。然而燃素学说终究不能解释自然界变化中的一些现象,它存在着严重的矛

拉瓦锡像

盾。第一是没有人见过"燃素"的存在；第二金属燃烧后质量增加，那么"燃素"就必然有负的质量，这是不可思议的。

1774 年法国的化学家拉瓦锡提出燃烧的氧化学说，才否定燃素学说。拉瓦锡在进行铅、汞等金属的燃烧实验过程中，发现有一部分金属变为有色的粉末，空气在钟罩内体积减小了原体积的 1/5，剩余的空气不能支持燃烧，动物在其中会窒息。

他把剩下的 4/5 气体叫做氮气（原文意思是不支持生命），在他证明了普利斯特里和舍勒从氧化汞分解制备出来的气体是氧气以后，空气的组成才确定为氮和氧。

空气的成分以氮气、氧气为主，是长期以来自然界里各种变化所造成的。在原始的绿色植物出现以前，原始大气是以一氧化碳、二氧化碳、甲烷和氨为主的。

在绿色植物出现以后，植物在光合作用中放出的游离氧，使原始大气里的一氧化碳氧化成为二氧化碳，甲烷氧化成为水蒸气和二氧化碳，氨氧化成为水蒸气和氮气。

以后，由于植物的光合作用持续地进行，空气里的二氧化碳在植物发生光合作用的过程中被吸收了大部分，并使空气里的氧气越来越多，终于形成了以氮气和氧气为主的现代空气。

空气是混合物，它的成分是很复杂的。空气的恒定成分是氮气、氧气以及稀有气体，这些成分所以几乎不变，主要是自然界各种变化相互补偿的结果。空气的可变成分是二氧化碳和水蒸气。空气的不定成分完全因地区而异。例如，在工厂区附近的空气里就会因生产项目的不同，而分别含有氨气、酸蒸气等。另外，空气里还含有极微量的氢、臭氧、氮的氧化物、甲烷等气体。灰尘是空气里或多或少的悬浮杂质。总的来说，空气的成分一般是比较固定的。

物质科学B

与氧气"擦肩而过"的科学家

实际上,瑞典药剂师及化学家舍勒(Karl Wilhelm Scheele,1742~1786)才是最早发现氧气的人。1771年,舍勒在加热氧化汞时,发现了一种具有奇特性质的新型气体。它无色、无臭,身处其中的小动物如老鼠非常活泼。带火星的木条放进这种气体,会立刻冒出火焰。舍勒把这种气体称为"火气",成为第一个发现空气中含有两种气体、一种能够支持燃烧而另一种不能的人。他立刻写了一本叫做《论空气和火的化学》的书,描述了这些实验。

舍勒之所以被科学史家所忽略,很大程度上该归咎于他的赞助人、瑞典化学家伯格曼(Torbern Bergman,1735~1784)太懒。伯格曼答应给舍勒的书写序言,生性安静恬退的舍勒可能是太羞怯,也可能是太专注于其它的研究,不愿去向伯格曼唠叨。结果伯格曼拖了很久才把序言写出来,舍勒的出版商(有时候他也会因为这本书出得太迟而受到商(有时候他也会因为这本书出得太迟而受到指责)直到1777年

舍勒像

才得以出版这本书。这时候,普利斯特列类似实验的结果已经发表很久了,他获得了发现氧气的荣誉。

≫感觉不到的压力——大气压强

地球表面覆盖有一层厚厚的由空气组成的大气层。在大气层中的物体,都要受到空气分子撞击产生的压力,这个压力称为大气压力。也可以

认为,大气压力是大气层中的物体受大气层自身重力产生的作用于物体上的压力。

由于地心引力作用,距地球表面近的地方,地球吸引力大,空气分子的密集程度高,撞击到物体表面的频率高,由此产生的大气压力就大。距地球表面远的地方,地球吸引力小,空气分子的密集程度低,撞击到物体表面的频率也低,由此产生的大气压力就小。因此在地球上不同高度的大气压力是不同的,位置越高大气压力越小。此外,空气的温度和湿度对大气压力也有影响。

在物理学中,把纬度为45度海平面(即拔海高度为零)上的常年平均大气压力规定为1标准大气压(atm)。

气压的单位有毫米和毫巴两种:以水银柱高度来表示气压高低的单位,用毫米(mm)。

例如气压为760毫米,就是表示当时的大气压强与760毫米高度水银柱所产生的压强相等。另一种是毫巴(mb)。它是用单位面积上所受大气柱压力大小来表示气压高低的单位。1毫巴=1000达因/平方厘米(1巴=1000毫巴)。因此,1毫巴就表示在1平方厘米面积上受到1000达因的力。气压为760毫米时相当于1013.25毫巴,这个气压值称为一个标准大气压。

大气压力的产生是地球引力作用的结果,由于地球引力,大气被"吸"向地球,因而产生了压力,靠近地面处大气压力最大。由于大气的质量愈近地面愈密集,愈向高空愈稀薄,所以气压随高度的变化值也是愈靠近地面愈

美丽的大气层

大。据实测,在距离地面较近的地方,高度每升 100m,气压平均降低 9.5mm 汞柱高,在高空中则小于此数值。

气压无时无刻不在变化。在通常情况下,每天早晨气压上升,到下午气压下降;每年冬季气压最高,夏季气压最低。但有时候,如在一次寒潮影响时,气压会很快升高,冷空气一过气压又慢慢降低。

气压差和高度差的关系

气压(毫巴)	1010	1000	900	800	700	600	500	400
相应高(米)	0	100	1,000	2,000	3,000	4,000	5,500	7,200
高度差(米)	10.5	11.2	12.2	13.3	15.0	16.9	19.5	23.3

≫家中看"极光"——夜光云现象

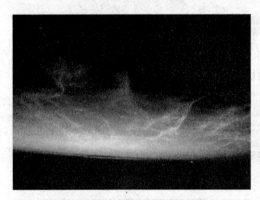

曾出现于芬兰上空的夜光云

夜光云一直是天文科学家的关注焦点,它在空中发出明亮、蓝色的光线,成为一道不折不扣的美丽"风景线"。然而有关夜光云的形成与发展却仍是一个谜团。

近期,科学家们强调指出,近年来一种发出蓝光的夜光云变得更加光亮,范围更加扩大。许多科学家认为,该夜光云现象可能是由全球变暖现象引起的。

夜光云形成于大气层顶部,高度大约是 80 千米,它发出的亮光只有日落之后和日出之前能看到。据悉,夜光云第一次被人类探测到是于 1885 年在两极地区。

科学家认为这一现象可能是由 1883 年印尼喀拉喀托火山爆发造成

的,然而科学家发现夜光云的形成并不能简单地归咎于火山爆发。美国汉普顿大学詹姆士·拉塞尔在接受《新科学家》杂志采访时说,"一百年前,夜光云集中于纬度50°的位置,近年来却已扩散至纬度40°的范围,它每年都比以往更加光亮。"

目前,许多研究人员相信夜光云的成因是由于人类行为造成的。拉塞尔表示,夜光云的形成需要三个因素:水、水分子浓缩附着的微粒和寒冷的气温,地球污染和全球转暖可为以上因素中的两个提供有利条件。

大气层中的水是由农业作物和燃料燃烧提供的,燃料燃烧可在大气层释放甲烷沼气,经日光分解之后,甲烷分解出氢分子,与氧分子结合便组成水分子。地球污染形成和导致温室效应的气体中包含二氧化碳、甲烷等气体。

同时,诸如二氧化碳这样的温室效应气体还有助于冷却大气层顶端,云层在大气层顶端形成,二氧化碳可为夜光云的形成提供寒冷的气温。

对于形成夜光云的微粒,迄今为止科学家们仍不能清楚地确定这些云层的"种子"来自何方。云层是在地球夏季的几个月内形成的,那时地球两极沐浴在充沛的日光之中,很有可能低纬度地区由于温度高,尘埃微粒到达大气层,在那里与水分子凝固。同时,微粒也有可能来自宇宙,从太空中降落到达地球大气层。

目前,美国航空宇航局(NASA)计划发射一艘宇宙太空船,执行大气中间层冰现象超高层气流研究(简称AIM)任务,这将是致力于研究夜光云现象的第一艘太空船。

据透露,AIM任务将采用三种手段研究夜光云现象,一种手段是装配4个空间摄像仪对地球两极和云层进行全景拍摄;第二种手段叫做日光冰层隐蔽实验(SOFIE),它将研究冰微粒和云层中的化学组成,测量类似甲烷、沼气这样的气体,这种手段主要测量阳光穿过大气层过程中被灰尘微粒滤光的程度;第三种手段叫做宇宙尘埃实验,是在太空船顶端覆盖塑料薄膜,薄膜将记录从太空中降落的灰尘微粒"碰撞"太空船的程度。

物质科学B

➤➤"健康卫士"——空气负离子

离子化空气广泛存在于自然界,因它的存在构成了一门新学科——电气候学。负离子是离子化空气的重要成分,对人类和生物有着很重要的作用,被人们称为空气的维生素和生长素。

大自然的离子化空气是由雷电、紫外线、宇宙线照射及地壳上放

被誉为"负离子胜地"的广东第一峰

射性元素的辐射,使空气中的分子电离而产生,或由于瀑布、海浪的冲击,使水滴分裂,游离出电子,使空气带电,而产生离子化空气。人工产生离子化空气过程多采用不均匀电场,电晕放电,以达到空气分子电离,正电晕下电离时失去电子的原子或分子,成为带正电的正离子;负电晕下电离时获得电子的原子或分子,成为带负电的负离子。用超声波雾化法、紫外线照射法、高压水喷雾法等,亦可产生负离子。

某型号空气负离子发生器的外观

离子化空气无色、无臭、无味,凭感觉器官触摸不着,易受外电场影响及各种物体隔离或吸收,在超声波或电场的作用下,所得到的原子或分子都属于轻负离子,在人类生活环境的空气中,轻负离子浓度在每立方厘米 1 千个以上为宜。

自一九三一年一位德国医生发现空气中负离子、正离子对人体的影响以后，半个多世纪来，一直为欧、美、苏、日等国所积极研究的课题。通过对大气中正、负离子的监测、研究，人们已发现大气中，空气离子是支配大气电场强、弱和构成环境中维持生态平衡的主要因素之一，从大气中离子的轻、重比例可以看出环境污染程度的高低，如轻离子浓度高，环境污染程度相对低些，反之，污染程度高，对人体健康影响就大，随着空间的正、负离子浓度不同，轻重不同，支配着生物的生理状况也不同，对病理也有不同反应，高浓度的轻负离子，可使人们注意力集中，精神振奋，工作效率提高，对治疗呼吸系统、免疫系统、神经系统及造血系统机能等疾病均有辅助疗效。在保健上，每天吸入高浓度的轻负离子空气后，人体肺部吸氧功能可增加20%，二氧化碳排出可增加 14.5%，每天进行半小时"负离子淋浴"，对人的精神、情绪、思维、记忆力等，都有一定的增强和提高。

近代科学发展，环境科学日益受人关注，人类活动范围从陆地扩展到太空，地球深处，以及海洋深处；这些地方，人们要进入一个人造环境，比如在潜艇、宇宙飞船、密封的空调室内等特殊环境里工作，在公共场所的电影院、宾馆、饭店、人员拥挤的百货商店或商场等地方，均要适当增加空气中的负离子浓度，才能让人精神振奋、头脑清醒、情绪稳定，有效的提高工作效率。

≫ 不可小觑的敌人——大气污染

按照国际标准化组织（ISO）的定义，"大气污染通常系指由于人类活动或自然过程引起某些物质进入大气中，呈现出足够的浓度，达到足够的时间，并因此危害了人体的舒适、

工厂排放可怕的大气污染物

健康和福利或环境的现象"。

大气污染指有害物质排入大气,破坏生态系统和人类正常生活条件,对人和物造成危害的现象。有自然因素(如森林火灾、火山爆发等)和人为因素(如工业废气、生活燃煤、汽车尾气、核爆炸等)两种,且以后者为主,尤其是工业生产和交通运输所造成的。主要过程由污染源排放、大气传播、人与物受害这三个环节所构成。影响大气污染范围和强度的因素有污染物的性质(物理的和化学的),污染源的性质(源强、源高、源内温度、排气速率等),气象条件(风向、风速、温度层结等),地表性质(地形起伏、粗糙度、地面覆盖物等)。

防治方法很多,根本途径是改革生产工艺,综合利用,将污染物消灭在生产过程之中;另外,全面规划,合理布局,减少居民稠密区的污染;在高污染区,限制交通流量;选择合适厂址,设计恰当烟囱高度,减少地面污染;在最不利气象条件下,采取措施,控制污染物的排放量。我国已制订《中华人民共和国环境保护法(试行)》,并制订国家和平共地区的"废气排放标准",以减轻大气污染,保护人民健康。

大气中有害物质的浓度越高,污染就越重,危害也就越大。污染物在大气中的浓度,除了取决于排放的总量外,还同排放源高度、气象和地形等因素有关。

污染物一进入大气,就会稀释扩散。风越大,大气湍流越强,大气越不稳定,污染物的稀释扩散就越快;相反,污染物的稀释扩散就慢。在后一种情况下,特别是在出现逆温层时,污染物往往可积聚到很高浓度,造成严重的大气污染事件。

降水虽可对大气起净化作用,但因污染物随雨雪降落,大气污染会转变为水体污染和土壤污染。

地形或地面状况复杂的地区,会形成局部地区的热力环流,如山区的山谷风,滨海地区的海陆风,以及城市的热岛效应等,都会对该地区的大气污染状况发生影响。烟气运行时,碰到高的丘陵和山地,在迎风面会发生下沉作用,引起附近地区的污染。烟气如越过丘陵,在背风面出现涡流,污染物聚集,也会形成严重污染。在山间

大气严重污染

谷地和盆地地区,烟气不易扩散,常在谷地和坡地上回旋。特别在背风坡,气流做螺旋运动,污染物最易聚集,浓度就更高。夜间,由于谷底平静,冷空气下沉,暖空气上升,易出现逆温,整个谷地在逆温层覆盖下,烟云弥漫,经久不散,易形成严重污染。

位于沿海和沿湖的城市,白天烟气随着海风和湖风运行,在陆地上易形成"污染带"。

早期的大气污染,一般发生在城市、工业区等局部地区,在一个较短的时间内大气中污染物浓度显著增高,使人或动、植物受到伤害。60年代以来,一些国家采取了控制措施,减少污染物排放或采用高烟囱使污染物扩散,大气的污染情况有所减轻。

高烟囱排放虽可降低污染物的近地面浓度,但是把污染物扩散到更大的区域,从而造成远离污染源的广大区域的大气污染。大气层核试验的放射性降落物和火山喷发的火山灰可广泛分布在大气层中,造成全球性的大气污染。

1979年11月在日内瓦举行的联合国欧洲经济委员会的环境部长会议上,通过了《控制长距离越境空气污染公约》,并于1983年生效。《公约》规定,到1993年底,缔约国必须把二氧化硫排放量削减为1980年

物质科学 B

排放量的70%。欧洲和北美（包括美国和加拿大）等32个国家都在公约上签了字。美国的《酸雨法》规定，密西西比河以东地区，二氧化硫排放量要由1983年的2000万吨/年，经过10年减少到1000万吨/年；加拿大二氧化硫排放量由1983年的470万吨/年，到1994年减少到230万吨/年。

互动一刻

自制简易热气球

众所周知，空气对处于其中的物体有浮力的作用，现在就让我们利用空气的浮力来制作一个简易的热气球。

器材准备：未使用的气球（既洋泡泡）、细线、小石块（充当小坠子）

实验过程：给气球吹适量气

载人热气球

体后，用细线密封并把一个小坠子连在气球上，然后将其放在桌上，气球会乖乖地"躺"着。

不是说制作热气球吗？怎么气球不飞起来呢？不要着急，我们还没在这个"热"字上下功夫呢！

将气球放入热水中（水温大概在50~60摄氏度左右），过一会儿，将气球从水中取出，迅速擦干，并释放，看看结果如何？

热气球载着小坠子飞起来了！

载人热气球

休想逃出我的掌心——黑洞

≫ 可怕的引力——黑洞简介

广义相对论预言的一种特别致密的暗天体。大质量恒星在其演化末期发生塌缩，其物质特别致密，它有一个称为"视界"的封闭边界，黑洞中隐匿着巨大的引力场，因引力场特别强以至于包括光子在内的任何物质只能进去而无法逃脱。

形成黑洞的星核质量下限约 3 倍太阳质量，当然，这是最后的星核质量，而不是恒星在主序时期的质量。除了这种恒星级黑洞，也有其他来源的黑洞——所谓微型黑洞可能形成于宇宙早期，而所谓超大质量黑洞可能存在于星系中央。黑洞不让任何其边界以内的任何事物被外界看见，这就是这种物体被称为"黑洞"的缘故。

我们无法通过光的反射来观察它，只能通过受其影响的周围物体来间接了解黑洞。虽然这么说，但黑洞还是有它的边界，即"事件视界（视界）"。据猜测，黑洞是死亡恒星的剩余物，是在特殊的大质量超巨星坍塌收缩时产生的。另外，黑洞必须是一颗质量大于钱德拉塞卡极限的恒星演化到末期而形成的，质量小于钱德拉塞卡极限的恒星是无法形成黑洞的。

黑洞（假象图）

≫看不见的隐形人——黑洞为何"黑"

与别的天体相比，黑洞是显得太特殊了。因为黑洞有"隐身术"，人们无法直接观察到它，连科学家都只能对它内部结构提出各种猜想。那么，黑洞是怎么把自己隐藏起来的呢？

黑洞（假象图）

答案就是——弯曲的空间。我们都知道，光是沿直线传播的。这是一个最基本的常识。可是根据广义相对论，空间会在引力场作用下弯曲。这时候，光虽然仍然沿任意两点间的最短距离传播，但走的已经不是直线，而是曲线。形象地讲，好像光本来是要走直线的，只不过强大的引力把它拉得偏离了原来的方向。

在地球上，由于引力场作用很小，这种弯曲是微乎其微的。而在黑洞周围，空间的这种变形非常大。这样，即使是被黑洞挡着的恒星发出的光，虽然有一部分会落入黑洞中消失，可另一部分光线会通过弯曲的空间中绕过黑洞而到达地球。所以，我们可以毫不费力地观察到黑洞背面的星空，就像黑洞不存在一样，这就是黑洞的隐身术。

更有趣的是，有些恒星不仅是朝着地球发出的光能直接到达地球，它朝其它方向发射的光也可能被附近的黑洞的强引力折射而能到达地球。这样我们不仅能看见这颗恒星的"脸"，还同时看到它的侧面、甚至后背！

"黑洞"无疑是本世纪最具有挑战性、也最让人激动的天文学说之一。许多科学家正在为揭开它的神秘面纱而辛勤工作着，新的理论也不断地提出。不过，这些当代天体物理学的最新成果不是在这里三言两语能说清楚的。有兴趣的朋友可以去参考专门的论著。

≫ "吃"太多的后果——黑洞会毁灭？

黑洞会发出耀眼的光芒，体积会缩小，甚至会爆炸。当英国物理学家史迪芬．霍金于 1974 年做此言论时，整个科学界为之震动。

黑洞曾被认为是宇宙最终的沉淀所在：没有什么可以逃出黑洞，它们吞噬了气体和星体，质量增大，因而洞的体积只会增大。

霍金的理论是受灵感支配的思维的飞跃，他结合了广义相对论和量子理论。他发现黑洞周围的引力场释放出能量，同时消耗黑洞的能量和质量（当一个粒子从黑洞逃逸而没有偿还它借来的能量，黑洞就会从它的引力场中丧失同样数量的能量，而爱因斯坦的公式 $E = mc^2$ 表明，能量的损失会导致质量的损失）。

当黑洞的质量越来越小时，它的温度会越来越高。这样，当黑洞损失质量时，它的温度和发射率增加，因而它的质量损失得更快。这种"霍金辐射"对大多数黑洞来说可以忽略不计，而小黑洞则以极高的速度辐射能量，直到黑洞的爆炸。

所有的黑洞都会蒸发，只不过大的黑洞沸腾得较慢，它们的辐射非常微弱，因此令人难以觉察。但是随着黑洞逐渐变小，这个过程会加速，以至最终失控。黑洞萎缩时，引力并也会变陡，产生更多的逃逸粒子，从黑洞中掠夺的能量和质量也就越多。黑洞萎缩的越来越快，促使蒸发的速度变得越来越快，周围的

高速自旋中的黑洞（假象图）

光环变得更亮、更热，当温度达到1015℃时，黑洞就会在爆炸中毁灭。

≫黑洞的兄弟——白洞

黑洞作为一个发展终极，必然引致另一个终极，就是白洞．其实膨胀的大爆发宇宙论中，早就碰到了原初火球的奇点问题，这个问题其实一直困扰着科学家们．这个奇点的最大质量与密度和黑洞的奇点是相似的，但他们的活动机制却恰恰相反．高能量

白洞（假象图）

超密物质的发现，显示黑洞存在的可能，自然也显示白洞存在的可能．如果宇宙物质按不同的路径和时间走到终极，那么也可能按不同的时间和路径从原始出发，亦即在大爆发之初的大白洞发生后，仍可能出现小爆发小白洞．而且，流入黑洞的物质命运究竟如何呢是永远累积在无穷小的奇点中，直到宇宙毁灭，还是在另一个宇宙涌出呢？

20世纪60年代以来，由于空间探测技术在天文观测中的广泛应用，人们陆陆续续发现了许多高能天体物理现象，例如宇宙X射线爆发、宇宙γ射线爆发、超新星爆发、星系核的活动和爆发以及类星体、脉冲星，等等。

这些高能天体物理现象用人们已知的物理学规律已经无法解释。就拿类星体来说吧，类星体的体积与一般恒星相当，而它的亮度却比普通星系还亮。类星体这种个头小、亮度大的独特性质，是人们从未见到过的，这就使科学家们想到类星体很可能是一种与人们已知的任何天体都迥然不同的天体。

如何解释类星体现象呢？科学家们提出了各种各样的理论模型。前苏联的诺维柯夫和以色列的尼也曼提出的白洞模型，引起了大家的注意。白洞概念就这样问世了。

如果黑洞从有到无，那白洞就应从无到有。60年代的苏联科学家开始提出白洞的概念，科学家做了很多工作，但这概念不像黑洞这么通行，看来白洞似乎更虚幻了。问题是我们已经对引力场较为熟悉，从恒星、星系演化为黑洞有数理可循，但白洞靠什么来触发，目前却依然茫然无绪。无论如何宇宙至少触发过一次，所以白洞的研究显然与宇宙

类星体

起源的研究更有密切的关系，因而白洞学说通常与宇宙学及结合起来。人们努力的方向不在于黑白洞相对的哲学辩论，而在于它的物理机制问题。从现有状态去推求终末，总容易些，相反的从现有状态去探索原始，难免茫无头绪。

有人认为，类星体的核心就可能是一个白洞。当白洞内中心点附近所聚集的超密态物质向外喷射时，就会同它周围的物质发生猛烈碰撞，而释放出巨大的能量。因此，有些X射线、宇宙线、射电爆发、射电双源等现象，可能与白洞的这种效应有关。

到目前为止，"白洞"还只是个理论名词，科学家并未实际发现。在技术上，要发现黑洞，甚至超巨质量黑洞，都比发现白洞要容易的多。也许每一个黑洞都有一个对应的白洞！但我们并不确定是否所有的超巨质量"洞"都是"黑"洞，也不确定白洞与黑洞是否应成对出现。但就重力的观点来看，在远距离观察时两者的特性则是相同的。

物质科学B

两颗旋转中的脉冲星

物质科学B

当人们有了很复杂的数学工具来分析这些相关方程式，他们发现了更多。在这个简单的情形下时空结构必须具备时间反演对称性，这意味着如果你让时间倒流，所有一切都应该没什么两样。因此如果在未来某个时刻光只能进不能出，那过去一定有个时刻光只能出不能进。这看上去就像是黑洞的反转，因此人们称之为白洞，虽然它只是黑洞在过去的一个延伸。时间在白洞里面是存在的，但既然你不能进去，那你只有出生在里面才能知道了。

但在现实中，白洞可能并不存在，因为真实的黑洞要比这个广义相对论的简单解所描述的要复杂得多。他们并不是在过去就一直存在，而是在某个时间恒星坍塌后所形成的。这就破坏了时间反演对称性，因此如果你顺着倒流的时光往前看，你将看不到这个解中所描述的白洞，而是看到黑洞变回坍塌中的恒星。

我们知道，由于黑洞拥有极强的引力，能将附近的任何物体一吸而尽，而且只进不出。如果，我们将黑洞当成一个"入口"，那么，应该就有一个只出不进的"出口"，就是所谓的"白洞"。黑洞和白洞间的通路，也有个专有名词，叫做"灰道"（即"虫洞"）。虽然白洞尚无发现，但在科学探索上，最美的事物之一就是许多理论上存在的事物，后来真的被人们发现或证实。因此，也许将来有一天，天文学家会真的发现白洞的存在！

≫宇宙旅行可能吗？——虫洞

物理学家在分析白洞解的时候，发现宇宙时空自身可以不是平坦的。

如果恒星形成了黑洞，那么时空在史瓦西半径，也就是视界的地方与原来的时空垂直。

在不平坦的宇宙时空中，这种结构就意味着黑洞视界内的部分会与宇宙的另一个部分相结合，然后在那里产生一个洞。这个洞可以是黑洞，也可以是白洞。而这个弯曲的视界，就叫做史瓦西喉，它就是一种特定的虫洞。自从在史瓦西解中发现了虫洞，物理学家们就开始对虫洞的性质发生了兴趣。

虫洞连接黑洞和白洞，在黑洞与白洞之间传送物质。在这里，虫洞成为一个阿尔伯特？爱因斯坦－罗森桥，物质在黑洞的奇点处被完全瓦解为基本粒子，然后通过这个虫洞（即阿尔伯特？爱因斯坦－罗森桥）被传送到白洞并且被辐射出去。虫洞还可以在宇宙的正常时空中显现，成为一个突然出现的超时空管道。

虫洞没有视界，它只有一个和外界的分界面，虫洞通过这个分界面进行超时空连接。虫洞与黑洞、白洞的接口是一个时空管道和两个时空闭合区的连接。

然而，即使虫洞存在并且是稳定的，穿过它们也是十分不愉快的。贯穿虫洞的辐射（来自附近的恒星，宇宙的微波背景等等）将蓝移到非常高的频率。

当你试着穿越虫洞时，你将被这些 X 射线和伽马射线烤焦。物理学家一直认为，虫洞的引力过大，会毁灭所有进入它的东西，因此不可能用在宇宙旅行之上。但是，假设宇宙中有虫洞这种物质存在，那么就可以有一种说法：如果你于 12：

弯曲的宇宙形成虫洞

物质科学 B

00 站在虫洞的一端（入口），那你就会于 12：00 从虫洞的另一端（出口）出来。

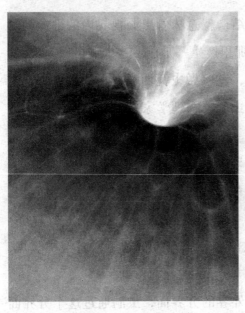

虫洞（假象图）

随着科学技术的发展，新的研究发现，"虫洞"的超强力场可以通过"负质量"来中和，达到稳定"虫洞"能量场的作用。科学家认为，相对于产生能量的"正物质"，"反物质"也拥有"负质量"，可以吸去周围所有能量。像"虫洞"一样，"负质量"也曾被认为只存在于理论之中。不过，目前世界上的许多实验室已经成功地证明了"负质量"能存在于现实世界，并且通过航天器在太空中捕捉到了微量的"负质量"。

据美国华盛顿大学物理系研究人员的计算，"负质量"可以用来控制"虫洞"。他们指出，"负质量"能扩大原本细小的"虫洞"，使它们足以让太空飞船穿过。他们的研究结果引起了各国航天部门的极大兴趣，许多国家已考虑拨款资助"虫洞"研究，希望"虫洞"能实际用在太空航行上。

宇航学家认为，"虫洞"的研究虽然刚刚起步，但是它潜在的回报，不容忽视。科学家认为，如果研究成功，人类可能需要重新估计自己在宇宙中的角色和位置。

现在，人类被"困"在地球上，要航行到最近的一个星系，动辄需要数百年时间，是目前人类不可能办到的。

但是，未来的太空航行如使用"虫洞"，那么一瞬间就能到达宇宙中遥远的地方。

　　据科学家观测，宇宙中充斥着数以百万计的"虫洞"，但很少有直径超过 10 万公里的，而这个宽度正是太空飞船安全航行的最低要求。"负质量"的发现为利用"虫洞"创造了新的契机，可以使用它去扩大和稳定细小的"虫洞"。

　　科学家指出，如果把"负质量"传送到"虫洞"中，把"虫洞"打开，并强化它的结构，使其稳定，就可以使太空飞船通过。

　　黑洞和黑洞之间也可以通过虫洞连接，当然，这种连接无论是如何的加强，它还是仅仅是一个连通的"宇宙监狱"。

爱因斯坦圆环

　　爱因斯坦圆环是重力透视现象形成的。下图中是位于地球与另一个星系之间的黑洞。遥远星系发出的光线由于黑洞极强的引力场而发生弯曲，成为一个环状。这种现象被称为重力透镜。光线会在重力场作用下发生弯曲的理论是爱因斯坦在他的广义相对论中提出的。近几年来，随着天文观测技术的不断进步，已经发现了更多的重力透镜现象。

把你"照"清楚——全息照片

≫窥一斑而见全豹——全息技术

全息技术是利用干涉和衍射原理记录并再现物体真实的三维图像的记录和再现的技术。其第一步是利用干涉原理记录物体光波信息，此即拍摄过程：被摄物体在激光辐照下形成漫射式的物光束；另一部分激光作为参考光束射到全息底片上，和物光束叠加产生干涉，把物体光波上各点的位相和振幅转换成在空间上变化的强度，从而利用干涉条纹间的反差和间隔将物体光波的全部信息记录下来。记录着干涉条纹的底片经过显影、定影等处理程序后，便成为一张全息图，或称全息照片；其第二步是利用衍射原理再现物体光波

包含物体所有光学信息的全息照片

信息，这是成像过程：全息图犹如一个复杂的光栅，在相干激光照射下，一张线性记录的正弦型全息图的衍射光波一般可给出两个象，即原始象（又称初始象）和共轭象。

再现的图像立体感强，具有真实的视觉效应。全息图的每一部分都记录了物体上各点的光信息，故原则上它的每一部分都能再现原物的整个图像，通过多次曝光还可以在同一张底片上记录多个不同的图像，而且能互不干扰地分别显示出来。

≫由黑洞而来——另一个全息理论

在"世界自由度"领域中的全息原理是"一个系统原则上可以由它的边界上的一些自由度完全描述"，是基于黑洞的量子性质提出的一个新的基本原理。其实这个基本原理是联系量子元和量子位结合的量子论的。其数学证明是，时空有多少维，就有多少量子元；有多少量子元，就有多少量子位。它们一起组成类似矩阵的时空有限集，即它们的排列组合集。全息不全，是说选排列数，选空集与选全排列，有对偶性。即一定维数时空的全息性完全等价于少一个量子位的排列数全息性；这类似"量子避错编码原理"，从根本上解决了量子计算中的编码错误造成的系统计算误差问题。而时空的量子计算，类似生物 DNA 的双螺旋结构的双

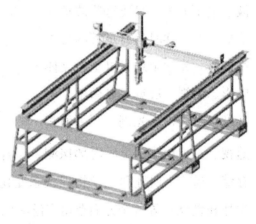

拥有三个自由度的全息机械人

共轭编码，它是把实与虚、正与负双共轭编码组织在一起的量子计算机。这可叫做"生物时空学"，这其中的"熵"，也类似"宏观的熵"，不但指混乱程度，也指一个范围。时间指不指一个范围？从"源于生活"来说，应该指。因此，所有的位置和时间都是范围。位置"熵"为面积"熵"，时间"熵"为热力学箭头"熵"。其次，类似 N 数量子元和 N 数量子位的二元排列，与 N 数行和 N 数列的行列式或矩阵类似的二元排列，其中有一个不相同，是行列式或矩阵比 N 数量子元和 N 数量子位的二元排列少了一个量子位，这是否类似全息原理，N 数量子元和 N 数量子位的二元排列是一个可积系统，它的任何动力学都可以用低一个量子位类

似 N 数行和 N 数列的行列式或矩阵的场论来描述呢？数学上也许是可以证明或探究的。这需要用到十分高深的数学知识，故在这里不作讨论。

由此可见，自由度全息和光学全息是两个不同的概念。

▶▶为人类服务——全息技术的应用

全息学的原理适用于各种形式的波动，如 X 射线、微波、声波、电子波等。只要这些波动在形成干涉花样时具有足够的相干性即可。光学全息术可望在立体电影、电视、展览、显微术、干涉度量学、投影光刻、军事侦察

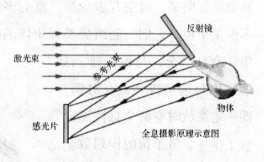

全息摄影原理示意图

监视、水下探测、金属内部探测、保存珍贵的历史文物、艺术品、信息存储、遥感，研究和记录物理状态变化极快的瞬时现象、瞬时过程（如爆炸和燃烧）等各个方面获得广泛应用。

在生活中，也常常能看到全息摄影技术的运用。比如，在一些信用卡和纸币上，就有运用了。俄国物理学家尤里·丹尼苏克在 20 世纪 60 年代发明的全彩全息图像技术制作出的聚酯软胶片上的"彩虹"全息图像。但这些全息图像更多只是作为一种复杂的印刷技术来实现防伪目的，它们的感光度低，色彩也不够逼真，远不到乱真的境界。研究人员还试着使用重铬酸盐胶作为感光乳剂，用来制作全息识别设备。在一些战斗机上配备有此种设备，它们可以使驾驶员将注意力集中在敌人身上。把一些珍贵的文物用这项技术拍摄下来，展出时可以真实地立体再现文物，供参观者欣赏，而原物妥善保存，防失窃，大型全息图既可展示轿车、卫星以及各种三维广告，亦可采用脉冲全息术再现人物肖像、结婚纪念

照。小型全息图可以戴在颈项上形成美丽装饰，它可再现人们喜爱的动物，多彩的花朵与蝴蝶。迅猛发展的模压彩虹全息图，既可成为生动的卡通片、贺卡、立体邮票，也可以作为防伪标识出现在商标、证件卡、银行信用卡，甚至钞票上。装饰在书籍中的全息立体照片，以及礼品包装上闪耀的全息彩虹，使人们体会到 21 世纪印刷技术与包装技术的新

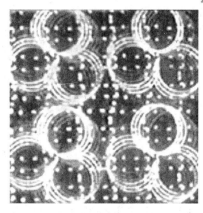

全息防伪标识

飞跃。模压全息标识，由于它的三维层次感，并随观察角度而变化的彩虹效应，以及千变万化的防伪标记，再加上与其他高科技防伪手段的紧密结合，把新世纪的防伪技术推向了新的辉煌顶点。

　　除光学全息外，还发展了红外、微波和超声全息技术，这些全息技术在军事侦察和监视上有重要意义。我们知道，一般的雷达只能探测到目标方位、距离等，而全息照相则能给出目标的立体形象，这对于及时识别飞机、舰艇等有很大作用。因此，备受人们的重视。但是由于可见光在大气或水中传播时衰减很快，在不良的气候下甚至于无法进行工作。为克服这个困难发展出红外、微波及超声全息技术，即用相干的红外光、微波及超声波拍摄全息照片，然后用可见光再现物象，这种全息技术与普通全息技术的原理相同。技术的关键是寻找灵敏记录的介质及合适的再现方法。

　　超声全息照相能再现潜伏于水下物体的三维图样，因此可用来进行水下侦察和监视。由于对可见光不透明的物体，往往对超声波透明，因此超声全息可用于水下的军事行动，也可用于医疗透视以及工业无损检测等。

物质科学 B

除用光波产生全息图外，已发展到可用计算机产生全息图。全息图用途很广，可做成各种薄膜型光学元件，如各种透镜、光栅、滤波器等，可在空间重叠，十分紧凑、轻巧，适合于宇宙飞行使用。使用全息图贮存资料，具有容量大、易提取、抗污损等优点。

全息照相的方法从光学领域推广到其他领域。如微波全息、声全息等得到很大发展，成功地应用在工业医疗等方面。地震波、电子波、X射线等方面的全息也正在深入研究中。全息图有极其广泛的应用。如用于研究火箭飞行的冲击波、飞机机翼蜂窝结构的无损检验等。现在不仅有激光全息，而且研究成功白光全息、彩虹全息，以及全景彩虹全息，使人们能看到景物的各个侧面。全息三维立体显示正在向全息彩色立体电视和电影的方向发展。

全息技术不仅在实际生活中正得到广泛应用，而且在上世纪兴起并快速发展的科幻文学中也有大量描写和应用，有兴趣的话可去看看。可见全息技术在未来的发展前景将是十分光明的。

生物全息术

许多生物通过不同类型的信息波，感知周围世界的三维空间，具有许多和全息有关的信息加工特征。如当蝙蝠发送超声波时，脑里的发送部分，同时送刺激到脑接收回声的部分，这就是参考刺激。因此，这和全息原理是一致的。当背景噪声非常强时，蝙蝠可不增强发送超声的强度，只要加强参考背景的强度就可提高抗干扰能力。海豚这类动物所发送的超声波是双脉冲的。噶布尔曾证明，如果双脉冲的发放间隔在波长的四分之一时，则所得的两个全息像就更完整。

整个脑任何部位都可贮存信息，当破坏了某些部位后还可以代偿。例如，当猴子视皮层摘除了几乎90%以后，对视觉形象的记忆依旧存在。这和全息一样，当部分破坏后只是分辨能力降低，但并不影响整个物体的回忆。而且在视皮层上各处都具有等同的势能。这也和全息图极其相似。

≫身临其境——全息摄影

全息摄影是一种记录被摄物体反射波的振幅和位相等全部信息的新型摄影技术。普通摄影是记录物体面上的光强分布，它不能记录物体反射光的位相信息，因而失去了立体感。全息摄影采用激光作为照明光源，并将光源发出的光分为两束，一束直接射向感光片，另一束经被摄物的反射后再射向感光片。两束光在感光片上叠加产生干涉，感光底片上各点的感光程度不仅随强度也随两束光的位相关系而不同。所以全息摄影不仅记录了物体上的反光强度，也记录了位相信息。人眼直接去看这种感光的底片，只能看到像指纹一样的干涉条纹，但如果用激光去照射它，人眼透过底片就能看到原来被拍摄物体完全相同的三维立体像。一张全息摄影图片即使只剩下一小部分，依然可以重现全部景物。全息摄影可应用于工业上进行无损探伤，超声全息，全息显微镜，全息摄影存储器，全息电影和电视等许多方面。

为了拍出一张满意的全息照片，拍摄系统必须具备以下要求：

法国某艺术展上的全息摄影图

1、光源必须是相干光源。通过前面分析知道，全息照相是根据光的干涉原理，所以要求光源必须具有很好的相干性。激光的出现，为全息照相提供了一个理想的光源。这是因为激光具有很好的空间相干性和时间相干性，实验中采用 He–Ne 激光器，用其拍摄较小的漫散物体，可获得良好的全息图。

2、全息照相系统要具有稳定性。于全息底片上记录的是干涉条纹，而且是又细又密的干涉条纹，所以在照相过程中极小的干扰都会引起干涉条纹的模糊，甚至使干涉条纹无法记录。比如，拍摄过程中若底片位移一个微米，则条纹就分辨不清，为此，要求全息实验台是防震的。全息台上的所有光学器件都用磁性材料牢固地吸在工作台面钢板上。另外，气流通过光路，声波干扰以及温度变化都会引起周围空气密度的变化。因此，在曝光时应该禁止大声喧哗，不能随意走动，保证整个实验室绝对安静。我们的经验是，各组都调好光路后，同学们离开实验台，稳定一分钟后，再在同一时间内曝光，得到较好的效果。

3、物光与参考光应满足的条件：物光和参考光的光程差应尽量小，两束光的光程相等最好，最多不能超过 2cm，调光路时用细绳量好；两束光之间的夹角要在 30°~60°之间，最好在 45°左右，因为夹角小，干涉条纹就稀，这样对系统的稳定性和感光材料分辨率的要求较低；两束光的光强比要适当，一般要求在 1：1~1：10 之间都可以，光强比用硅光电池测出。

4、使用高分辨率的全息底片，因为全息照相底片上记录的是又细又密的干涉条纹，所以需要高分辨率的感光材料。普通照相用的感光底片由于银化物的颗粒较粗，每毫米只能记录 50~100 个条纹，天津感光胶片厂生产的 I 型全息干板，其分辨率可达每毫米 3000 条，能满足全息照相的要求。

5、全息照片的冲洗过程也是很关键的。需要按照配方要求配药，配出显影液、停影液、定影液和漂白液。上述几种药方都要求用蒸馏水配制，但实验证明，用纯净的自来水配制，也获得成功。冲洗过程要在暗室进行，药液千万不能见光，保持在室温20℃左右进行冲洗，配制一次药液保管得当，可使用一个月左右。

互动一刻

激光全息摄影

图中为实验室中央展台上已经调节好了激光拍摄全息照片的光路。

实验步骤：先看看拍摄全息照片需要哪些光学器件，并思考一下这些光学器件在光路中的作用；然后放上全息特制底片，打开电源，激光沿着预先调整好的光路分成两束照射到底片上，调节曝光时间后进行冲印，你就能够亲自拍摄一张全息照片，并体会拍摄全息照片需要满足的条件。

操作提示：拍摄全息照片的过程实际上非常繁琐和复杂，首先需要确保拍摄平台非常平稳；其次各光学器件要同轴并处于与拍摄平台平行的水平面内；再次从分束器算起，物光与参考光到达底片之前所经过的光程要尽可能相等；最后在拍摄过程中不能有任何震动，对底片的冲印也有很高的要求。

原理阐述：全息照片拍摄的光路如右图所示，所需要的器件主要包括：半导体激光器、曝光定时器、分束镜、反射镜、扩束镜、载物台、干板架、毛玻璃、白屏等。拍摄的基本原理是将入

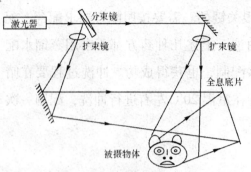

物质科学B

射激光照射到分束镜上，一部分光作为参考光，另一部分照亮物体，再由物体反射回介质底片作为物光，物光和参考光相互干涉，在全息底片介质内部生成多层干涉条纹面，经处理后在介质内部生成多层半透明反射面，用白光点光源照射全息图，介质内部生成的多层半透明反射面将光反射回来，迎着反射光就可以看到原物的虚像。

"我并非固体"——玻璃

≫无心插柳柳成阴——玻璃的发明

玻璃，一种较为透明的液体物质，在熔融时形成连续网络结构，冷却过程中粘度逐渐增大并硬化而不结晶的硅酸盐类非金属材料。主要成份是二氧化硅。广泛应用于建筑物，用来隔风及透光。有如此广泛应用的物质，是如何被发明出来的呢？

玻璃最初由火山喷出的酸性岩凝固而得。约公元前3700年前，古埃及人已制出玻璃装饰品和简单玻璃器皿，当时只有有色玻璃，约公元前1000年前，中国制造出无色玻璃。公元12世纪，出现了商品玻璃，并开始成为工业材料。18世纪，为适应研制望远镜的需要，制出光学玻璃。1873年，比利时首先制出平板玻璃。1906年，

装饰家居用的玻璃制品

美国制出平板玻璃引上机。此后，随着玻璃生产的工业化和规模化，各种用途和各种性能的玻璃相继问世。现代，玻璃已成为日常生活、生产和科学技术领域的重要材料。

3000多年前，一艘欧洲腓尼基人的商船，满载着晶体矿物"天然苏打"，航行在地中海沿岸的贝鲁斯河上。由于海水落潮，商船搁浅了。于是船员们纷纷登上沙滩。有的船员还抬来大锅，搬来木柴，并用几块"天然苏打"作为大锅的支架，在沙滩上做起饭来。船员们吃完饭，潮水开始上涨了。他们正准备收拾一下登船继续航行时，突然有人高喊："大家快来看啊，锅下面的沙地上有一些晶莹明亮、闪闪发光的东西！"

各种玻璃制品

船员们把这些闪烁光芒的东西，带到船上仔细研究起来。他们发现，这些亮晶晶的东西上粘有一些石英砂和融化的天然苏打。原来，这些闪光的东西，是他们做饭时用来做锅的支架的天然苏打，在火焰的作用下，与沙滩上的石英砂发生化学反应而产生的晶体，这就是最早的玻璃。后来腓尼基人把石英砂和天然苏打和在一起，然后用一种特制的炉子熔化，制成玻璃球，使腓尼基人发了一笔大财。

大约在4世纪，罗马人开始把玻璃应用在门窗上。到1291年，意大利的玻璃制造技术已经非常发达。

意大利国王为了交易玻璃的巨额利润，颁布法令："我国的玻璃制造技术决不能泄漏出去，把所有的制造玻璃的工匠都集中在一起生产玻璃！"

就这样，意大利的玻璃工匠都被送到一个与世隔绝的孤岛上生产玻璃，他们在一生当中不准离开这座孤岛。

1688 年，一名叫纳夫的人发明了制作大块玻璃的工艺，从此，玻璃成了普通的物品，直到现在，寻常百姓家都能用得起玻璃了。

物质的"其他态"

众所周知，物质常见的状态有固态、液态和气态三种，那么物质还有没有其他的状态呢？我们的回答是：有！

我们用水做例子：将冰加热到一定的程度，它就由固体变成为液体的水；温度再升高，又蒸发成气体。但要是将气体的温度继续升高，会得到什么样的结果呢？

当气体的温度升高到几千摄氏度以上的时候，气体的原子就开始抛掉身上的电子，于是带负电的电子开始自由自在的游荡，而原子也成为带正电的粒子。温度越高，气体原子脱落的电子就越多，这种现象叫做气体的电离化，而处于电离化状态的气体，叫做"等离子体"。

除了等离子体，物质还有种状态叫做"超固态"。科学家发现宇宙中的白矮星，个子不大，可是它的密度却大得吓人。它们的密度大约是水的 3600 万到几亿倍。因为在白矮星内部，压力和温度都大极了。在几百万大气压的压力下，不但原子之间的空隙被压得消失了，就是原子外围的电子层也都被压碎了，所有的原子核和电子都紧紧地挤在一起，这时候物质里面的空隙就变的很小，因此物质也就特别的重了。在人类居住着的地球的中心，那里的压力达到 350 万个大气压左右，因此也存在着一定的超固态物质。

假如在超固态物质上再加上巨大的压力，那么原来已经挤得紧紧的原子核和电子就不可能再紧了，这时候原子核只好被迫解散，从里面放出质子和中子。从原子核里放出的质子，在极大的压力下会合电子结合成为种子。这样一来，物质的结构发生了根本的变化，原来是原子核和电子，现在却都变成了种子。这样的状态，叫做"中子态"。

中子态物质的密度更是吓人，它比超固态物质还要大十多万倍呢！在宇宙中，估计只有少数的恒星，才具有这种形态的物质。

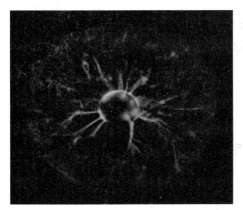

等离子态

密度巨大的中子星吸引边上恒星的物质

≫透过我，你会看到彩虹——三棱镜的奥秘

三棱镜通常是由玻璃所制造的一种三角形物体。它的各边都切成60度角。当光进入三棱镜时会反射。三棱镜常用在双筒望远镜中以缩窥管的长度。

光学上用横截面为三角形的透明体叫做三棱镜，光密媒质的棱镜放在光疏媒质中（通常在空气中），入射到棱镜侧面的光线经棱镜折射后向棱镜底面偏折。光从棱镜的一个侧面射入，从另

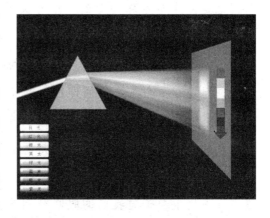

三棱镜分光示意图

一个侧面射出，出射光线将向底面（第三个侧面）偏折，偏折角的大小与棱镜的折射率，棱镜的顶角和入射角有关。白光是由各种单色光组成的复色光；同一种介质对不同色光的折射率不同；不同色光在同一介质中传播的速度不同。所以，通过三棱镜时，各单色光的偏折角不同。因此，白色光通过三棱镜会将各单色光分开，即色散。

看这幅图片，白光分解出的七色光是那么漂亮。而三棱镜可以分解白光这个秘密的发现，说起来也是个有趣的故事呢。

三棱镜秘密的发现

在阳光的颜色问题上，千百年来一直有一个难解的谜。那太阳光谁看也说是白的，可不知怎么雨后的天空会突然出现一条七色彩虹。于是众说纷纭，有说这是一条长龙弯身下海吸水；有言这是一座彩桥，仙人踏空而过；有那刚登王位的，就说这是吉兆，上天呈祥；有那宝座不稳的，就疑是江山气数已尽，终日惶惶。反正谁也说不清。中国古代已注意到虹是阳光与水珠的变幻。甲骨文里虹是"日"加"水"，唐代张志和的《玄员子》中记载："昔日喷乎，水成虹霓之状。"端一碗水背向太阳一喷，眼前竟也能现出一条多彩小练。但这喷出的霓，伸手抓是一把湿气，想多看一会儿又瞬间即逝，既不能抓在手里玩，更不能用力将它剖开，终还是弄不清这颜色是怎么来的。至于平时红的花，绿的叶，五颜六色的杂物，人们更不知到底是怎么回事。法国数学家笛卡儿说：颜色是许多小粒子在转，转速不同，颜色也就不同。化学家波义耳说：光是有许多极小粒子向我们的眼睛视网膜上撞，撞的速度不同，看到的颜色也就不同。反正，为解这个谜有不少人都想来试一试，而运气最好的，还是牛顿。

1666 年，牛顿还在剑桥大学当穷学生时，他脑海里就翻腾过这个颜色问题。说来真巧，他在乡下，因看到苹果落地发现万有引力，回到学校，却又因看到门缝里的光而解决了光学中的颜色问题。那是个假日，同学们都去郊游，刻苦的牛顿却将自己锁在房中，推演着那引力的公式。不觉日已当午，他饥肠辘辘，便推开稿纸，抬起头来伸个懒腰，这一抬头不要紧，只见紧闭的门缝里露进一缕细细的阳光，在幽暗的房间里显得格外明亮。他不由自语道："从来没有见过这样细的光丝，不知可否将它再分成几缕？"这来想有，他便伸手从抽屉里摸出一块三棱镜，迎上去截住那丝细光，然后又回过头去看这光落在墙上的影子。这一看不要紧，那墙上竟出现一段红、橙、黄、绿、青、蓝、紫的彩色光带。他将镜子转转，光带不变，再前后移动，终于选出一个最佳点，这一下天上的彩虹便清楚地出现在他的肩里。他捏，三棱镜就像抓住了那条巨龙的尾巴，任他细看细想。从这天起，牛顿一有空，就把自己关在房子里，还把门窗都用床单遮严，放一道光进来，做着这种玩三棱镜的游戏。他已经悄悄地领悟到一个秘密：我们平时看到的白光，其实不是一色白，它是由许多光混合成的。但是那各个单色又是什么呢？它们之间靠什么区别成不同颜色呢？按道理应将那单色光再分一次，但这还得要一块三棱镜，还得有暗室设备，他这个穷学生是办不到的。

牛顿在剑桥大学有一位恩师叫巴罗，他们生尊师爱，情同鱼水，结下了忘年之交。这巴罗几日不见牛顿出来走动，一天使到

雨后的美丽彩虹

物质科学 B

房里来找牛顿。他见门虚掩湆，屋里静悄悄的不像有人，便推门而进。不想一头正撞在一个人身上。巴罗刚从阳光下走进这间暗屋里，他一时看不清是谁，只听有人喊了他一声"老师"，将他扶住，又一把扯下窗户上的床单－原来是牛顿。巴罗说："你又在搞什么名堂，几天不露面，我还以为你病了呢。"

牛顿却笑嘻嘻地如此这般说了一遍。巴罗也大为惊喜，连声埋怨他何不早说。第二天，他就给牛顿又弄来一块三棱镜，布置起一个真正的暗室。他们先让一束光穿过一个黑色木板上的小孔，用三棱镜将它分成七条不同的彩色光，再用一个有孔的木板挡住分解后的光，让每条单色光逐一从孔里通过，木板后再放一个三棱镜。这时新的发现出现在粉墙上：一是这单色光通过三棱镜时不会再分解，二是各色光束经过三棱镜时折射的角度不同。凭着数学天才和实践才能，牛顿很快就计算出红、绿、蓝三色光的折射指数。1672年2月6日，牛顿向皇家学会写了一封详细的信《光和颜色的新理论》，归纳了十三个命题。他指出：我们平常看见的白光不过是发光体发出的各种颜色光的混合。白光可以分解成从红到紫的七色光谱。

一切自然物体的颜色是因为它们对光的反射性能不同。对哪一种光反射的更多些，就是那种颜色。按这个理论，虹的问题解决了，它不过是白光让空中的水滴（相当于三棱镜）分成七色而已。物体的颜色不同不过是因为各自的反射性能不同。这又是一大发现。牛顿并因此而创立了光谱理论。后来恩格斯说："牛顿由于进行光的分解，而创立了科学的光学。"

≫我也能反射光——镜子

最早的镜子并不是用玻璃做的。中国奴隶制社会初期正处青铜器时代，人们在长期的青铜冶铸实践中，认识了合金成分、性能和用途之间的关系，并能人工的控制铜、锡、铅配比。古书《考工记》中记载"金有六齐"，即合金的六种配比。其中最后一齐："金，锡半，谓之鉴燧之齐。"就是制作铜镜用的配比。"鉴"即是镜，含锡较高，是因为铜镜磨出光亮

我国出土的青铜镜

的表面和银白色泽，还需要有铸造性能以保证花纹细致。我们的祖先早在 2000 多年以前就制出了精美的"透光镜"，它能反射出铜镜背后的美丽图案，因此引起世人的极大兴趣。为了解开"透光镜"之谜，国内外学者花了几百年时间进行研究探索，直到近代才发现，这是由于镜面在制造加工以后，有相对于背面图案的轻微不等的曲率，通过反射映出背面的图案。这充分说明了我国古代高超的制镜技术和对光反射特性深刻认识。

在欧洲古希腊、罗马时代，也是用一种稍凸出的磨光金属盘作镜，其不反光的一面刻有花纹，最早的镜子是带柄的手镜，到公元 1 世纪出现了可以照全射的大镜，中世纪时，手镜在欧洲普遍流行，通常为银制或磨光的青铜镜，中世纪时，装在精美的象牙盒内或珍贵的金属盒内的小镜子，成为妇女随身携带的时髦品，背面涂金属的玻璃镜子是 12 至 13 世纪之交出现的，到文艺复兴时期，纽伦堡和威尼斯已成为著名的制镜中心。

现代工艺制作的镜子

14 世纪初，威尼斯人用锡箔和水银涂在玻璃

物质科学 B

背面制镜，照起来很清楚，15世纪纽伦堡制成凸透镜，是制玻璃球时在内部涂一层锡汞漆。

现代镜子是用1835年德国化学家利比格发明的方法制造的，把硝酸银和还原剂混合，使硝酸银析出银，附在玻璃上。一般使用的还原剂是食糖或四水合酒石酸钾钠。1929年英国的皮尔顿兄弟以连续镀银、镀铜、上漆、干燥等工艺改进了此法。

随着技术的进步，镜子的成本降低，各种各样曲面镜的出现，使镜子的使用日益广泛，具有了除映照仪容以外的更多的用途。如汽车上用的球面后视抛物面镜，在望远镜中用于聚集和在探照灯中用于反射出平行光的抛物面镜等。

神奇的透光镜

西汉（公元前206年～公元24年）的"透光镜"在阳光（直射光）的照射下能在反射光中将镜背的纹饰成像于任意尺寸的反射屏（或墙面）上。北宋科学家沈括在他的"梦溪笔谈"中指出，因为镜背面有花纹，致使镜面也呈现出相对应的微观曲率，肉眼虽难容易觉察，但当镜子反射光线时，由于长光程放大效应，就能在屏上反映出来。这种令铜镜透光的工艺至宋代（公元1000年左右）即已失传。实际上，制造透光镜的方法很多，例如用简单的"见日之光"透光

"见日之光"透光镜

镜手工补充研磨抛光法直接在镜面上磨出无棱，肉眼极难察见，反光时却能收到"透光"效果。当然，采用这种方法，要使反射光斑中的花纹与镜背图案完全一致，要下相当大的功夫才行。

≫ "玩弄"光于股掌间——透镜

透镜通常是由玻璃制成的一种光学元件。透镜是折射镜，其折射面是两个球面，或一个球面一个平面的透明体。

它所成的像有实像也有虚像。透镜一般可以分为两大类：凸透镜和凹透镜。

凸透镜是中央部分较厚的透镜。凸透镜分为双凸、平凸和凹凸（或正弯月形）等形式，薄凸透镜有会聚作用故又称聚光透镜，较厚的凸透镜则有望远、会聚等作用，这与透镜的厚度有关。

各种各样的透镜

将平行光线（如阳光）平行于轴（凸透镜两个球面的球心的连线称为此透镜的主光轴）射入凸透镜，光在透镜的两面经过两次折射后，集中在轴上的一点，此点叫做凸透镜的焦点记号为 F，英文为：focus），凸透镜在镜的两侧各有一焦点，如为薄透镜时，此两焦点至透镜中心的距离大致相等。凸透镜之焦距是指焦点到透镜中心的距离，通常以 f 表示。凸透镜球面半径越小，焦距（记号为：f，英文为：focal length）越短。凸透镜可用于放大镜、老花眼及远视的人戴的眼镜、摄影机、电影放映机、显微镜、望远镜的透镜（lens）等。

实验研究凸透镜的成像规律是：当物距在一倍焦距以内时，得到正

物质科学B

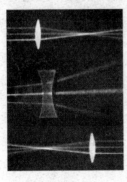

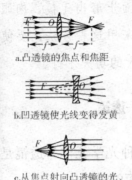

a.凸透镜的焦点和焦距

b.凹透镜使光线变得发黄

c.从焦点射向凸透镜的光、通过凸透镜后变为平行光线

立、放大的虚像；在一倍焦距到二倍焦距之间时得到倒立、放大的实像；在二倍焦距以外时，得到倒立、缩小的实像。

两侧面均为球面或一侧是球面另一侧是平面的透明体，中间部分较薄，称为凹透镜。在光疏介质中使用时，能对入射光束起发散作用，故又称发散透镜。又因其焦距为负，又称负透镜。对薄的凹透镜，成像公式、横向放大率公式和符号法则均与凸透镜同。

分为双凹、平凹及凸凹透镜三种。其两面曲率中心之连线称为主轴，其中央之点 O 称为光心。通过光心的光线，无论来自何方均不折射。平行主轴之光束，照于凹透镜上折射后向四方发散，逆其发散方向的延长线，则均会于与光源同侧之一点 F，其折射光线恰如从 F

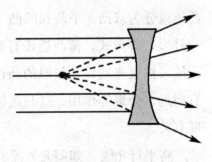

凹透镜发散平行光

点发出，此点称为虚焦点。在透镜两侧各有一个。凹透镜又称为发散透镜。凹透镜的焦距，是指由焦点到透镜中心的距离。透镜的球面曲率半径越大其焦距越长，如为薄透镜，则其两侧之焦距相等。

凹透镜所成的像总是小于物体的、直立的虚像，凹透镜主要用于矫正近视眼，我们戴的近视眼镜就是凹透镜做的。

≫透镜的"Twins"组合——望远镜

望远镜是如何把远处的景物移到我们眼前来的呢？这靠的是组成望

远镜的两块透镜。望远镜的前面有一块直径大、焦距长的透镜，名叫物镜；后面的一块透镜直径小焦距短，叫目镜。物镜把来自远处景物的光线，在它的后面汇聚成倒立的缩小了的实像，相当于把远处景物一下子移近到成像的地方。而这景物的倒像又恰好落在目镜的前焦点处，这样对着目镜望去，就好像拿放大镜看东西一样，可以看到一个放大了许多倍的虚像。这样，很远很远的景物，在望远镜里看来就仿佛近在眼前一样。

望远镜同其他光学仪器一样，经过一段漫长的发展历史，各种结构形式的望远镜相继问世。根据光学原理，可归纳为折射式、反射式和折反射望远镜三大类。

1、折射望远镜：用透镜作物镜的望远镜。分为两种类型：由凹透镜作目镜的称伽利略望远镜；由凸透镜作目镜的称开普勒望远镜。

因单透镜物镜色差和球差都相当严重，现代的折射望远镜常用两块或两块以上的透镜组作物镜。其中以双透镜物镜应用最普遍。它由相距很近的一块冕牌玻璃制成的凸透镜和一块火石玻璃制成的凹透镜组成，对两个特定的波长完全消除位置色差，

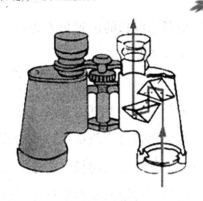

望远镜的基本构造

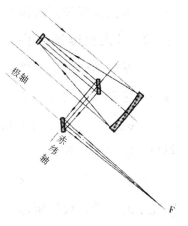

天文望远镜的原理

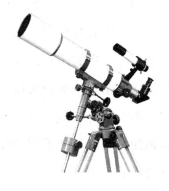

天文望远镜

物质科学B

对其余波长的位置色差也可相应减弱。在满足一定设计条件时，还可消去球差和彗差。

由于剩余色差和其他像差的影响，双透镜物镜的相对口径较小，一般为1/15～1/20，很少大于1/7，可用视场也不大。口径小于8厘米的双透镜物镜可将两块透镜胶合在一起，称双胶合物镜，留有一定间隙未胶合的称双分离物镜。为了增大相对口径和视场，可采用多透镜物镜组。折射望远镜的成像质量比反射望远镜好，视角大，使用方便，易于维护，中小型天文望远镜及许多专用仪器多采用折射系统，但大型折射望远镜制造起来比反射望远镜困难得多。

2、反射望远镜：用凹面反射镜作物镜的望远镜。可分为牛顿望远镜、卡塞格林望远镜、格雷果里望远镜、折轴望远镜几种类型。反射望远镜的主要优点是不存在色差，当物镜采用抛物面时，还可消去球差。但为了减小其它像差的影响，可用视场较小的透镜。对制造反射镜的材料只要求膨胀系数较小、应力小和便于磨制。磨好的反射镜一般在表面镀一层铝膜，铝膜在2000－9000埃波段范围的反射率都大于80%，因而除光学波段外，反射望远镜还适于对近红外和近紫外波段进行研究。

反射望远镜的相对口径可以做得较大，主焦点式反射望远镜的相对口径约为1/5－1/2.5，甚至更大，而且除牛顿望远镜外，镜筒的长度比系统的焦距要短得多，加上主镜只有一个表面需要加工，这就大大降低了造价和制造的困难，因此目前口径大于1.34米的光学望远镜全部是反射望远镜。一架较大口径的反射望远镜，通过变换不同的副镜，可获得主焦点系统（或牛顿系统）、卡塞格林系统和折轴系统。这样，一架望远镜便可获得几种不同的相对口径和视场。反射望远镜主要用于天体物理方面的工作。

3、折反射望远镜：由折射元件和反射元件组合而成的望远镜。包括施密特望远镜和马克苏托夫望远镜及它们的衍生型，如超施密特望远镜，贝克－努恩照相机等。在折反射望远镜中，由反射镜成像，折射镜用于校正像差。它的特点是相对口径很大，光力强，视场广阔，像质优良。适于巡天摄影和观测星云、彗星、流星等天体。小型目视望远镜若采用折反射卡塞格林系统，镜筒可非常短。

世界上最大的射电望远镜

在波多黎各的群山密林里，约91米高的铁塔上的粗壮钢索吊起一排排天线，下面是一个直径约305米的"铝锅"，像一只硕大无比的眼睛瞪着太空。它就是世界上最大最敏感的单碟射电望远镜——阿雷西沃望远镜。它的任务是为了寻找银河系边缘

世界上最大的射电望远镜

智能生命的踪迹，而且它是世界上唯一一座非常准确地跟踪那些可能撞向地球的小行星的设施。令人遗憾的是，因为目前资金不足，这个望远镜即将关闭。

自制简易望远镜

材料准备：两片放大镜——直径大约在2.5～3厘米之间（如果其中一片放大镜比另一片大些，效果会更好）、一个纸筒——用纸巾或者礼

物质科学 B

物质科学 B

品包装纸卷成筒状（长一些会比较好）、胶带、剪刀、一把尺（直尺、码尺或者卷尺）、印有内容的纸——报纸或者杂志都可以。制作步骤：

①拿出两片放大镜和一篇打印好的文章。

②将一片放大镜（大的那一片）放在您和纸之间。文章上的影像看起来会很模糊。

③将另一个放大镜放在您的眼睛和第一个放大镜之间。

④前后移动第二片玻璃，直到印刷内容看起来非常清晰。您将注意到文章看起来变大了，并且是倒立的。

⑤请一个朋友帮助测量两片放大镜之间的距离，并记录下来。

⑥在纸筒靠近前端开口处大约2.5厘米的地方剪一个槽。不要将卷筒剪穿。这个槽应能够容纳较大的那片放大镜。

⑦在纸筒上再剪一个槽，这个槽与第一个槽之间的距离等于您的朋友所记录的距离。这是放置第二片放大镜的地方。

⑧将两片放大镜放在相应的槽上（大的放在前面，小的放在后面），并用胶带将它们固定好。

⑨在较小的放大镜后面留大约 1~2 厘米的卷筒，将多余的卷筒剪掉。

⑩用这个望远镜来看印有内容的纸张，以检查它是否制作成功了。您也许要花点精力来确定两个镜片之间的准确距离，从而使图像能够聚焦。

好了，如果上面的步骤你都顺利完成了，那么你已经制作成了一个简单的折射望远镜！有了这个望远镜，您就可以用它来观察月亮、一些星团和地球上的东西（比如鸟）。

最后，在检测自制望远镜是否可用的同时，来体会一下望远镜的成像原理。自己动手是不是乐趣很多?! 既考察了自己的动手能力，又能学到很多东西，即使是已经知道的知识，也能加以巩固!

除却霓裳随风舞——沙

≫会"奏乐"的沙——鸣沙

木垒鸣沙山位于甘肃省河西走廊的昌吉回族自治州木垒县哈依纳尔北5公里处，当地哈萨克人称其为"阿依艾库木"，意为"有声音的沙漠"。其山雄踞沙海，平地而起，共有5座赭红色的沙丘，其中最大的一座约500米，垂直高度约70米左右，呈现西南至东北走向。平时常有雷鸣号角之声从内发生，时断时续，时高时低，忽而声响如万马奔腾、忽而柔细若琴若笛。假如你抓一把细沙奋力扬出，马上就会激起无数蛙鸣。当你数人并排下滑，但闻遍山雷声滚滚，大有叱咤风雷之势。

更有趣的是，那流动的细沙不是向下流，而是由下向上流淌，就像湖水因风绉面，荡起一圈圈柔和优美的涟漪。一清代诗人曾："雷送余音声袅袅，风生细响语喁喁"。可见鸣沙山的迷人之处。鸣沙山下不远处，有一泉，形同满月，周围黄沙浩浩，虎视狼逼，千百年来却不为其所灭，实在叫人惊叹不已。但见泉水由沙底而出，清澈透明，饮之清凉甘

鸣沙山

洌，沁人肺腑。使鸣沙山更添几处神奇。

所谓鸣沙，并非自鸣，而是因人沿沙面滑落而产生鸣响，是自然现象中的一种奇观，有人将誉为"天地间的奇响，自然中美妙的乐章。"当你从山巅顺陡立的沙坡下滑，流沙如同一幅一幅锦缎张挂沙坡，若金色群龙飞腾，鸣声随之而起，初如丝竹管弦，继若钟磬和鸣，进而金鼓齐，轰鸣不绝于耳。自古以来，由于不明鸣沙的原因，产生过不少动人的传说。相传，这里原本水草丰茂，有位汉代将军率军西征，一夜遭敌军偷袭，正当两厮杀难解难分之际，大风骤起，刮起温天黄沙，把两军人马全都埋入沙中，从此就有了鸣沙山。至今犹在沙鸣则是两将士的厮杀之声。

➤ 不毛之地——沙漠

沙漠的地表覆盖的是一层很厚的细沙状的沙子（有去过海边吗？沙漠一眼看去和沙滩是一样的，只不过形成的原因不同，一个是水的长期作用，而另一个是风的长期作用。）沙漠是一片幽静的土地，沙漠的地表是会自己变化和移动的，当然是在风的作用下。因为沙会随着风跑，沙丘就会向前层层推移，变化成不同的形态。

世界上最大的沙漠——撒哈拉

沙漠地区温差大，平均年温差可达 30－50℃，日温差更大，夏天午间地面温度可达 60℃以上，若在沙滩里埋一个鸡蛋，不久便烧熟了。夜间的温度又降到 10℃以下。由于昼夜温差大，有利于植物贮存糖分，所以沙漠绿洲中的瓜果都特别甜。

　　沙漠地区风沙大、风力强。最大风力可达 10 - 12 级。强大的风力卷起大量浮沙，形成凶猛的风沙流，不断吹蚀地面，使地貌发生急剧变化。

　　值得行人们警惕的是，有些沙漠并不是天然形成的，而是人为造成的。如美国 1908 - 1938 年间由于滥伐森林 9 亿多亩，大片草原被破坏，结果使大片绿地变成了沙漠。前苏联在 1954 - 1963 年的垦荒运动中，使中亚草原遭到严重破坏，非但没有得到耕地，却带来了沙漠灾害。

　　撒哈拉沙漠是世界上最大的沙漠。阿拉伯语撒哈拉意即"大荒漠"。位于阿特拉斯山脉和地中海以南，约北纬 14°线（250 毫米等雨量线）以北，西起大西洋海岸，东到红海之滨。横贯非洲大陆北部，东西长达 5600 公里，南北宽约 1600 公里，面积约 960 万平方公里，约占非洲总面积 32%。

　　撒哈拉沙漠干旱地貌类型多种多样。由石漠（岩漠）、砾漠和沙漠组成。石漠多分布在撒哈拉中部和东部地势较高的地区，主要有大片砂岩、灰岩、白垩和玄武岩构成，或岩石裸露或仅为一薄层岩石碎屑。如廷埃尔特石漠、哈姆拉石漠、莎菲亚石漠等，尼罗河以东的努比亚沙漠主要也是石漠。

　　砾漠多见于石漠与沙漠之间，主要分布在利比亚沙漠的石质地区、阿特拉斯山、库西山等山前冲积扇地带，如提贝斯提砾漠、卡兰舒砾漠、盖图塞砾漠等。沙

沙漠中的美丽绿洲

物质科学 B

漠的面积最为广阔，除少数较高的山地、高原外，到处都有大面积分布。

著名的有利比亚沙漠、赖卜亚奈沙漠、奥巴里沙漠、阿尔及利亚的东部大沙漠和西部大沙漠、舍什沙漠、朱夫沙漠、阿瓦纳沙漠、比尔马沙漠等。面积较大的称为"沙海"，沙海由复杂而有规则的大小沙丘排列而成，形态复杂多样，有高大的固定沙丘，有较低的流动沙丘还有大面积的固定、半固定沙丘。固定沙丘主要分布在偏南靠近草原地带和大西洋沿岸地带。从利比亚往西直到阿尔及利亚的西部是流沙区。流动沙丘顺风向不断移动。在撒哈拉沙漠曾观测到流动沙丘一年移动 9 米的记录。

撒哈拉地区地广人稀，平均每平方公里不足 1 人。以阿拉伯人为主，其次是柏柏尔人等。居民和农业生产主要分布在尼罗河谷地和绿洲，部分以游牧为主。20 世纪 50 年代以来，沙漠中陆续发现丰富的石油、天然气、铀、铁、锰、磷酸盐等矿。随着矿产资源的大规模开采，改变了该地区一些国家的经济面貌，如利比亚、阿尔及利亚已成为世界主要石油生产国，尼日尔成为著名产铀国。沙漠中也出现了公路网、航空线和新的居民点

当然，可怕的沙漠中并不全是沙子。在沙漠中有一种地方，会有着大量的水和植物，仿佛沙漠中的世外桃源，这就是绿洲。

绿洲指沙漠中具有水草的绿地。绿洲土壤肥沃、灌溉条件便利，往往是干旱地区农牧业发达的地方。它多呈带状分布在河流或井、泉附近，以及有冰雪融水灌溉的山麓地带。

绿洲地区天然降水少，难以满足普通农作物生长的需要。但这些地区夏季气温高，热量条件充足，只要有充足的灌溉水源，小麦、水稻、棉花、瓜果、甜菜等农作物都能生长良好。我国新疆塔里木盆地和准噶尔盆地边缘的高山山麓地带、甘肃的河西走廊、宁夏平原与内蒙古河套平原都有不少绿洲分布。

沙子可以做燃料？

沙子到处都有，我国西北地区有好几个大沙漠，江河湖海的岸边有沙滩，城市中建筑工地上的沙子堆积如山。以往，除了小朋友们喜欢玩弄沙子，建筑中要用到沙子之外，人们对沙子几乎没有什么好感。但是，随着科学的发展，近来科学家们却认为沙子在不远的将来可以用作燃料。从而，沙子的身价看涨。

★为什么沙可以作燃料？

煤、石油和天然气是碳的化合物。沙子是石英岩破碎后的产物，它的化学成分是二氧化硅。硅有两种同素异形体，一种为性质稳定的晶态硅，另一种为暗棕色无定形粉末，用镁使二氧化硅还原可得，性质较活泼，在空气中能燃烧。自然界中几乎没有其他化合物能像硅和氧的化合那么坚固，因此地壳成分的四分之三是由这种物质组成的。如果能够成功地以合适的成本把银光闪闪的硅提炼出来用作燃料，那么人类将摆脱对能源即将耗尽的一切忧虑。

★"燃料沙"的用途

硅不仅是优质的燃料，而且在与氮反应时，除了热量之外还会产生一系列很有经济价值的产品。反应堆的"灰烬"成分除了沙子之外主要是硅氮化合物，它无毒，可用于制造非常坚硬和如今非常昂贵的瓷器。工业上需要这种硅氮化合物作为其他材料的涂层，使它们不怕刮、不怕潮湿、不怕火或酸。此外，还可以毫无问题地使硅氮化合物变成生产氮肥的基本原料氨，这将为生产一种植物养料开辟一条全新的道路。

但如果用硅大量石油或天然气，那么，产生的氨会大大超过生产化

物质科学B

肥所需的数量，但这种刺鼻的气体还含有一部分能量，它会燃烧。奥纳
教授还看到一种更令人惊异的用途：氨也可以充当汽车燃料电池的氢供
应者。

互动一刻

自制简易沙漏

沙漏又称"沙钟"，是我国古代一种计量时间的仪器。沙漏的制造原
理与漏刻大体相同，它是根据流沙从一个容器漏到另一个容器的数量来
计量时间。这种采用流沙代替水的方法，是因为我国北方冬天空气寒冷，
水容易结冰的缘故。

现在，就让我们一起动手制作一个简易的沙漏。

材料准备：两个大小相同的带盖子的小玻璃瓶（可用废弃的饮料瓶
代替）、锥子一把、细沙若干。制作过程：在开始制作沙漏之前，要先将
两个小玻璃瓶或饮料瓶中的水滤干净。然后在两个瓶子的盖子正中央各
打一个洞，并用强力胶将瓶盖"背靠背"地粘牢。最后将细沙装入瓶子，
拧紧瓶盖。这样，一个简易的沙漏就制
作完成了。

有兴趣的读者还可以给自己的沙漏
计时，看看沙子全部从一个瓶子流到另
一个瓶子需要多少时间，和沙子的数量
又有什么关系。

★为什么用沙而不用水来计时？

沙漏又称"沙钟"，是我国古代一
种计量时间的仪器。沙漏的制造原理与
漏刻大体相同，它是根据流沙从一个容

器漏到另一个容器的数量来计量时间。这种采用流沙代替水的方法，是因为我国北方冬天空气寒冷，水容易结冰的缘故。最著名的沙漏是1360年詹希元创制的"五轮沙漏"。流沙从漏斗形的沙池流到初轮边上的沙斗里，驱动初轮，从而带动各级机械齿轮旋转。

女神的眼泪——宝石

≫谁给了我一双眼睛？——神奇的猫眼

猫眼是指具有猫眼效应的金绿宝石，在所有宝石中，具有猫眼效应的宝石品种很多，但在国家标准中只有具有猫眼效应的金绿宝石才能直接称为猫眼，其它具有猫眼效应的宝石都不能直接称为猫眼。金绿宝石矿物本质上是铍铝氧化物（$BeAl_2O_4$），原

价值不菲的金绿猫眼

生矿物晶体常呈板状、短柱状晶形，属斜方晶系，折射率为 1. 745 – 1. 755，密度为 3. 76g/cm3，硬度为 8 – 8. 5，常见颜色为金黄色、黄绿色、灰绿色、褐色、褐黄色等等，其颜色成因是在于金绿宝石矿物中含有 F 离子。猫眼主要产在斯里兰卡、巴西等地，斯里兰卡猫眼一直著称于世。

猫眼产生的原因，是在于金绿宝石矿物内部存在着大量的细小、密集、平行排列的丝状金红石矿物包体，金红石的折射率为 2. 60 – 2. 90，由于金绿宝石与金红石在折射率上的较大差异，使入射光线经金红石包

体中反射出来，集中成一条光线而形成猫眼如图，当金绿宝石越不透明，金红石丝状包体越密集，则猫眼效应越明显。当用一个聚光手电照射猫眼宝石时，在某个角度，猫眼向光的一半呈现黄色，而另一半则呈现乳白色。如果用两个聚光手电从两个方向照射猫眼，并同时以丝状包体方向为轴线来回转动宝石，可见猫眼线一会儿张开，一会儿闭合的现象。

但猫眼效应并非为金绿宝石所独有，只要内部含有平直平行的针状、管状包裹体的宝石，加工成弧面形时都会出现猫眼效应。在宝石学中，只有具有猫眼效应的金绿宝石称之为猫眼，其它具有猫眼效应的宝石则不能直接称呼为猫眼，必须在"猫眼"二字之前加上宝石的名称，如电气石猫眼、石英猫眼等。市场上常见具有猫眼效应的宝石有：碧玺、石英、透辉石、矽线石、透闪石、长石等，以及人造玻璃纤维猫眼等。

➤➤ "变心"无罪——美丽的变石

变石的英文名称为 Alexandrite，俄文名称"Александрит"，音译为"亚历山大石"。变石古称紫翠玉。由于它具有在阳光下呈绿色，在烛光和白炽灯下呈红色的变色效应，许多诗人赞誉变石为"白昼里的祖母绿，黑夜里的红宝石"。据说1830年变石首次被发现于俄罗斯乌拉尔一个开采祖母绿的矿山上，矿工们将这种有变色效应的宝石献给了俄国皇太子亚历山大二世，在他21岁生日的时候，将这种新发现的奇异宝石镶在了自己的王冠上，并赐名为"亚历山大石"，意为变石。变石和猫眼一样，在矿物学中属于金绿宝石，只是由于具有

白昼里的祖母绿，

黑夜里的红宝石

不同的光学特点而成为两种不同的宝石。变石属斜方晶系，晶体常呈短柱状和板状。可呈变色（绿色、红色），透明、半透明至不透明。折光率为 1. 745 – 1. 754，二色性强，非均质体。硬度 8. 5，密度 3. 73 克/立方厘米。韧性极好。在长、短波紫外线照射下都可以出现微弱的红光。

因变石中含有微量的铬，使得它对绿光透射最强，对红光透射次之，对其它光线全部强烈的吸收。因此，在白天时由于阳光的照射，使其透过的绿光最多，故其呈现绿色，用近似白光的日光照明，变石也呈现蓝色。可是一到晚上，当富含红光的蜡烛、油灯或钨丝白炽灯照明时，透射的红光就特别多，故呈现出红色。"变石"由此而得名。变色强烈显著的，是上等珍品。如果变色效应与猫眼效应集于一个宝石上，则是极为罕见的宝石，价值极高。

在过去的俄国，变石深受宠爱，所呈现的绿色和红色曾是俄国皇家卫队的颜色。有些国家的人们把变石或月光石、珍珠定为"六月诞生石"，象征健康、富贵和长寿，被誉为"健康之石"。变石和猫眼二者都属于世界五大珍贵高档宝石之一。据报道，在斯里兰卡曾发现过一块重达 1876 克拉的巨大变石，经琢磨后的成品最重为 65. 7 克拉，现收藏于美国的斯密森博物馆。

变石主要赋存于气成热液型、伟晶岩型矿床。目前，这种宝石的著名产地是斯里兰卡，其次是俄罗斯的乌拉尔和巴西的米纳吉拉斯等地区。

≫我有两种色彩——金绿石

金绿宝石为铍铝氧化物，分子式为 $BeAl_2O_4$，主要含有的微量元素有：Fe、Cr、Ti 组分。金绿宝石的颜色与其所含的微量元素有关。其属斜方晶系，常呈板状，短柱状晶形。晶面常见平行条纹，晶体常形成假六方的三连晶穿插双晶。金绿宝石的特殊光学效应为猫眼效应和变色效

物质科学 B

应。最为珍贵的是既有猫眼效应，又有变色效应的变石猫眼。

没有特殊光学效应的金绿宝石，其质量评价主要看颜色，透明度，净度，切工等，这其中高透明度的绿色金绿宝石最受欢迎，价值也较高。猫眼可呈现多种颜色，其中以蜜黄色为最佳，依次为深黄、深绿、黄绿、褐绿、黄褐、褐色。猫眼的眼线以光带居中，平直，灵活，锐利，完整，眼

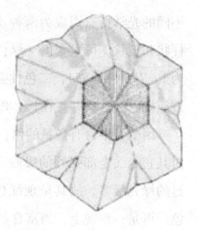

假六方三连晶穿插双晶

线与背景要对比明显，并伴有"乳白与蜜黄"的效果为佳。并以蜜黄色光带呈三条线者为最佳。变石最好的样品是在日光下呈现祖母绿色，而在白炽灯光下呈现红宝石红色。但实际上变石很少能达到上述两种颜色。大多数变石的颜色是在白炽灯下，呈现深红色到褐红色。在日光下，呈淡黄绿色或蓝绿色。

金绿原石

金绿宝石主要产在老变质岩地区的花岗伟晶岩，蚀变细晶岩中，以及超基性岩蚀变的云母片岩中。而真正具工业意义上的金绿宝石矿大多产于砂矿中。金绿宝石的主要产地有：俄罗斯的乌拉尔地区，斯里兰卡，巴西，缅甸，津巴布韦等。最好的变石产于乌拉尔地区。高质量的猫眼则产在斯里兰卡砂矿中。另外一个重要产地是巴西。目前巴西已发现了各种金绿宝石品种：包括透明的黄色、褐色金绿宝石，很好的猫眼及高质量的变石。

≫手里的星光——星光效应

星光效应简单来说就是两组以上的猫眼效应，因此可定义为：在定向琢磨的弧面形宝石的表面，出现横跨宝石、并可随宝石转动而游动的两条以上光带这一现象。在光线照射下，弧面形宝石表面呈现出两条或两条以上交叉亮线，犹如夜空闪烁的星星。每一条亮线称为星线，随着宝石的转动或光源的转动，星光将围绕宝石或灯光作反向转动。其类型有六射星光、四射星光、十二射星光。

星光效应产生原因与猫眼形成机理相同。但是由两组或两组以上的定向排列的包裹体或结构引起的。一般情况下，等轴晶系、四方晶系、斜方晶系的宝石

物质科学B

闪烁如天上的星斗

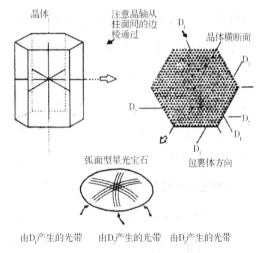

星光效应机理图

可以出现四射星光；而三方、六方晶系的宝石可以出现六射或十二射星光。但也可以出现例外。

≫承诺和忠诚的象征——祖母绿

祖母绿属于绿柱石族宝石，是最著名和珍贵的品种，呈翠绿色，它

是由铬和钒的氧化物致色的，它的英文名称由古波斯语起源，又由拉丁语转化而成，Emerald 即绿色的意思。是最名贵的五大宝石之一。祖母绿以青翠悦目的颜色使人着迷，祖母绿是五月的生辰石，代表着春的承诺和忠诚。

祖母绿属六方晶系，祖母绿常形成六方柱状晶体，柱面发育有平等柱状的条纹。在柱状体端元发育有六方双锥和平行双面等晶形。

祖母绿的晶体结构中，6 个硅氧四面体组成六方环，并叠加成六方管柱状体，管内可含碱性离子如 D＋、Na＋、Cs＋等和水分子，当水分子 H－O 平行于六方柱延伸方向，称为Ⅰ型水，当水分子中氧被碱金属离子吸引，H－O－H 与柱状体角度相交时称为Ⅱ型水。

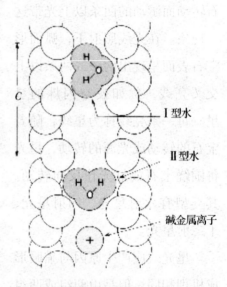

祖母绿中的结构水

祖母绿呈翠绿色，可略带黄色或蓝色色调，其颜色柔和而鲜亮。一些产地如巴西的祖弹琴绿有时呈淡绿色。在绿柱石中有些浅绿色，浅黄绿色或暗绿色品种由二价铁致色，称为绿柱石，而非祖母绿。由于祖母绿是铬致色的宝石，通常以是否含有铬元素或具有铬的吸收峰线作为区分绿柱石和祖母绿的标准。

世界上绝大多数祖母绿矿床产在片岩中，是酸性的花岗岩或花岗伟晶岩侵入超基性变质岩产生的结果，祖母绿多产在岩浆后期热液交代围岩的内外接触带中。俄罗斯、印度、津巴布韦、南非、澳大利亚、巴西、奥地利、巴基斯坦、赞比亚等地均属这种类型。

哥伦比亚出产的祖母绿，以其颜色佳、质地好、产量大闻名于世，

哥伦比亚产的祖母绿

是世界上最大的优质祖母绿产地。哥伦比亚最主要的两处祖母绿矿床是木佐（Muzo）和契沃尔（chivor），它们分布在波哥大东北约 100km 范围内，地处科迪勒拉山脉之中。哥伦比亚祖母绿从 16 世纪中叶就开始生产了，当时祖母绿矿山属占领者西班牙人所有，直到 1886 年才归为国有。几个世纪以来，木佐和契沃尔矿山一直是世界上最大的优质祖母绿供应地，垄断了国际市场，约占世界优质祖母绿总产量的 80%。哥伦比亚祖母绿主要产在沉积岩系的方解石纳长石脉之中，围岩为炭质页岩和灰岩，含祖母绿的方解石脉、白云石—方解石脉、黄铁矿方解石脉一般长 60m，宽 0.1～20cm，呈脉状和网脉状。祖母绿在含矿脉中呈斑晶状产出。祖母绿呈柱状晶体，平均长 2～3cm，颜色为淡绿—深绿。略带蓝色调、质地好、透明。祖母绿晶体中可见一氧化碳气泡，液状氯化钠和立方体食盐等气液固三相包体，这在其它地区祖母绿中是非常罕见的，只有哥伦比亚祖母绿才有。另外，还常有黄铁矿、黑色炭质物，水晶、铬铁矿等包体。一般认为以契沃尔矿区的略带蓝色的翠绿祖母绿质量最佳，称得上世界最美丽的祖母绿。1969 年在哥伦比亚发现一粒重 7025 克拉的巨大祖母绿。

哥伦比亚还出产一种罕为人知的达碧兹粒状祖母绿，1946 年在著名矿区穆佐（Muzo）的比亚博兰卡（Pena Blanca）首次发现这种罕见的祖母绿宝石－达碧兹，西班牙文原意是：研磨蔗糖的轳辘。因宝石中心有一六边型的核心，由此放射出太阳光芒似的六道线条，形成一个星状的图案，故因此得名。当地人深信这是神的特别恩赐，每一道线条都代表祝福:健康,财富,爱情,幸运,智慧,快乐。因为宝石的特殊性质,故均打磨成弧面型,而不作平面切割。随着比亚博兰卡矿区的关闭,现存达碧兹就愈显珍贵。现存于英国,伦敦维多利亚及艾博特博物馆的 Thestar of Andes(安第斯之星,重达80.61克拉)就是这种宝石。

生辰石

一月生辰石——石榴石	二月生辰石——紫水晶
三月生辰石——海蓝宝石	四月生辰石——钻石
五月生辰石——祖母绿	六月生辰石——珍珠、变石、月光石
七月生辰石——红宝石	八月生辰石——橄榄石
九月生辰石——蓝宝石	十月生辰石——欧泊
十一月生辰石——黄玉(托帕石)	十二月生辰石——锆石、绿松石、青金石

强强"大集合"——物理之最

最早的发电站是1882年美国的爱迪生在纽约所创建的。

最早的电视是苏格兰的贝尔德于1925年用无线电器材、旧糖果盒和透镜等组成,于1926年1月27日在英国伦敦皇家学会向40多位科学家作表演,并将这天定为电视首映日。

最早的医用听诊器是法国的雷奈发明的。

仿制的水运仪象台

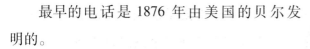

最早的电话是 1876 年由美国的贝尔发明的。

最早实践人工磁化方法，我国 11 世纪的《武经总要》一书中，关于指南鱼的人工磁化方法，是世界上人工磁化方法的最早实践。

最古老的天文钟它是我国北宋天文学家苏颂、韩公廉等人建造的水运仪象台。

最早的避雷针是美国的富兰克林发明的。

最早证明大气压存在的是马德堡半球实验。

发现电磁感应的第一人——法拉第

最早测定大气压值的科学家是意大利的托里拆利。

最早发现通电导体周围存在磁场的是丹麦科学家奥斯特。

最早发现电磁感应的是英国科学家法拉第。

德国物理学家伦琴 1895 年利用一种高压下能放射高速电子流的管子获得了伦琴射线（医院用的 X 光），并于 1901 年第一个获得诺贝尔物理学奖。

最早发现超导体的是荷兰尼斯，他于 1911 年测定水银在 $-269℃$ 时，电阻突然消失。把导体温度降到某一定值时电阻突然消失的现象叫做超导现象，能发生超导现象的物质叫做超导体。

最早发现共振现象是 1831 年英国曼彻斯特附近一个炮兵部队列队以整齐步伐通过一座桥时，桥突然塌崩了而发现的。

最早最长最宽的道路是我国公元前 212 年秦始皇为了调兵方便命大将蒙恬调动 20 万民工用 4 年时间完成的，这条路北起九源（内蒙包头市）南至云阳（陕西淳化）横贯陕西、甘肃等省 14 个县，全长 900 多千米宽 164 米。

物质科学 B

千古风流人物——墨子

世界上最早的光学实验，是我国二千四五百年前，由杰出科学家墨翟和他的学生进行的。在一间黑暗的小屋朝阳的墙上开一个小孔，人对着小孔站在屋外，屋里相对的墙上就出现了一个倒立的人影。为什么会出现这奇怪的现象呢？墨子解释说，这是因为光线像射箭一样，是直线进行的。人体下部挡住直射过来的光线，穿过小孔，成影在上边；人体上部挡住直射过来的光线，穿过小孔，成影在下边，就成了倒立的影。并且还指出，人的位置离墙壁由远及近，暗室里的影也由小变大，倒立在墙上。这在世界上是对光直线传播的第一次科学解释。

世界上我国最早发现太阳黑子，早在殷商甲骨文中就有与太阳黑子有关的记载，在战国时期及汉代也有不少与太阳黑子有关的记载，目前公认的世界上最早的太阳黑子记载是汉书卷二十七五志下之下："河平元年……三月乙未，日出黄，有黑气大如钱，居日中央。"河平元年是公元28年。

世界上最早的有关物理学基本理论的著作是战国时期的《墨经》。《墨经》全书包括《经上》、《经下》、《经上说》、《经下说》四篇。论述的物理学内容有力学、声学和光学等，最早提出"杠杆原理"、"浮力原理"等。其中最精辟、最受人推崇的是几何光学部分。

最早发现氩元素的是英国科学家瑞利。

美丽的钨矿

最早记录光沿直线传播是我国公元前四世纪的《墨经》。

最早记载"钻木取火术"的是北齐刘昼的《刘子崇学》。

最早记载磁偏角的书是我国北宋沈括的《梦溪笔谈》。

最早认识磁屏蔽是1695年我国清代初期刘献廷《广阳杂记》记载。

最大的长度单位是光年，1L. Y. ≈9. 46 ×1012km。

坚硬的铱锇矿

最小的长度单位是埃，1A = 10 - 10m。

光在真空中传播的速度最快：c = 3 ×108m/s。

目前已知物质中熔点最高的是金属钨，熔点是3410℃。

熔点最低的物质是固态氦：熔点是 -272℃。

熔点最低的金属是水银： -38. 8℃。

1个标准大气压下沸点最低的物质是液态氦：1268. 9℃。

常温下导电能力最强的物质是银。

地球上最常见、储存量最大的物质是水，它在1个标准大气压下沸点是100℃，熔点是0℃，4℃时水的密度最大。

水的比热容是各物质中最大：c = 4. 2 ×103J/（kg·℃）。

地球上0℃、1标准大气压下密度最大的物质是锇：ρ = 22. 5 × 103kg/m3，密度最小的物质是氢：ρ = 0. 09kg/m3。

人耳朵能听到的最小声音是0dB。

世界上最低的温度是 -273. 15度，为绝对零度，准确说是宇宙中的最低温度，从热力学上可以解释。在该温度下，熵值为0，也就是混乱度最低，粒子停止了热运动，故此温度最低，从理论上不能低于此温度。

漫步神奇的化学殿堂

赤道的阳光

如同浓硫酸一样灼烧着我的皮肤；

周围的空气

仿佛氯气般刺激着我的眼鼻粘膜；

心中早已腐烂的过去

发出溴水一样的臭味；

脑海里却有一个如氢气般轻盈的念头

——一直向前

我的目标

如同钢铁那般坚定；

我的思想

宛若钻石那般透明；

纵然死去

也要紧抱那泉水般纯洁的梦境

物质科学B

和我"交际"难上加难——氦

▶ 奇妙的性质——氦的简介

元素符号 He，英文全名为 Helium，原子序数 2，原子量 4.002602，是稀有气体的一种。氦在地壳中的含量极少，在整个宇宙中按质量计只占 23%，仅次于氢。氦在空气中的含量为 0.0005%。氦有两种天然同位素：氦 3、氦 4，自然界中存在的氦基本上是氦 4。

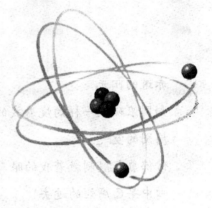

氦原子结构示意图

氦在通常情况下为无色、无味的气体；熔点 –272.2℃（25 个大气压），沸点 –268.9℃；密度 0.1785g/L，临界温度 –267.8℃，临界压力 2.26 大气压；水中溶解度 8.61cm^3/千克水。氦是唯一不能在标准大气压下固化的物质。液态氦在温度下降至 2.18K 时，性质会发生突变，成为一种超流体，能沿容器壁向上流动，这是液态氦的一个很有意思的性质，并且液氦的热传导性为铜的 800 倍，变成了超导体；其比热容、表面张力、压缩性都是反常的。

氦是最不活泼的元素，基本上不形成什么化合物。氦的应用主要是作为保护气体、气冷式核反应堆的工作流体和超低温冷冻剂。

▶ 曲折有趣——氦的发现史

氦的发现有些凑巧，它是唯一先在地球以外被发现的一种元素。1868 年 8 月 10 日，印度发生了日全食，法国天文学家杨森（Pierre Janssen）在观测这次日全食时，从太阳光谱中得到一条橙黄色光谱线。同时，英国天文学家洛克伊尔（Joseph Norman Lockyer）也在不同的场合从太阳光谱中得到相同的发现。两个人都写信把这个结果通知了巴黎科学院。

后来科学家们经过仔细分析，反复核对当时地球上所有已发现元素的光谱线，都没有这一条，因而认定这是一种在地球上尚未发现的新元素的光谱线。由于是在太阳上发现的，因

杨森

此把它命名为有"太阳"意义的 Helium（源自 Helios，意为太阳）。这是人类首次在地球上发现"地球以外的元素"。在这以后的二十多年间，人们都一直认为"氦"只存在于太阳上，而不存在于地球上。

在 1888 年 – 1890 年间，美国化学家希尔布兰德（William Francis Hillebrand）用硫酸处理沥青铀矿时，得到一种不活泼的气体。虽然，这

瑞姆赛

种气体实际上就是氦气，但是他当时错把它认成氮气，也使他错过了发现新元素的重大机会。

后来，英国化学家瑞姆赛（Sir William Ramsay）用另一种铀矿重复希尔布兰德的实验。瑞姆赛在取得气体以后，借助光谱实验，证明了这种气体正好就是 27 年前在太阳光谱中发现的那种元素，进而证明了地球上也有氦的存在。在 1895 年的英国化学学会年会中，科学家们正式宣布：地球上也发现了元素氦。

≫低温领域的拓荒者——液氦

在本世纪初的几十年里，世界各国都在寻找氦气资源，在当时主要是为了充飞艇。但是到了今天，氦不仅用在飞行上，尖端科学研究和现代化工业技术中都离不开氦，而且用的常常是液态的氦，而不是气态的氦。液态氦把人们引到一个新的领域——低温世界。

在液态空气的温度下，氢和氖仍然是气体；在液态氢的温度下，氖变成了固体，可是氦仍然是气体。要冷到什么程度，氦才会变成液体呢？

英国物理学家杜瓦在 1898 年首先得到了液态氢。就在同一年，荷兰的物理学家卡美林·奥涅斯也得到了液态氢。液态氢的沸点是零下 253 摄氏度，在这样低的温度下，其他各种气体不仅变成液体，而且都变成了固体。只有氦是最后一个不肯变成液体的气体。

卡美林·奥涅斯决心把氦气也变成液体。1908 年 7 月，卡美林·奥涅斯成功了，他把氦气变成了液体。他第一次得到了 320 立方厘米的液态氦。

要得到液态氢，必须先把氢气压缩并且冷却到液态空气的温度，然后让它膨胀，使温度进一步下降，氢气就变成了液体。液态氢是透明的容易流动的液体，就像打开了瓶塞的汽水一样，不断飞溅着小气泡。

液态氦是一种与众不同的液体，它在零下 269 摄氏度就沸腾了。在这样低的温度下，氢也变成了固体，千万不要使液态氦和空气接触，因为空气会立刻在液态氦的表面上冻结成一层坚硬的盖子。

多少年来，全世界只有荷兰卡美林·奥涅斯的实验室能制造液态氦。直到 1934 年，在英国卢瑟福那里学习的前苏联科学家卡比查发明了新型的液氦机，每小时可以制造 4 升液态氦。以后，液态氦才在各国的实验室中得到广泛的研究和应用。

在今天，液态氦在现代技术上得到了重要的应用。例如要接收宇宙飞船发来的传真照片或接收卫星转播的电视信号，就必须用液态氦。接收天线末端的参量放大器要保持在液氦的低温下，否则就不能收到图像。

然而，液态氦的奇妙之处还不在于低温。

≫杯子真的漏了吗——漏液氦的杯子

卡美林·奥涅斯是第一个得到液氦的科学家。他并不满足，还想使温度进一步降低，以得到固态氦。他没有成功（固态氦是 1926 年基索姆用降低温度和增大压力的方法首先得到的），却得到了一个没有预料到的结果。

对于一般液体来说，随着温度降低，密度会逐渐增加。卡美林·奥涅斯使液态氦的温度下降，果然，液氦的密度增大了。但是，当温度下降到零下 271 摄

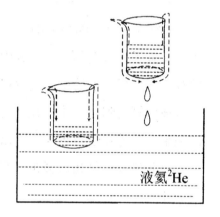

盛有液氦（^{2}He）的水槽漏液氦的小杯子

氏度的时候，怪事出现了，液态氦突然停止起泡，变成像水晶一样的透明，一动也不动，好像一潭死水，而密度突然又减小了。

这是另一种液态氦。卡美林·奥涅斯把前一种冒泡的液态氦叫做氦Ⅰ，而把后一种静止的液态氦做氦Ⅱ。

把一个小玻璃杯按在氦Ⅱ中。玻璃杯本是空的，但是过了一会，杯底出现了液态氦，慢慢地涨到跟杯子外面的液态氦一样平为止。

把这个盛着液态氦的小玻璃杯提出来，挂在半空。看，玻璃杯底下出现了液氦，一滴，两滴，三滴……不一会，杯中的液态氦就"漏"光

物质科学 B

物质科学B

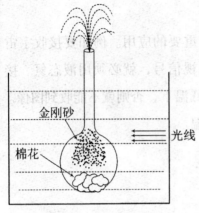

金刚砂

光线

棉花

液氦喷泉——超流体的特殊性质

了。是玻璃杯漏了吗？不，玻璃杯一点也不漏。这是怎么回事呢？

原来氦Ⅱ是能够倒流的，它会沿着玻璃杯的壁爬进去又爬出来。这是在我们日常生活中没有碰到过的现象，只有在低温世界才会发生。这种现象叫做"超流动性"，具有"超流动性"的氦Ⅱ叫做超流体。

后来，许多科学家研究了这种怪现象，又有了许多新的发现。其中最有趣的是1938年阿兰等人发现的氦Ⅱ喷泉。在一根玻璃管里，装着很细的金刚砂，上端接出来一根细的喷嘴。将这玻璃管浸到氦Ⅱ中，用光照玻璃管粗的下部，细喷嘴就会喷出氦Ⅱ的喷泉，光越强喷得越高，可以高达数厘米。

氦Ⅱ喷泉也是超流体的特殊性质。在这个实验中，光能直接变成了机械能。

≫魔术大师——液氦的魔力

如果把各种物质放在液态氦里，情况就更奇妙了。

看！在液氦的温度下，一个铅环，环上有一个铅球。铅球好像失去了重量，会飘浮在环上，与环保持一定距离。

再看！在液氦的温度下，一个金属盘子，把细链子系着磁铁，慢慢放到盘子里去。当磁铁快要碰到盘子的时候，链子松了，磁铁浮在盘子上，怎样也不肯落下去。

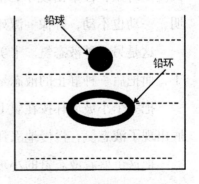

铅球

铅环

魔术液氦

真像是到了魔术世界！这一切，只能在液态氦的温度下发生。温度一升高，魔术就不灵了，铅球落在铅环上，磁铁也落在金属盘子里了。

这是低温下的超导现象。

原来，有些金属，在液态氦的温度下，电阻会消失；在金属环和金属盘中，电流会不停地流动而产生磁场。这时候，磁场的斥力托住了铅球和磁铁，使它们浮在半空中。

在低温下，出现了许多奇妙的物理现象。许多重要的物理实验，都要在低温下进行。

目前，世界各国的物理学家还在研究液态氦，希望通过液态氦达到更低的温度，研究各种物质在低温下会发生什么奇妙的变化，会有什么我们目前还不知道的性质。这就产生了物理学的一个新的分支——低温物理学。

≫我也能"发电"神奇的氦电

"氦电"是一种从氦元素和它的同位素中获取的电能，是一种大有希望的新型能源。

当夜晚走过繁华闹市的时候，五颜六色的霓虹灯会使人感到进入一个神奇的境地，而氦在里面发挥了重要的作用。在玻璃细管中充入氦，经过通电激发产生能量，从而能够发出浅红色的光。此外，以氦、氖为工作介质，不能够制成氦－氖激光器，在激光技术运用中发挥重要的作用。在对某些金属进行焊接加工的时候，往往还要请氦来充当保护气。比如人们常见的金属铝，在遇到高温的情况下，跟周围的空气很容易发生氧化反应而生成氧化铝，所以，对其进行焊接十分困难。如果在铝的周围用氦保护起来，使铝锐离与空气的接触，再来焊接就会很容易进行。

人类社会进入 20 世纪 90 年代之后，科学家利用氢的同位素氘和氚

物质科学B

进行控制性元素，取得突破性的进展。作为这种受控热核反应重要元素的氚，在自然界中并不存在，需要从核反应中获取。因此，美国科学家提出一个以氦的同位素 3He 代替氚的新设想。这样，受控热核反应装置就不存在放射性，且其体积小，结构简单，造价也低。现在，人类探测到月球表面覆盖着的一层由岩悄、粉尘、角砾岩和冲击玻璃组成的细小颗粒状物质。这层月壤富含由太阳风粒子积累所形成的气体，如氢、氮、氖、氩、氮等。这些气体在加热到 700°C 时，就可以全部释放出来，其中，3He 气体是进行核聚变反应发电的高效燃料，在月壤中的资源总量可达 100 - 500 万吨。另据计算，从月壤中每提炼出一吨 3He。还可以获得约 6300 吨氢气、700 吨氮气和 1600 吨含碳气体（CO、CO2）。所以，通过采取一定的技术措施来获得这些气体，对于人类得到新的能源和维持永久性月球基地是十分必要的。

随着航天技术发展，科学家已设计出一种装置来收集月壤中的 3He，实验证明，利用氚和 3He 的热核聚变反应是最理想的一种核聚变反应，电能转换效率最高，产生的放射性最低。如果今后每年能够从月壤中开采 1500 吨 3He，就能够满足世界范围内的能源需要。若再考虑到其它星球上的 3He，那么，利用氦能发电的前景将是无比乐观的。

为什么人在吸入氦气后声音会变高？

这是因为声音的音波必须靠介质来传递，而介质的种类、状态、密度会影响音波的传递速度。人的声音一般经由空气传递。当空气的成份由 78% 氮和 21% 氧改变为 80% 的氦气和 20% 的氧气，密度变为正常空气的三分之一，此成份改变导致声音传播的速度快了接近三倍，所以吸入氦气的人说话的声音会变高频率. 这个有趣的现象，使得吸入氦气的人说话尖声细气。

碳单质中的"丑小鸭"——石墨

≫ "我和钻石是亲戚"——石墨的成分及性质

化学成分为碳、其晶体属六方或三方晶系的自然元素矿物。与金刚石、碳60、碳纳米管和以美籍华裔矿物学家赵景德姓氏命名的赵击石等互为同素异形体。

石墨晶体结构中，碳原子按六方环状排列成层。由于层在垂直方向上的堆垛顺序不同而有两种不同的多型，即两层重复的石墨——2H 和三层重复的石黑——3R。自然界产出的石墨大多数属 2H 型。

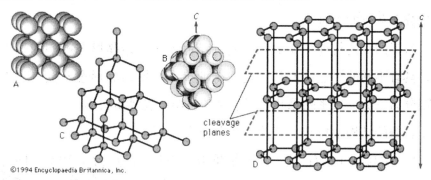

©1994 Encyclopaedia Britannica, Inc.

金刚石与石墨中碳原子的排布比较

石墨晶体呈六方片状，集合体多呈鳞片状或块状、土状，底面解理极完全。摩斯硬度 1~2。有滑感，易污手。比重 2.21~2.26。颜色及条痕均为黑色。晶体呈半金属光泽，隐晶质块体光泽暗淡。导电性良好。

石墨最常见于大理岩、片岩或片麻岩中，是有机成因的碳质物变质而成。煤层可经热变质作用部分形成石墨。少量石墨是火成岩的原生矿

黑不溜秋的鳞片石墨

物。石墨也常见于陨石中，一般为团块状，以一定方位关系组成立方体外形的多晶集合体称方晶石墨。

石墨质软，黑灰色；有油腻感，可污染纸张。硬度为 1～2，沿垂直方向随杂质的增加其硬度可增至 3～5。比重为 1．9～2．3。比表面积范围集中在 1－20m2/g（国产 3H－2000 系列比表面积仪测试），在隔绝氧气条件下，其熔点在 3000℃ 以上，是最耐温的矿物之一。

自然界中没有绝对纯净的石墨是，其中往往含有 SiO2、A12O3、FeO、CaO、P2O5、CuO 等杂质。这些杂质常以石英、黄铁矿、碳酸盐等矿物形式出现。此外，还有水、沥青、CO2、H2、CH4、N2 等气体部分。因此在对石墨进行分析时，除需测定固定碳含量外，还必须同时测定其挥发分和灰分的含量。

石墨的工艺特性主要决定于它的结晶形态。结晶形态不同的石墨矿物，具有不同的工业价值和用途。工业上，根据结晶形态不同，将天然石墨分为三类：致密结晶状石墨、鳞片石墨、隐晶质石墨。

石墨的结构很特殊，其性质亦十分特别：

1）耐高温性：石墨的熔点为 3850±50℃，沸点为 4250℃，即使经超高温电弧灼烧，重量的损失很小，热膨胀系数也很小。有意思的是，石墨的强度随着温度的提高而加强，在 2000℃时，石墨强度提高近一倍。

2）导电、导热性：石墨的导电性比一般非金属矿高一百倍。导热性超过钢、

隐晶质石墨——土状石墨

铁、铅等金属材料，但其导热系数随温度升高而降低，极高的温度下，石墨甚至会成为绝热体。石墨能够导电是因为石墨中每个碳原子与其他碳原子只形成 3 个共价键，每个碳原子仍然保留 1 个自由电子，可以用来传输电荷。

应用广泛的石墨润滑剂

3）润滑性：石墨的润滑性能取决于石墨鳞片的大小，鳞片越大，摩擦系数越小，润滑性能越好。

4）化学稳定性：石墨在常温下有良好的化学稳定性，能耐酸、耐碱和耐有机溶剂的腐蚀。

5）可塑性：石墨的韧性好，可被碾成很薄的薄片。

6）抗热震性：石墨在常温下使用时能经受住温度的剧烈变化而不致破坏，即使温度突变时，石墨的体积变化也不大，不致产生裂纹。

≫ 有趣的历史——石墨的发现

在 1565 年（一些资料显示可能是在 1500 年）前，在英格兰的堪布里亚郡，在从博罗代尔（Borrowdal）的一个小村庄到格雷诺次（Grey Knotts）的小道上，当地人发现了大量石墨，他们不知道这些东西是用来干嘛的，但可以很方便地用来标记羊群。这些石墨的成分非常纯，也十分坚固，可以很容易地被锯成棍状。这以后，人们陆续发现了石墨的其他性质，并把石墨应用的领域逐步扩大。

石墨的发现地——Grey Knotts

物质科学B

≫丑小鸭也能变成白天鹅——石墨粉里"飞"出金刚石

人造金刚石

金刚石和石墨互为同素异形体，换句话说，它们具有相同的"质"，但"形"或"性"却不同。事实上，两者的性质有天壤之别，金刚石是目前已知的最硬的物质，而石墨却是最软的物质之一。

虽然石墨和金刚石的硬度差别如此之大，但人们还是希望能用人工合成方法来获取金刚石，因为自然界中石墨的藏量是很丰富的。例如，在我国石墨的重要产地——山东省莱西市，石墨探明储量 687. 11 万吨，保有储量达 639. 93 万吨。尽管石墨和金刚石有着十分亲密的"血缘关系"，但是要使石墨中的碳变成金刚石那样排列的碳，不是那么容易的。在 5-6 万大气压（$5 \sim 6 \times 10^3$MPa）及摄氏 1000 至 2000 度高温下，同时使用金属铁、钴、镍等做催化剂，可使石墨转变成金刚石，从这样苛刻的条件看来，人工合成金刚石的成本也不是很低。

目前世界上已有十几个国家（包括我国）均合成出了金刚石。但这种金刚石因为颗粒很细，主要用途是做磨料、切削、制成石油钻井用的钻头。当前，在世界金刚石的消费中，80% 的人造金刚石主要用于工业，其产量自然远远超过天然金刚石的产量。

最初合成的金刚石颗粒呈黑色，0. 5mm 大小，重约 0. 1 克拉（用于宝石的金刚石一般最小不能小于 0. 1 克拉）。现在我国研制的大颗粒金刚石达 3mm 以上，美国、日本等已制成 6. 1 克拉多的金刚石。有理由相信，宝石级的人造金刚石也会在不久的将来供应于市场。

≫能取代铜吗？——石墨的优良导电性

20世纪60年代，铜作为电极材料被广泛应用，使用率约占90%，石墨仅有10%左右；21世纪，越来越多的用户开始选择石墨作为电极材料，在欧洲，超过90%以上的电极材料是石墨。铜，这种曾经占统治地位的电极材料，和石墨电极相比它的优势几乎消失殆尽。是什么导致了这个戏剧性的变化？当然是石墨电极的诸多优势。

（1）加工速度更快：通常情况下，石墨的机械加工速度能比铜快2~5倍；而放电加工速度比铜快2~3倍；

（2）材料更不容易变形：在薄筋电极的加工上优势明显；铜的软化点在1000℃左右，容易因受热而产生变形；石墨的升华温度为3650℃；热膨胀系数仅有铜的1/30；

（3）重量更轻：石墨的密度只有铜的1/5，大型电极进行放电加工时，能有效降低机床（EDM）的负担；更适合于在大型模具上的应用。

（4）放电消耗更小：由于火花油中也含有C原子，在放电加工时，高温导致火花油中的C原子被分解出来，转而在石墨电极的表面形成保护膜，补偿了石墨电极的损耗。

（5）没有毛刺：铜电极在加工完成后，还需手工进行修整以去除毛刺，而石墨加工后没有毛刺，节约了大量成本，同时更容易实现自动化生产；

（6）石墨更容易研磨和抛光：由于石墨的切削阻力只有铜的1/5，因而更容易进行手工的研磨和抛光；

工业生产的石墨电极

(7) 材料成本更低，价格更稳定：由于近几年铜价上涨，如今各向同性石墨的价格比铜更低，相同体积下，东洋炭素的普遍性石墨产品的价格比铜的价格低 30% ~60%，并且价格稳定，短期内价格波动非常小。

正是这种无可比拟的优势，石墨逐渐取代铜成为 EDM 电极的首选材料。

各种有趣的石墨

1. 石墨炸弹：

石墨弹具有瘫痪供电系统等多种功能。石墨炸弹是将石墨粉或石墨丝装入炸弹，并在其中装上炸药的一种"软炸弹"，因其不以杀伤敌方兵员为目的而得名；又因石墨弹对供电系统有强大的破坏力而被称为断电炸弹，俗称"电力杀手"。

2. 柔性石墨：

柔性石墨又称膨胀石墨，它是以鳞石墨为原料，经化工处理而生成的层间化合物。在 800 - 1000℃ 的高温下，层间化合物变成气体，可使鳞片石墨膨胀二百倍左右，变得像棉花一样，疏松多孔，富有弹性。在高温，高压或辐射条件下，柔性石墨也不会发生分解，变形或老化，化学性质稳定。柔性石墨的诞生，宣告了化工密封领域内古板时代的结束。

3. 氧化石墨

氧化石墨同样是一层状共价化合物，层间距离依制备方法而异。一般认为，氧化石墨中含有 $-C-OH$、$-C-O-C$，甚至 $-COOH$ 等基团，从而表现出较强的极性。干燥的氧化石墨在空气中的稳定性较差，很容易吸潮而形成水化氧化石墨（$IC = 0.8 \sim 0.9nm$），但当氧化石墨在

50～200℃下与 F2 反应生成氟化氧化石墨后，稳定性明显增强。作为电极材料，氟化氧化石墨的放电容量也较氧化石墨有很大提高，特别是在110℃下与 F2 作用生成的氟化氧化石墨，在放电电流密度为 0.5mA/cm2 时的放电容量、能量密度分别达 675mA h/g、1420W h/Kg。

 互动一刻

铅笔笔芯是铅吗？

铅笔，铅笔，要是按照名字来理解，那么铅笔一定是铅做的，至少也应该含有铅。可是，在外表上看，是木头的。那么什么地方有铅呢？于是，有人就想到了那黑黑的笔芯。笔芯是铅的！那么这个想法对不对呢？实际上，这个观点是不 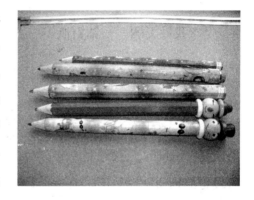 对的。铅笔是绝对不含铅的。虽然名字叫铅笔。下面我们就通过实验来验证一下。

材料准备：金属铅、铅笔笔芯、酒精灯、铁架台、石棉网、澄清石灰水、试管

实验步骤：先取少量金属铅，放在铁架台的石棉网上，使用酒精灯小心地加热，验证金属铅是否可以燃烧。用镊子取出铅笔笔芯，放在石棉网上，再用酒精灯加热，验证铅笔笔芯是否能够燃烧。实验注意：最好选用软铅笔，因为软铅笔笔芯中，石墨的含量比较大。用酒精灯加热，观察是否可燃时应远离石棉网。注意安全。

你发现了什么？是不是铅经加热后无法燃烧，铅笔的笔芯却燃烧了起来？由此，可以断定，铅笔的笔芯不是铅。如果，还要判断是什么气

体，还可以收集气体，使其与澄清石灰水混合，石灰水变浑浊，出现白色沉淀。更进一步说明，生成的气体是二氧化碳。

$$C + O_2 \xrightarrow{\text{点燃}} CO_2$$

$$CO_2 + Ca\ (OH)_2 \longrightarrow CaCO_3\downarrow + H_2O$$

价值连城——钻石

≫我最美丽——钻石概述

钻石，就是经过打磨的金刚石，又称金刚钻，矿物名称为金刚石。英文为 Diamond，源于古希腊语 Adamant，意思是坚硬不可侵犯的物质。

镶有粉色名钻"光明之海"的伊朗王冠

通常指宝石级金刚石，尤指琢型宝石级金刚石，其实，钻石和金刚石在国外并无这种用词的区分，英文中均使用同一个词汇"Diamond"，但国内则常把"金刚石"一词用于矿物学领域，钻石一词用于宝石学领域。但也不尽然，如"工业钻石"虽然不属于宝石学领域，但人们已习惯于这样称呼。

宝石级钻石以无色透明为上品，常见的大多略带微黄色调。黄色调或褐色调愈深，品级也愈低。有一种无色透明中带一点蓝色的被称作"水火色"，却是佳品。而带深蓝、深黑、深金黄和红色、绿色者，更是少见的珍品，被称为"艳钻"或"奇珍钻石"，同一矿区的钻石带有相似的"色素"特征，以致有经验的人常可凭此认出钻石的产地。1914年，比利时安特卫普的钻石切割师托考夫斯基（Marcel Tolkowsky）最早

切割后的钻石——晶莹璀璨

发明了标准圆形明亮式切割法。判别钻石的标准被称为 4C，分别是净度 Clarity、颜色 Color、切工 Cut、克拉重量 Carat。其中净度是指钻石的内含物，而不应称为瑕疵。内含物的存在正说明了钻石的天然性。当然，我们还是希望这种包裹体状的内含物越少越好，所以就有了净度的分级。即：LC、VVS、VS、SI、P 级。过去人们不会琢磨钻石，只能用钻石原石作为饰品，金刚石晶体真正成为钻石，变为首饰的时代，大约在 1450 年。当时琢磨钻石只有 17 个面，1558～1603 年当政的英国女王佩戴的钻石戒，只是一个八面体钻石晶体，磨掉了一个顶尖作为戒面的。直到 1919 年一位住在美国的波兰人名叫塔克瓦斯基，设计出 58 个翻面的钻石切割工艺，至今仍在采用，这个切工是根据钻石的折光率系数等因素而精确计算出来的，不能任意改变，否则磨出的钻石将无光彩或漏光。

≫竟然如此简单——钻石的成分及性质

钻石的化学成分是碳，在所有宝石中，只有钻石是唯一由单一元素组成的。因而属等轴晶系。钻石的晶体形态多呈八面体、菱形十二面体、四面体及它们的聚形。纯净的钻石无色透明，由于微量元素的混入而呈现不同颜色。钻石具有强金刚光泽，其折光率为 2.417，色散

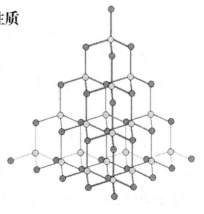

钻石中碳原子的排布

中等，为0. 044。均质体。热导率为0. 35卡/厘米? 秒? 度。用热导仪测试，反应最为灵敏。硬度为10，是目前已知最硬的矿物，其绝对硬度是石英的1000倍，刚玉的150倍，怕重击，重击后会顺其解理破碎。一组解理完全。密度3. 52g/cm3。钻石具有发光性，日光照射后，夜晚能发出淡青色磷光。X射线照射，发出天蓝色荧光。钻石的化学性质很稳定，在常温下不容易溶于酸和碱，几乎所有化学试剂都不会对其产生作用。

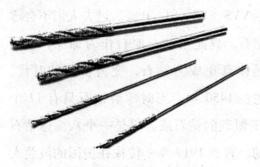

利用钻石极高的硬度制成的钻头

钻石具有很高的热导率，在我们日常生活，当用手触摸铁和木制品时，明显感觉铁要比木头凉得多，其实铁和木头的温度是相同的，这是因为铁比木头容易传导热量，钻石在非金属矿物中热导率最高，根据这个性质，人们研究了一种简单快捷的鉴定钻石的工具，就是大家常说的热导仪，把热导仪的金属探针压在钻石的表面，热导仪发出鸣叫声，就可以确认是钻石了。

钻石还有一个比较有趣也是比较重要的性质，就是亲油性。用钢笔沾一点油性墨水在钻石表面划一道线，然后用放大镜分细观看，可以看到这条线是一条均匀连续的细线，如果不是钻石，看到的将是一条点状的断断续续的细线。

这是因为钻石比较容易粘上油脂。在钻石开采过程中，就是利用了钻石的亲油性来分选钻石。具体过程是在传送带上涂一厚层的牛油，将含有钻石的粉碎矿石均匀铺在传送带上，在传送带的终端将牛油刮下来，收集到一个桶里加热，最后沉在底部的就是钻石了。

≫石中之"石"——钻石的形成

现代科学技术、手段为探索钻石的形成提供了新思路和方法。我们都知道，钻石是世界上最坚硬的、成份最简单的宝石，它是由碳元素组成的、具立方结构的天然晶体。其成份与我们常见的煤、铅笔芯及糖的成份基本相同，碳元素在较高的温度、压力下，结晶形成石墨（黑色），而在高温、极高气压及还原环境（通常来说就是一种缺氧的环境）中则结晶为珍贵的钻石（白色）。为了便于理解钻石的起源，先看一看含有钻石的原岩。

自从钻石在印度被发现以来，我们不断听到人们在河边、河滩上捡到钻石的故事，这是由于位于河流上游某处含有钻石的原岩，被风化、破碎后，钻石随水流被带到下游地带，比重大的钻石被埋在沙砾中。钻石的原岩是什么？1870年人们在南非的一个农场的黄土中挖出了钻石，此后钻石

蕴藏着钻石的金伯利岩

的开掘由河床转移到黄土中，黄土下面就是坚硬的深蓝色岩石，它就是钻石原岩——金伯利岩（kimberlite）。什么是金伯利岩？金伯利岩是一种形成于地球深部、含有大量碳酸气等挥发性成份的偏碱性超基性火山岩，这种岩石中常常含有来自地球深部的橄榄岩、榴辉岩碎片，主要矿物成份包括橄榄石、金云母、碳酸盐、辉石、石榴石等。研究表明，金伯利岩浆形成于地球深部150公里以下。由于这种岩石首先在南非金伯利被发现，故以该地名来命名。

另一种含有钻石的原岩称钾镁煌斑岩（lamproite），它是一种过碱性

物质科学B

钾镁煌斑岩

镁质火山岩，主要由白榴石、火山玻璃形成，可含辉石、橄榄石等矿物，典型产地为澳大利亚西部阿盖尔（Argyle）。

科学家们经过对来自世界不同矿山钻石及其中原生包裹体矿物的研究发现，钻石的形成条件一般为压力在 4.5－6.0Gpa（相当于 150－200km 的深度），温度为 1100－1500 摄氏度。虽然理论上说，钻石可形成于地球历史的各个时期/阶段，而目前所开采的矿山中，大部分钻石主要形成于 33 亿年前以及 12－17 亿年这两个时期。如南非的一些钻石年龄为 45 亿左右，表明这些钻石在地球诞生后不久便已开始在地球深部结晶，钻石是世界上最古老的宝石。钻石的形成需要一个漫长的历史过程，这从钻石主要出产于地球上古老的稳定大陆地区可以证实。另外，地外星体对地球的撞击，产生瞬间的高温、高压，也可形成钻石，如 1988 年前苏联科学院报道在陨石中发现了钻石，但这种作用形成的钻石并无经济价值。

稀少的钻石主要出现于两类岩石中，一类是橄榄岩类，一类是榴辉岩类，但仅前者具有经济意义。含钻石的橄榄岩，目前为止发现有两种类型：金伯利岩（kimberlite）（名字源于南非得一地名——金伯利）和钾镁煌斑岩（lamproite），这两中岩石均是由火山爆发作用产生的，形成于地球深处

澳洲的世界级大钻矿——艾盖尔钻矿

的岩石由火山活动被带到地表或地球浅部，这种岩浆多以岩管状产出，因此俗称"管矿"（即原生矿）。含钻石的金伯利岩或钾镁煌斑岩出露在地表，经过风吹雨打等地球外营力作用而风化、破碎，在水流冲刷下，破碎的原岩连同钻是被带到河床，甚至海岸地带沉积下来，形成冲积砂矿床（或次生矿床），而其中的钻石则可以不受任何影响完整地留存下来。

≫选美大赛——世界级名钻及趣闻

1. "库利南"（Cullinan）：1905 年 1 月 21 日发现于南非普列米尔矿山。它纯净透明，带有淡蓝色调，重量为 3106 克拉。后来被加工成 9 粒大钻石和 96 粒较小钻石。其中最大的一粒名叫"伟大的非洲之星（Great Star of Africa）"，水滴形，镶在英国国王爱德华七世的权杖上。次大的一粒叫做"非洲之星第 II"，方形，64 个面，重 317 克拉，镶在英国女皇伊丽莎白二世的王冠上。

库利南——伟大的非洲之星

2. 布拉岗扎（Braganza）：1725 年发现，系巴西境内发现的最大钻石。它近乎无色，仅带有极轻微的黄色，重量为 1680 克拉。后来不知去向。有人怀疑，这颗钻石后来可能经更权威的鉴定，发现它并不是钻石，而是一颗黄玉。

3. 一颗未予命名的大钻石。1919 年，在普列米尔矿山找到一颗重达 1500 克拉的宝石金刚石，颜色也和库利南相似，因此有人认为它和库利南是同一个大晶体破裂而成的，故没有给这块金刚石专门命名。

美丽的 Excelsior

4. 爱克赛西奥（Excelsior）。1893 年，发现于南非奥兰治自由邦的贾格斯丰坦钻石矿。它光滑透明，呈蓝白色，光泽极佳，是一颗质量上乘的钻石。琢磨后最大的一颗重 69.68 克拉，被称作"高贵无比"。

5. 塞拉里昂之星（Star of SierraLeone）。塞拉里昂的钻石以品质佳，颗粒大，有良好的八面体晶形而著称于世。塞拉里昂之星是 1972 年 2 月在西非塞拉里昂的科诺（Kono）地区河流冲积砂矿中被发现的，重为 968.9 克拉，无色。

6. 科尔德曼·德迪奥斯。是巴西在发现"布拉岗扎"之后所发现的又一颗最大的钻石，重 922.5 克拉，具极佳的蓝白色。

7. 库稀努尔（Kohinur）是世界上已知最古老的钻石。相传早在 13 世纪时发现于印度著名的古钻石矿区——哥尔负达。原石重约 800 克拉，被称为"库稀努尔"。后被加工成椭圆形，重 108.83 克拉，无色（略带灰），并更名为"光明之山"。

8. 莫卧儿大帝（Great Mogul），根据历史记载，1304 年在古印度的戈尔康达地区的金刚石砂矿中发现了一颗大型宝石级金刚石，重 793.50 克拉，晶形不完整。呈碎块，有大半个鸡蛋那么大，无色透明，光彩夺目，极为珍贵，被命名为"莫卧儿大帝（Great Mogul）"金刚石。这是迄今已发现的世界上第四大宝石级金刚石。1849 年，"莫卧儿大

莫卧儿大帝之科赫伊诺

帝"金刚石被盗，几经转折，后献给英国女王维多利亚。

1862 年，经过精心策划设计，被切割、加工和琢磨成若干块钻石，其中一块重 186.10 克拉，被命名为"科赫伊诺"（Kon‒I‒Noor）钻石，另一块重 189.60 克拉。称为"奥洛夫"（Orlov）钻石。目前，Orlov 钻石被珍藏在莫斯科的克里姆林宫。

9. 沃耶河（Weyie River），系 1945 年发现于塞拉里昂沃耶河谷砂矿中的大钻石。原石重 770 克拉，近于无色，品质甚佳，后被切割加工成 30 颗琢形钻石。最大者为 31.35 克拉，被命名为"胜利钻石"。

10. 金色纪念币（Golden ubilee），1986 年发现于南非的普列米尔矿山。原石重 755.50 克拉，呈深金褐色，后来磨出了一颗 545.67 克拉的大钻。这是目前最大的一颗琢型钻石。该钻石现被镶嵌在泰王的权杖上。

奈米钻石在高科技领域的应用

★什么是奈米钻石

奈米钻石作为一种新兴的功能材料，除具有钻石的一般特性外，还具有奈米材料的众多特性、如无毒性（目前已知奈米材料中唯一确定无毒性）、小尺寸效应、表面/界面效应、量子尺寸效应、宏观量子隧道效应，应用前景十分广阔。目前，在奈米钻石的应用以及研究中，科学家们所面临的最大难题是解决硬团聚体的解聚和在水基、非水基溶液中的稳定分散。

★奈米钻石的应用

前苏联的物理研究所在 20 世纪 80 年代中、后期最先采用爆轰法合

物质科学B

成奈米钻石，随后。德、美科学家进行了类似的工作。90 年代，在白俄罗斯、乌克兰和俄罗斯等国建立了多条年产万克拉级奈米钻石生产线。进入 90 年代以后，奈米钻石合成技术得到了进一步完善。从而奈米钻石行业发展的主要元素，也就是应用的重要性也渐渐凸现出来。各国科学家也将奈米钻石的研究重点转向其应用，以下各项研究都有了具体成果，这些成果极大地验证了奈米钻石应用的可行性：

① 奈米钻石导、传、散热介面材料

② 奈米钻石复合电镀的应用

③ 奈米钻石复合电镀的应用

④ 奈米钻石润滑油、切削油的添加剂

⑤ 奈米钻石在生医、化学方面的运用

⑥ 奈米钻石复合金属材料的製作

⑦ 奈米钻石与高分子复合材料的应用

随着科技的发展，奈米钻石的应用将渗入到各种领域，为人类造福。

互动一刻

教你如何鉴定钻石的真伪

钻石是美丽而昂贵的，可要检查一颗钻石的真伪却不是那么容易。

这里向大家介绍几种比较简单的钻石鉴定的方法：

★ **铅笔鉴定法**

将钻石用水润湿后，用铅笔在它上面刻划一下，真钻石的表面不会留下铅笔划过的痕迹。水晶、玻璃、电气石等无色透明的

假钻石则会留下痕迹。

★钢笔鉴定法

将一支钢笔蘸上墨水后在钻石上画线条，真钻石在放大镜下观察，其表面会留下一条光滑而连续的墨水线条，且无断痕。假钻石留下的线条则由一个个小圆点组成。

★刻划鉴定法

钻石的硬度都很强，用刀片等难以在上面留下刻痕。此外，用钻石在玻璃上轻轻划一下，会留下一条较明显的白痕。假钻石则皆无此类现象。

★滴水鉴定法

将钻石的上部小平面拭擦干净，用牙签的末端沾一滴水滴在它上面，真钻石上的水滴会呈现中等程度的小圆水滴形状。假钻石上的水滴则会很快散开。

★光性鉴定法

真钻石具有单折光性，有光芒四射、耀眼生辉的特征，放在手上则看不到手纹。以水晶等冒充的假钻石，其色散差、折光率低，透过水晶等可见手纹。

当然，以上只是简单的鉴定法，要想获得权威的鉴定还得找专家。

族人中我最惨——"千疮百孔"的活性炭

≫"伤痕累累"的我——活性炭

常见的活性炭是一种黑色多孔的固体炭质。在早期由木材、硬果壳或兽骨等经炭化、活化制得，后改用煤通过粉碎、成型或用均匀的煤粒经炭化、活化生产。主要有机成分为碳，并含少量氧、氢、硫、氮、氯等元素。普通活性炭的比表面积在 500 ~ 1700m2/g 间。具有很强的吸附性能，为用途极广的一种工业吸附剂。下面我们从结构和性能两个方面来了解这神奇而有趣的物质——活性炭。

黑黑的活性炭

结构：活性炭具有微晶结构。基本微晶的排列是完全不规则的。微晶高度为 9 ~ 12，宽度（如果是圆形横截面则为直径）约 20 ~ 23。其大小往往随温度的升高而显著增大。通常，活性炭由活化过程中产生微孔、过渡孔或大孔。微孔的有效半径低于 20；过渡孔的有效半径在 20 ~ 1000 范围内；而大孔的有效半径一般在 1000 ~ 100000 之间。

杯形活性炭口罩

性能：活性炭最主要的性能是吸附性，它与活性炭的孔隙结构有关。微孔的比表面积和比容积均很大。因此，微孔在很大程度上决定着活性炭的吸附能力。在固体活性炭的表面，主要发生两种方式的吸附，即物理吸附和化学吸附。化学吸附是单分子层吸附，可以除去废水和废气中的极性污染物以及一些金属离子。物理吸附能够形成多分子层吸附，能有效地吸附废水和废气中的有机污染物。当某一吸附质与吸附剂的表面接触时，究竟是发生物理吸附还是发生化学吸附，取决于吸附剂的表面活性、吸附质的性质、温度和其他因素。工业用活性炭，除吸附能力外还要求：①机械强度大、耐磨性能好；②脱附所需能量小，再生容易；

③有稳定的结构，再生时炭损失小等。

≫ "我很丑，可我用途多" ——活性炭的作用

活性炭主要用于以下行业：

◎石化行业

无碱脱臭（精制脱硫醇）——重催的精制装置；

乙烯脱盐水（精制填料）——乙烯装置；

催化剂载体（钯、铂、铑等）——苯乙烯、连续重整装置；

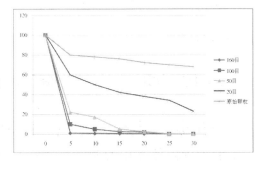

不同粒径活性炭对甲基橙的脱色效果

水净化及污水处理——上水及下水的深度处理。

◎电力行业

电厂水质处理及保护——锅炉装置。

◎化工行业

化工催化剂及载体、气体净化、溶剂回收、及油脂等的脱色、精制。

◎食品行业

饮料、酒类、味精母液及食品的精制、脱色。

◎黄金行业

黄金提取——适用炭浆法、堆浸法提金工艺；

尾液回收——金矿的废物利用及环境保护。

活性炭饰品——美观、吸湿、除异味

◎环保行业

用于污水处理、废气及有害气体的治理、气体净化。

◎其他行业

香烟滤嘴、木地板防潮、吸味、汽车汽油蒸发污染控制，各种浸渍剂液的制备等。

▶▶化废为宝——活性炭的制备原料

所有制造活性炭的原料均为含碳物质，目前国内外选用的制造活性炭的原料分为5大类：

活性炭原材料——废弃的核桃壳

* 植物原料（木质原料）：

活性炭的木质原料范围很广，常选用的有：木炭、椰子壳、木屑、树皮、核桃壳、果核、棉壳、稻壳、竹子、咖啡豆梗、油棕壳、糠醛渣及纸浆废液等。木质原料在我国活性炭工业中占有着十分重要的地位。其中，椰子壳、核桃壳为最优，但由于原料有限，制约了其发展。

无烟煤

* 煤炭原料：

煤炭是制造活性炭的重在原料。几乎所有的煤都可以制出活性炭。其中，成煤时间短的年轻的无烟煤、弱粘煤、褐煤及泥煤等都是制造活性炭的优良原料。

由于煤炭资源丰富、分布广泛、价格低廉，因此以煤为原料生产活性炭有着很好的前景。

* 石油原料:

石油原料主要指石油炼制过程中的含碳产品及废料。例如石油沥青、石油焦、石油油渣等。九十年代初期,中国科学院山西煤炭化学研究所采用灰分、杂质含量低（<0.01%）的石油系沥青为原料,采用KOH化学活化法,制备出比表面积为3600m2/g的活性炭。

废旧轮胎也可用于制活性炭

* 塑料类:

聚氯乙烯、聚丙烯、呋喃树脂、酚醛树脂、脲醛树脂、聚碳酸酯、聚四氟乙烯等。这些原料主要指工业回收废料,我国目前尚未充分利用。

* 其他:

旧轮胎、动物骨、动物血、蔗糖、糖蜜等。上述原料中我国目前主要以椰子壳、桃杏核作为木质活性炭的原料。因为它们具有灰分低、孔隙发达、比表面积大、强度和吸附性能良好等优点,是理想的木质活性炭原料,但由于原料数量的限制影响到其大量的发展。而煤则具有品种多、价格低、质量稳定、资源丰富等优点,因此以煤为原料的活性炭发展很快,煤质活性炭的应用范围和数量也在逐渐扩大。

≫比比谁的吸附力强——活性炭吸附能力的测定

市场上的活性炭种类很多,那么如何判断这些活性炭的质量优劣呢?我们可以通过实验来精确测定活性炭的吸附能力,以帮助我们作出正确的选择。

活性炭吸附的作用产生于两个方面:一方面是由于活性炭内部分子在各个方面都受着同等大小力而在表面的分子则受到不平衡的力,这就

物质科学 B

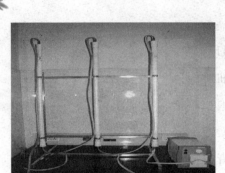

连续流活性炭三级吸附实验装置

使其他分子吸附于其表面上，此过程为物理吸附；另一方面是由于活性炭与被吸附物质之间的化学作用，此过程为化学吸附。活性炭的吸附是上述两种吸附综合作用的结果。

当活性炭在溶液中吸附速度和解吸速度相等时，即单位时间内活性炭吸附的数量等于解吸的数量时，被吸附物质在溶液中的浓度和在活性炭表面的浓度均不再变化，而达到了平衡，此时的动态平衡称为活性炭吸附平衡。活性炭的吸附能力以吸附量 q 表示。

$$q = \frac{V(C_0 - C)}{M} = \frac{X}{M}$$

式中：q – 活性炭吸附量，即单体重量的吸附剂所吸附的物质量，g/g；

V – 污水体积，L；

C_0、C – 分别为吸附前原水及吸附平衡时污水中的物质浓度，g/L；

X – 被吸附物质量，g；

M – 活性炭投加量，g；

形形色色的活性炭

活性炭雕：活性炭雕是以高性能活性炭为原料，经过压模成形喷砂雕塑手工上色等多道工序制成的高档工艺品。在最大限度保留活性炭的活性的基础上，活性炭雕又被赋予了艺术价值。不仅可以有效保护您和您的家人远离室内空气污染，还可以作为装饰，是最佳的现代家庭饰品

（见本节的第二幅插图）。

活性炭纤维：活性炭纤维（ACF），亦称纤维状活性炭，是性能优于活性炭的高效活性吸附材料和环保工程材料。其超过50%的碳原子位于内外表面，构筑成独特的吸附结构，被称为表面性固体。它是由纤维状前驱体经一定的程序炭化活化而成。较发达的比表面积和较窄的孔径分布使之具有较快的吸附脱附速度和较大的吸附容量，且由于它可方便地加工为毡、布、纸等不同的形状，并具有耐酸碱耐腐蚀特性，使得其一问世就得到人们广泛的关注和深入的研究。目前已在环境保护、催化、医药、军工等领域得到广泛应用。

球形活性炭：球形活性炭，其体形结构为至少含有一层由活性炭材料制成的球形外壳，球形外壳内是球形内核体，可由不同于球形外壳材料的无机材料制作，球形外壳的直径可达10mm，球形外壳壁厚不小于0.5mm，最好为1-1.5mm。由于内核体可由不同于球形外壳材料的无机材料制成，球形活性炭的比表面积可高达500-1000m2/g，有利于球形活性炭构成材料性能充分发挥。另外，由于球形活性炭之间形成的流体流道流体力学性能好，流体通过活性炭层压力降小，因此特别适用于床内活性炭堆砌层高度大的固定床气体处理装置。

粉末活性炭：粉末活性炭可以根据用户要求制成具有不同吸附性能、不同脱色能力、不同细度的等级活性炭。粉状活性炭吸附速度极快，具有絮凝效应和助滤效应。使用单位的建设投资少，运转费用低，因而在自来水厂、污水处理厂倍受青睐。在食品、医药、脱色、结晶、过滤、物质提纯等领域具有广泛用途。也是活性炭滤毡，活性炭泡沫塑料的主要材料。

超级电容活性炭：超级电容活性炭通常称为超级活性炭或炭电极材料，具有超大的比表面积，孔集中，低灰，和导电性好等特点，适用制造高性能电池，双电层电容器产品及重金属回收的载体。高纯度和超微细的超级电容器专用活性炭具有高比表面积和发达的中孔，孔隙结构分布合理，表观密度适中，是其他活性炭无可代替的。

　　除味活性炭：活性炭是一种很细小的炭粒，有很大的表面积，而且炭粒中还有更细小的孔————毛细管，这种毛细管具有很强的吸附能力。由于炭粒的表面积很大，所以能与气体（杂质）充分接触，当这些气体（杂质）碰到毛细管就被吸附，从而能起到很好的净化作用。

 **互动一刻**

研究活性炭的吸附性

实验装置：

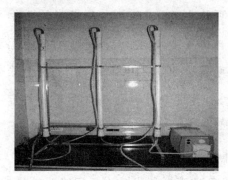

连续流活性炭三级吸附实验装置

可见光分光光度计

实验步骤：

配制染色废水；

设备运行：

①在三个活性炭柱中加入颗粒状活性炭（$\varphi = 4mm$）。

②连接好活性炭吸附实验装置：进水管和一级活性炭吸附柱下端相连，一级出水和二级活性炭吸附柱，二级出水和三级活性炭吸附柱下端

相连，三级活性炭吸附柱上端是三级出水。

③打开进水泵，调整泵的转速分别为 20、40、60。在不同的转速下测定出水流量。

记录结果：

绘制标准曲线

分别取进水 5、10、20、25、35、50ml 放入 50ml 的比色管中，加水到 50ml。设进水浓度为 100%，则比色管中浓度依次为 10%、20%、40%、50%、70%、100%。以蒸馏水为参比测定吸光度，并绘制百分比浓度－吸光度曲线。

水样的测定

转速为 20 时，测定一级出水、二级出水、三级出水的吸光度；转速为 40 时，测定一级出水、二级出水、三级出水的吸光度；转速为 60 时，测定一级出水、二级出水、三级出水的吸光度。

根据绘制的标准曲线查出在不同的转速下各级出水的百分比浓度。

元素中的"交际花"——氟

≫化学界"顽童"——氟

氟属于卤素的一价非金属元素，在正常情况下其单质——氟气是一种浅黄绿色的、有强烈助燃性的、刺激性毒气，是已知的最强的氧化剂之一，元素符号 F。

氟气为苍黄色气体，密度 1. 69g/L，熔点 $-219.62℃$，沸点 $-188.14℃$，化合价 -1，氟的电负性最高，电离能为 17. 422eV，是非金属中最活泼的元素，氧化能力很强，能与大多数含氢的化合物如水、氨和除

物质科学 B

氦、氖、氩外一切无论液态、固态、或气态的化学物质起反应。氟气与水的反应很复杂，主要氟化氢和氧，以及较少量的过氧化氢，二氟化氧和臭氧产生，也可在化合物中置换其他非金属元素。可以同所有的非金属和金属元素起猛烈的反应，生成氟化物，并发生燃烧。有极强的

极难获得的单质——氟气

腐蚀性和毒性，操作时应特别小心，切勿使它的液体或蒸气与皮肤和眼睛接触。

≫姗姗来迟——氟的发现

在化学元素发现史上，持续时间最长的、参加的化学家人数相当多的、危险很大的，莫过于单质氟的制取了。

氟是卤族中的第一个元素，但发现得最晚。从 1771 年瑞典化学家舍勒（Carl Wilhelm Scheele）制得氢氟酸到 1886 年法国化学家莫瓦桑（Moissan H，1852 - 1907）分离出单质氟共经历了 100 多年时间。在此期间，不少科学家不屈不挠地辛勤地劳动，戴维、盖·吕萨克、诺克斯兄弟等很多人为制取单质氟而中毒，鲁耶特、尼克雷因中毒太深而献出了自己的生命。可以称得上是化学发展史中一段悲壮的历程。当时，年轻的莫瓦桑看到制备单质氟这个研究课题难倒了那么多的化

Carl Wilhelm Scheele

学家，不但没有气馁，反而下决心要攻克这一难关。

莫瓦桑总结了前人的经验教训，他认为，氟这种气体太活泼了，活泼到无法分离的程度。电解出的氟只要碰到一种物质就能与其化合。强烈地腐蚀各种电极材料。如果采用低温电解的方法，可能是解决这个问题的一个途径。经过百折不挠的多次实验，1886 年 6 月 26 日，莫瓦桑终于在低温下用电解氟氢化

Henri Moissan

钾与无水氟化氢混合物的方法制得了游离态的氟。氟这种最活泼的非金属终于被人类征服了，许多年以来化学家们梦寐以求的理想终于实现了，莫瓦桑为人类解决了一个大难题。真是有志者事竟成！

美丽的萤石

在此之后，莫瓦桑制备出许多新的氟化物，其中最引人注目的是四氟代甲烷 CF_4，沸点只有 258K。他的这项工作，使他成为 20 世纪合成一系列作为高效的制冷剂的氟碳化合物（氟利昂）的先驱。莫瓦桑一生主要从事实验工作，他一生接受过许多荣誉，他几乎是当时所有著名的科学院和化学会的成员，但他却一直保持谦虚的态度。

由于氟最早是从萤石（CaF_2）中制取氟化氢而得到的，所以氟被命名为"Fluorine"，表示它来自萤石。中文按其译音定名为氟。

▶▶神通广大——含氟化合物的有趣性质

氟元素是一种反应性能极高的元素，被称为是"化学界顽童"。但是氟一旦与其它元素结合，就会成为耐热、难以被药品和溶剂侵蚀的具有"高度安全性能"的化合物。而且氟树脂等高分子化合物具有防粘、防水、防油、润滑、弯曲率低、电气性能好等优异性能。氟元素被广泛应用于家庭用品、办公自动化设备、半导体、汽车等领域。氟原子非常小，仅次于氢原子。氟化合物具有无限的潜力，今后一定会有无数种具有各种特性的氟化合物诞生。

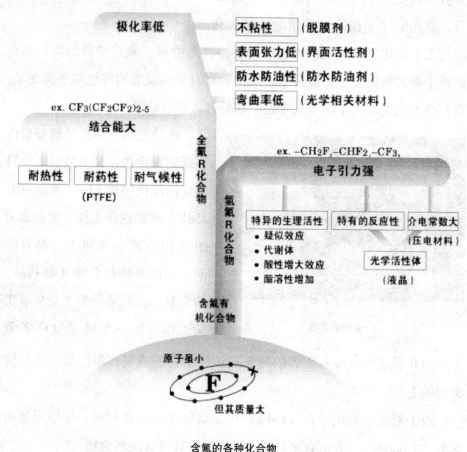

含氟的各种化合物

常见的氟化物简介：

＊特氟龙 PTFE：PTFE（聚四氟乙烯）不粘涂料可以在 260°C 连续使用，具有最高使用温度 290 – 300°C，极低的摩擦系数、良好的耐磨性以及极好的化学稳定性。

＊特氟龙 FEP：FEP（氟化乙烯丙烯共聚物）不粘涂料在烘烤时熔融流动形成无孔薄膜，具有卓越的化学稳定性、极好的不粘特性，最高使用温度为 200°C。

＊特氟龙 PFA：PFA（过氟烷基化物）不粘涂料与 FEP 一样在烘烤时熔融流动形成无孔薄膜。PFA 的优点是具有更高的连续使用温度 260°C,更强的刚韧度,特别适合使用在高温条件下防粘和耐化学性使用领域。

＊特氟龙 ETFE：ETFE 是一种乙烯和四氟乙烯的共聚物，该树脂是最坚韧的氟聚合物，可以形成一层高度耐用的涂层，具有卓越的耐化学性，并可在 150°C 下连续工作。

＊氟橡胶 DAI – EL：DAI – EL 使用温度范围广，在 – 30 ～ + 250°C 的温度范围都可以使用。对油、溶剂、酸、碱、蒸汽和臭氧等物质的抵抗性能优异，阻燃性优良，在其它弹性体无法适应的严酷环境下也能使用，采用 DAI – EL 氟橡胶加工的产品广泛应用于汽车工业、航空工业、化学工业、液压动力及家用电器等领域。所涉及的产品有 O 形圈、油封、输油管、隔膜、电线和密封条等。

＊半导体用材料 NEOFLON PFA：NEOFLON PFA 是四氟乙烯和全氟烃基乙烯醚的共聚物。在高温下的机械强度高，且可塑

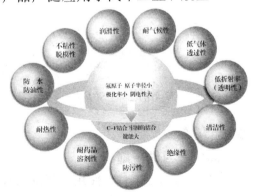

C – F 化合物的优良特点

性好，因此可使用挤压、压缩、吹塑、传递和注射等成形加工法。由于碳、氟和氧原子的结合强度高，NEOFLON PFA 在 $-200°C \sim +260°C$ 的温度范围内，性能表现优异。NEOFLON PFA 在熔融加工中具有良好的透明性。

* OPTOOL DSX：DSX 是由具有特殊构造的含氟化合物构成的涂层，与以往的防污涂层相比，它具有特别优异的防污性能。

 **小知识**

制取氟的两种方法

莫瓦桑的制氟方法：

电解液态无水氟化氢（沸点 20 摄氏度）和氟氢化钾的混合物，$KHF2$ 与 HF 的物质的量之比为 3∶2，阳极出氟，阴极出氢。

$$2HF \xrightarrow[\text{冷却}]{KHF_2} H_2 \uparrow + F_2 \uparrow$$

容器：萤石制的 U 形管（为什么一定要采用萤石 $CaF2$ 制成的 U 管），外加氯乙烷冷却。

实验室制取氟气的方法：

加热六氟合铅酸钠，生成四氟合铅酸钠和氟气。

$$Na_2PbF_6 \xrightarrow{\Delta} Na_2PbF_4 + F_2 \uparrow$$

或： $$K_2MnF_6 + 2SbF_5 \xrightarrow{150℃} 2KSbF_6 + MnF_3 + 0.5F_2 \uparrow$$

 **互动一刻**

使用氢氟酸给玻璃"化妆"

氢氟酸是氟化氢的水溶液，具有强烈的腐蚀性。纯氟化氢有时也称作无水氢氟酸。听起来可能很荒谬，尽管理论上氢氟酸是一种弱酸——这是因为氢原子和氟原子间结合的能力相对较强，使得氢氟酸在水中不能完全解离。但是氢氟酸却能够溶解很多其他酸都不能溶解的玻璃（二氧化硅），因此臭名昭著。反应方程式如下：

$$SiO_3 (s) + 6HF (aq) \longrightarrow H_2 [SiF_0] (aq) + 2H_2O (l)$$

实验装置：氢氟酸、通风柜、铁架台、石棉网、浓硫酸、铝质表面皿、氟化钠、氟化钙、需要刻花的玻璃皿、石蜡。

实验步骤：将要刻花（字）的玻璃器皿洗净、擦干，涂上石蜡层并用小刀在石蜡层上刻出花或字迹。在铝制表面皿中盛放氟

化钠或氟化钙 1 克、浓硫酸 1 至 2 毫升，放在石棉网上加热。把刻有花（字）的玻璃器皿放在铝制表面皿上（字迹朝下），使反应产生的氟化氢气体与玻璃器皿的露出部分接触。加热 10 分钟后取下玻璃器皿，用小刀或浸入沸水的方法除去石蜡层，凹型的花（字）即显出。

注意：由于氟化氢有毒，所以以上过程最好在通风橱里进行操作。防止发生事故。

贵族元素——氖

≫ 氦的同门——氖

稀有气体元素之一，无色，无臭，无味，气体密度 0.9092g/L，

物质科学B

液体密度1.204g/cm3，熔点 – 248.67°C，沸点 – 245.9°C，化学性质极不活泼，电离能21.564电子伏特，不能燃烧，也不助燃，在一般情况下不生成化合物，气态氖为单原子分子，氖还有一个特殊性质是气体与液体体积之比比较大，大多数深冷液态气体在室温条件下产生500到800体积的气体，而氖则生成大于1400体积的气体。这就为它的贮藏和运输带来方便。100L空气中含氖约1.818mL。

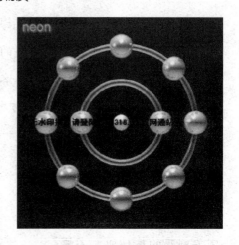

氖原子结构图

元素来源：由空气分离塔在制取氧氮气的同时，从中可以提取氖氦的混合气体，在经液氢冷凝法或活性炭硅胶的吸附作用，便可得到。

≫蓦然回首，它却在空气"阑珊"处——氖的发现

莱姆塞（William Ramsay）在发现氩（Ar）和氦（He）后，研究了它们的性质，测定了它们的原子量。接着他考虑它们在元素周期表中的位置。因为，氦和氩的性质与已发现的其他元素都不相似，所以他提议在化学元素周期表中列入一族新的化学元素，暂时让氦和氩作为这一族的成员。他还根据门捷列夫提出的关于元素周期分类的假说，推测出该族还应该有一个原子量为20的元素。

Morris W. Travers

在 1896～1897 年间，莱姆塞在特拉威斯（Morris W. Travers）的协助下，试图用找到氩的同样方法，加热稀有金属矿物来获得他预言的元素。他们试验了大量矿石，但都没有找到。最后他们设想从空气中分离出这种气体。但要将空气中的氮除去是很困难的，化学方法基本无法使用。只有把空气先变成液体状态，然后利用组成它成分的沸点不同，让它们先后变成气体，一个一个地分离出来。把空气变成液体，需要较大的压力和很低的温度。而正是在 19 世纪末，德国制冷工程师林德（Carlvon Linde）和英国人汉普森同时创造了致冷机，获得了液态空气。

1898 年 5 月 24 日莱姆塞获得汉普森送来的少量液态空气。莱姆塞和特拉威斯从液态空气中首先分离出了氪。1898年 5 月 30 日莱姆赛和特拉弗斯在大量液态空气蒸发后的残余物中，用光谱分析首先发现了比氩重的氪，他们把它命名为 Krypton，即隐藏之意。隐藏于空气中多年才被发现。接着他们又对分离出来的氪气进行了反复液化、挥发，收集其中易挥发的组分。1898 年 6 月 12 日他们

Carl von Linde

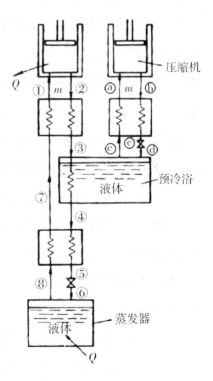

林德——汉普森制冷机原理图

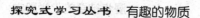

物质科学B

终于找到了氖，那是在6月的某一天，莱姆赛和特拉威斯在蒸发液态氩时收集了最先逸出的气体，用光谱分析发现了比氩轻的氖。他们把它命名为neon，源自希腊词neos，意为新，即从空气中发现的新气体。中译名为氖。也就是现在氖灯里的气体。

≫好玩的氖管——氖管发光的奥秘

大家都知道测电笔，测电笔中有一个小小的氖管，如果笔尖接触的是火线，测电笔里氖管就会发光，这时笔尖金属体、高阻值电阻、氖管、笔尾金属体以及跟地接触的人体相串联，火线与地之间的220伏电压加在这个串联电路上，氖管两端的电压使氖管发光，由于高阻值电阻的阻值很大，

氖管一般发出微红的光

使得通过这个串联电路的电流很微弱，不会对人体造成危害。难道测电笔中的氖管只有在这样的条件下才可以发光么？让我们来做做下面的试验（要在老师指导下做，避免危险）。

1、用测电笔接触火线外层的绝缘体。

这时氖管不发光。这一步骤说明火线外层的绝缘体不能导电，因此不形成回路。

2、用测电笔接触火线，并且把火线上的绝缘体放在测电笔笔尾的金属导体和手指之间。

氖管也不发光。其中道理和上面的相同。

3、把火线上的绝缘体移到脚和大地之间，氖管发光。这时火线和大地之间并没接触，为什么氖管会发光？

三次实验中，其他条件都不变，这是将这层绝缘层放在电路中的三个不同的位置，确得到了不同的结果。

通过实验，我们知道，在氖管发光时，并不一定要像书上所说的那样有微弱的电流通过人体进入大地，那么在怎样的条件下氖管发光呢？

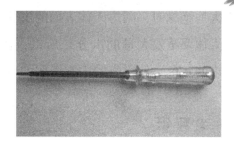

使用氖管的感应式测电笔

继续做下面的实验，你会发现氖管在看似不可能的条件下居然也能发光，这是多么有趣！

1、把测电笔笔尖的金属体连接在火线上，在测电笔的笔尾金属导体上连接一根导线，测电笔的氖管不发光。

2、把它放在外侧干燥的绝缘容器的水中，这时，可以证明，它和大地之间不形成连接，但氖管发光。

3、把这根导线包在干毛巾中，氖管不发光。

4、把这根导线包在湿润的毛巾中，且把毛巾放在绝缘体上，和大地之间不接触，这时氖管放光。

5、把湿润的毛巾直接遮盖在测电笔的尾部金属体上，氖管也能发光。

通过以上实验说明了，并不需要"火线、笔尖金属体、高阻值电阻、氖管、笔尾金属体以及人体和大地相串联"就能使测电笔的氖管发光。

那么，应该如何解释氖管发光的原理呢？这是因为湿润的毛巾通过测电笔和火线接触时，毛巾上就带上了电荷，它一方面对周围的异种电荷具有吸引作用而复合，另一方面家庭电路是交流电，具有一定的趋肤效应使得电荷的分布都在毛巾的表面，在湿润毛巾不断的蒸发过程中，由于电荷的相互排斥，使其在蒸发的水分中含有一定的电量，从而形成微弱的电流，使氖管发光。在我们正确使用测电笔的过程中，当人体和大地绝缘时，因为人体表面的皮肤总是湿润的，（从生物学的角度看每天人体要蒸发大量的水分）所以，在此过程中，人体只不过是一条湿润毛巾的角色，使得氖管中有微弱的电流而发光。

什么是趋肤效应？

导体中的交变电流在趋近导体表面处电流密度增大的效应。在直长导体的截面上，恒定的电流是均匀分布的。对于交变电流，导体中出现自感电动势抵抗电流的通过。这个电动势的大小正比于导体单位时间所切割的磁通量。以圆形截面的导体为例，愈靠近导体中心处，受到外面磁力线产生的自感电动势愈大；愈靠近表面处则不受其内部磁力线消的影响，因而自感电动势较小。这就导致趋近导体表面处电流密度较大。由于自感电动势随着频率的提高而增加，趋肤效应亦随着频率提高而更为显著。趋肤效应使导体中通过电流时的有效截面积减小，从而使其有效电阻变大。

趋肤效应还可用电磁波向导体中透入的过程加以说明。电磁波向导体内部透入时，因为能量损失而逐渐衰减。当波幅衰减为表面波幅的 $e-1$ 倍的深度称为交变电磁场对导体的透入深度。以平面电磁波对半无限大导体的透入为例，透入深度为

$$\rho c_\rho \frac{D_T}{D_T} = \lambda \nabla^2 T$$

式中 ω 为角频率，γ 为导体的电导率，μ 为磁导率。可见透入深度的大小与 成反比。电磁波在导体中的波长为 $2\pi z_0$，趋肤效应是否显著也可以由导体尺寸与其中电磁波波长的比较来判断。如果导体的厚度较导体中这一波长越大，趋肤效应就越显著。

对金属零件进行高频表面淬火，是趋肤效应在工业中应用的实例。

给我材料就能"显神通"——铝

≫地壳里的"金属领主"——铝

铝元素在地壳中的含量仅次于氧和硅，居第三位，是地壳中含量最丰富的金属元素。在金属品种中，仅次于钢铁，为第二大类金属。

铝是一种轻金属，其熔点为 660.37℃，沸点 2467℃。纯净的铝是银白色的，为面心立方结构，具有良好的延展性、导电性、导热性、耐热性和耐核辐

美丽的银白色金属——铝

射性，是国民经济发展的重要基础原材料。纯铝较软，在300℃左右失去抗张强度。

铝在空气中易与氧气化合，在表面生成一种致密的氧化物薄膜（氧化铝 Al_2O_3），所以通常略显银灰色。铝能够与稀的强酸（如稀盐酸，稀硫酸等）进行反应，生成氢气和相应的铝盐。与一般的金属不同的是，它也可以和强碱进行反应，形成偏铝酸盐和氢气。因此认为铝是两性金属。

根据铝的主成份含量可以分成三类：高级纯铝（铝的含量99.93%~99.999%）、工业高纯铝（铝的含量99.85%－99.90%）、工业纯铝（铝的含量98.0%－99.7%）。

铝的合金质量较轻而强度较高，因而在制造飞机、汽车、火箭中被

广泛应用；由于铝有良好的导电性和导热性，可用作超高电压的电缆材料。高纯铝具有更优良的性能；铝在高温时的还原性极强，可以用于冶炼高熔点的金属（这种冶炼金属的方法称为"铝热法"），铝具有较好的延展性，可制成铝箔，用于包装。

≫ "好汉"要提"当年勇"——铝的历史

Henry Sainte – Claire Deville

1854 年，法国化学家德维尔把铝矾土、木炭、食盐混合，通人氯气后加热得到 NaCl，AlCl3 复盐，再将此复盐与过量的钠熔融，得到了金属铝。这时的铝十分珍贵，据说在一次宴会上，法国皇帝拿破仑第三独自用铝制的刀叉，而其他人都用银制的餐具。泰国当时的国王曾用过铝制的表链；1955 年巴黎国用博览会上，展出了一小块铝，标签上写到："来自粘土的白银"，并将它放在最珍贵的珠宝旁边，直到 1889 年，伦敦化学会还把铝和金制的花瓶和杯子作为贵重的礼物送给门捷列夫。1886 年，美国的豪尔和法国的海朗特，分别独立地电解熔融的铝矾土和冰晶石的混合物制得了金属铝，奠定了今天大规模生产铝的基础。近一个世纪的历史进程中，铝的产量急剧上升，到了 20 世纪 60 年代，铝在全世界有色金属产量上超过了铜而位居首位，这时的铝已不单属于皇家贵族所有，它的用途涉及到许多领域，大至国防、航天、电力、通讯等，小到锅碗瓢盆等生活用品。它的化合物用途非常广泛，不同的含铝化合物在医药、有机合成、石油精炼等方面发挥着重要的作用。

➣➣没有我，合金的世界黯然失色——神通广大的铝合金

铝合金重量轻、强度大，被誉为"会飞的金属"，广泛用于运载工具制造业，是制造飞机、飞船、潜艇、船舶、汽车、火车、导弹、火箭、人造地球卫星等陆海空运载工具的主要结构材料；铝是最节能的金属，虽然它在冶炼时能耗较大，但在炼成之后其节能的优势无与伦比，用铝和铝合金制造的各种车辆，由于减轻了自重，减少了油耗，其所节省的能量远远超过炼铝时所消耗的能量，因此铝又有"绿色金属"之称；铝的导热性能好，是制造散热器、暖气管、空调等热传导设施和器具的首选材料；铝的导电性价比高，是制造发电、输电设施的主要材料；铝的可塑性强，易加工，而且外观美，常用于机械、家用电器、日用品制造业和建筑装修业；铝可以轧制成厚度很小的铝带、铝丝、铝条，用于制造易拉罐等饮料容器，比纸还薄的纳米级铝箔被越来越多地应用到香烟、食品、药品包装中；在日常生活中，到处可见铝的身影，如锅碗瓢

铝制易拉罐

美丽的铝制工艺品

拥有"记忆"的铝合金

盘等生活用品、各种家用电器、桌椅门窗等；铝耐腐蚀，不生锈，可以一次又一次地反复循环使用，可回收率超过93%，是生命周期最长的金属，被称为"永不消失的金属"，其抗锈蚀和再生利用的价值备受关注。

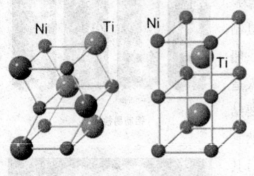

左为麻田散铁相，右为沃斯田铁相

铝合金除上述特性之外，还有一个有趣性质——记忆性，例如，用于制作眼镜框的铜铝镍合金就是一种特别的合金，你可以任意将它变形，但当加热或通电后，它就会回复本来的形状，像拥有记忆一般。为什么铝合金会这样神奇呢？要解开记忆合金神奇之迷，先要明白记忆合金的晶体结构。记忆合金有两种不同的相。在低温时，合金处于"麻田散铁相"，这时合金内的晶体结构是比较柔软的长斜方晶系形态，原子间的距离在受力时可作改变，故我们可以扭曲合金的外型。当我们将合金加热到高於一个临界温度（TTR）时，合金则处於"沃斯田铁相"，这时合金内的晶体排列为坚固的体心立方结构，原子间的距离回复到受力前的样子，合金便变回原状。如果要改变合金的记忆形状，则需要将合金加热至约摄氏500度，那么合金便会牢记当时形状。

≫有利必有弊——铝对人体的危害

早在1965年，克拉佐首次发现铝中毒的兔脑内，出现了老年性痴呆特有的神经元纤维缠结病变，但并末引起人们的重视。直到1973年他又根据研究结果指出猫的大脑皮层含铝量的增多，使猫出现了明显的脑功能障碍，这才唤醒世人警觉。

铝盐一旦进入人体，首先沉积在大脑内，可能导致脑损伤，造成严重的记忆力丧失，这是早老性痴呆症特有的症状。参与这项工作的研究人员说，对老鼠的实验表明，仅给它们喝下一杯经铝盐处理的水后，它们脑中的铝含量就达到可测量水平。对老鼠的研究发现，混在饮用水中的微量铝进入老鼠的脑中并在那里逐渐积累。研究人员对痴呆病人的研究发现，这类病人脑内有30%新皮层区的铝浓度大于4微克/克（干重），患者脑部神经元细胞核内，铝的含量为健康人的4倍，最大达30倍。研究人员认为，如果随时间推移，铝在脑中逐渐积累，就会杀死神经原，使人的记忆力丧失。一位科学家说：我们一生都在喝铝盐净化过的水，吃含铝盐的食品，因此到我们很老时，我们体内已经积累了

良药难治的老年痴呆症

松脆可口的油条大多铝含量超标

很多铝。他指出，过去70年早老性痴呆症发病率在世界范围内普遍上升。他说，铝也被用在食品乳化剂中。

铝能直接损害成骨细胞的活性，从而抑制骨的基质合成。同时，消化系统对铝的吸收，导致尿钙排泄量的增加及人体内含钙量的不足。铝在人体内不断地蓄积和进行生理作用，还能导致脑病骨病肾病和非缺铁性贫血。

铝不仅对人体有严重毒害，对生物也有毒害作用。可溶性铝化合物对大多数植物都是有毒的，酸性土壤的水分里溶解的铝化合物，使一般作物难以正常生长。通常当溶解的铝达到10－20PPM以上时，植物就会出现铝毒症兆。土壤中的铝能与可溶性磷酸盐结合生成不溶性磷酸铝，

致植物缺磷而枯死。铝还能使植物细胞原生质脱水，然后破坏而死亡。铝与细胞壁内的果胶结合，强化果胶的交联结构，有碍植物吸收水分和营养。铝与植物中的钙磷等矿物质营养成分亦有密切关联。它能抑制一般植物对钙磷的吸收与累积，也影响它们对钾镁铁锰铜锌等元素的吸收和累积。铝对水生动物亦有毒害，当 pH 值约为 5 时，以氢氧化铝形态沉积在鱼鳃内，使氧气难以进入血液中，且使鱼体内含盐浓度失调，致鱼于死地。铝对水生动物毒害浓度一般为 70 微克/升以上。水体中铝含量增加，将导致大量有机物凝聚，致水生动物因营养匮乏而死亡。铝能使磷沉淀，严重威胁水生动物繁衍生息。

碘化铝电解质的神奇效力

铝碘接触可以形成一种新型的原电池——铝碘电池。采用他们研究的单碘离子固体电解质证明，这种铝碘电池的工作原理基于碘离子传导。通常的 Al 基电池以及 Li/I2 电池均是基于阳离子的输运，这是第一次单纯基于阴离子输运的电池体系被发现。Al 基电池由于 Al 离子在表面膜的扩散较慢存在 Al 电极活性较低的缺点，传统的锂碘电池放电电流较小。新的基于碘离子固体电解质的铝碘电池放电速率高，而且具有成本低廉、环境友好的优点。该研究对于开发其它的基于阴离子传导的电池体系具有较好的启示作用。

染料敏化太阳能电池中的电解质一般使用 LiI 等对水敏感的物质，因此无水条件的要求增加了电池制造的成本。另外，电解质中采用的腈类有机溶剂为有毒溶剂。如果长期使用，这些溶剂对环境和人类的健康都会产生不良影响，不利于这种太阳能电池的推广应用。在他们原有工作的基础上，以乙醇为溶剂，在大气环境下，通过在溶液中加入铝和碘原位反应制备了碘化铝电解质，将其直接应用于染料敏化太阳能电池，取得了 5.9% 的高光电转化效率。这种新型的碘化铝电解质具有成本低廉、制备容易、性能优良、环境友好等四大优点，为染料敏化太阳能电池电解质的研究开辟了新的途径。

研究铝热反应

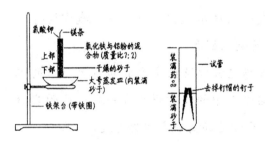

实验装置：蒸发皿、铁架台（带铁圈）、小试管（10cm × 10mm）、3－4cm 长的铁钉、氧化铁、铝粉、氯酸钾（研细）、酒精棉球（或直冲式打火机）、砂子、烧杯、药匙、坩埚钳、镊子、剪刀、火柴、砂纸、水、钉锤。

实验步骤：

将盛满砂子（用水润湿）的蒸发皿架在铁架台的铁圈上。在小试管内装入 1/2 － 1/3 干燥的砂子。用镊子向砂中插入两支去掉钉帽的铁钉，将铁钉约 1/4 部分留在砂外并用镊子将其靠紧。在砂子上面装满按照质量比为 7：2 混合均匀的氧化铁粉末和铝粉，并墩实。在装满药品后的小试管上部放入少量氯酸钾粉末（用药匙将氯酸钾与表面药品略为混合），并在小试管上部插入一根（约 3cm）打亮的镁条。将小试管竖直插入盛有砂的蒸发皿中。用酒精棉球（或直冲式打火机）点燃镁条。反应完全后，用坩埚钳夹住小试管的一端并将其敲断（或趁热在砂与红热界面处滴加少量水），倒出砂子并取出已焊接在一起的两支铁钉。

注意：

1. 试管尺寸不易过大，防止熔融物烧漏。

2. 氯酸钾要适量，防止产生大量气体引起喷射。

3. 蒸发皿的直径应大于10cm，也可用盘子、碗等其他物品代替。

4. 由于各地的砂子品质有所不同，建议实验前先用盐酸浸泡后晾干在使用，防止砂子中混有少量的石灰石在高温下产生气体引起铁水溅出。

5. 铝热反应剧烈，温度可达2000℃以上，三氧化二铁在1400℃以上可发生以下反应：

$$6Fe_2O_3 \xrightarrow[\text{高温}]{\text{铝热剂}} 4FeO_4 + O_2 \uparrow$$

为了防止反应过程中产生氧气引起铁水溅出，所以适当减少还原剂铝粉的用量（7：2），以减缓反应的剧烈程度。

实验现象：你将会看到整个红热过程以及铁水生成和自上而下的熔化流动；红热的铁水将部分埋在铝热剂中的铁钉焊接在一起；尽管实验过程中无铁珠迸溅，但为了安全，尽量远距离观看实验进展。

"交际花"的弟弟——氯

≫双刃剑——认识氯

氯元素的单质——氯气在常温常压下为黄绿色气体。密度3.214g/L。熔点 -100.98℃，沸点 -34.6℃。化合价 -1、+1、+3、+5和+7。有毒，剧烈窒息性臭味。电离能12.967电子伏特，具有强的氧化能力，能与有机物和无机物进行取

恐怖的单质——氯气

代和加成反应；同许多金属和非金属能直接起反应。氯气本身不燃，但遇可燃物会燃烧、爆炸。氯气会严重刺激皮肤、眼睛、黏膜；在浓度较高时，有窒息作用，会引起喉肌痉挛，黏膜肿胀，恶心、呕吐、焦虑和急性呼吸道疾病、咳嗽、胸痛、呼吸困难、支气管炎、肺水肿、肺炎；甚至会因喉肌痉挛而死亡。

物质科学 B

≫ "我不是'氧化的盐酸'，我是单质"——氯的发现

1771－1774 年间，舍勒（Carl Wilhelm Scheele）将软锰矿（MnO_2）与盐酸混合，放置在曲颈瓶中加热，在接收器中获得一种黄绿色气体。该气体具有和加热的王水一样的刺鼻的臭味，吸入后使肺部很难受。这使得舍勒制得了氯气，并且研究了它的一些性质。

$$MnO_2 + 4HCl \longrightarrow MnCl_2 + 2H_2O + Cl_2 \uparrow$$

尽管舍勒很早就制得了氯气，但却并没有完全认识它，所以他不但没认为是找到了一种新的元素，还把氯气当成了是氧的化合物——"氧化的盐酸"。

克劳德（Claude Berthollet）认为，舍勒发现的"氧化的盐酸"应该是氧元素和另外一个尚未被发现的元素构成的。在 1809 年，约瑟夫（Joseph LouisGay－Lussac）和路易斯（Louis－JacquesThénard）设法分解这种"氧化的盐酸"，他们试图通过让"氧化的盐酸"与碳起反应来释放其中的单质。但他们没有成功，所以他们认为这"氧化的盐酸"应该是一种新元素，可是当时没有

Davy, Sir Humphry, Baronet

足够的证据证明他们的猜想。

直到 1810 年，英国化学家戴维因（Sir Humphrey Davy）"电解氯气"失败，确定了"氧化的盐酸"是一种新元素，从希腊文 chlōros（黄绿色）命名它为 chloine。它的拉丁名称 chlorum 和元素符号 Cl 由此而来。

≫和氧的"孩子"最多——各种有趣的含氧氯离子

在整个卤素家族中，氯元素和氧元素结合所形成的离子是最多的，让我们一起来看看氯的自述吧。

氯的自述：下面我来介绍一下我的家庭：

我出生在卤素家庭，家里共 5 个兄弟，我排行老二。我大哥是氟（F），很雄的，在我们元素世家里是最厉害的；三弟是溴（Br），像个女的般柔情似水，却没人喜欢他，因为他太臭了；四弟是碘（I），看起来是个硬家伙，实际上根本惹不起别人，碰到特殊情况就变成一股紫烟逃之夭夭；小弟是砹（At），是个

强氧化剂——固态二氧化氯

襁褓中的婴儿，我们至今还没看见过他的脸，只知道他在不断地发出一种"光"。

我的大儿子氯离子（Chlorideion：Cl－），他的孩子们是氯化物（Chloride），都很会游泳，大部分学过水下伪装。

我的二儿子次氯酸根离子（ClO－），他的孩子们是次氯酸盐（Hypo-chlorite），对别人的电子都很眼馋。

我的三儿子亚氯酸根离子（ClO2－），他的孩子们是亚氯酸盐

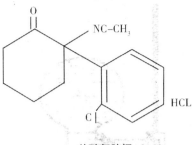

盐酸氯胺铜

（Chlorite）。

我的四儿子氯酸根离子（ClO3 -），他的孩子们是氯酸盐（Chlorate），生气起来就会把氧姐姐变出来吓唬对方。

我的小儿子高氯酸根离子（ClO4 -），他的孩子们是高氯酸盐（Perchlorate）。

我的五个儿媳妇都是从氢家嫁过来的，分别是氢氯酸（Hydrochloric acid：HCl）、次氯酸（Hypochlorous acid：HClO）、亚氯酸（Chlorous acid：HClO2）、氯酸（Chloric acid：HClO3）和高氯酸（Perchloric acid：HClO4）。

我有几个女儿，都嫁到了氧家。我的大女儿是一氧化二氯（Dichlorinemonoxide：Cl2O），二女儿是二氧化氯（Chlorinedioxide：ClO2），三女儿是七氧化二氯（Dichlorineheptoxide：Cl2O7）。

此外，氟大哥和我在尝试克隆时弄出了三个怪胎：一氟化氯（Chlorinemonofluoride：ClF），三氟化氯（Chlorinetrifluoride：ClF3）和五氟化氯（Chlorinepentafluoride：ClF5）。我还有个私生子叫氯胺（Chloramine：NH2Cl），有一种化合物叫氯胺酮，医学上用来麻醉，也有不法分子私自贩卖，就是我们平时知道的 K 粉。

下面是我四个儿媳妇的档案（氯的含氧酸）：

1. 次氯酸（HClO）及其盐

（1）制备：

通氯气于冰水中：

用于漂白的次氯酸钙

$Cl_2 + H_2O = HClO + H^+ + Cl^-$；

通氯于碱液中可得次氯酸盐：

$Cl_2 + 2NaOH \longrightarrow NaCl + NaClO + H_2O$；

工业上用电解冷浓食盐水并剧烈搅拌

来制备 $NaClO$。

（2）性质：

$HClO$ 是弱酸，但为很强的氧化剂，且

具有漂白性；

受热易发生氧化还原反应

$3ClO^- \longrightarrow ClO_3^- + 2Cl^-$；

$2HClO \longrightarrow 2H^+ + 2Cl^- + O_2^-$

氯水见光分解

（3）用途：

制造漂白粉 $Ca（ClO）_2$

漂白粉：Cl_2 与 $Ca（OH）_2$ 反应：

$2Cl_2 + 2Ca（OH）_2 \longrightarrow CaCl_2 + Ca$

$（ClO）_2 + 2H_2O$

2. 亚氯酸（$HClO_2$）及其盐

亚氯酸是目前所知唯一的亚卤酸，

非常不稳定。

次氯酸的漂白作用

（1）制备：

ClO_2 在水中分解：$2ClO_2 + H_2O \rightarrow HClO_2 + HClO_3$

通 ClO_2 于 Na_2O_2 或 $NaOH$ 与 H_2O_2 可得亚氯酸盐

$2ClO_2 + Na_2O_2 \longrightarrow 2NaClO_2 + O_2 \uparrow$；

$2ClO_2 + H_2O_2 \longrightarrow 2NaClO_2^- + O_2 \uparrow + H_2O$

（2）性质与用途：

物质科学 B

非常不稳定的化合物，但亚氯酸盐较稳定；

具有漂白性。

3. 氯酸（$HClO_3$）及其盐：浓度高于40％则不稳定；

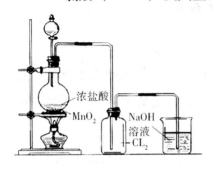

浓盐酸

MnO_2　NaOH 溶液 CL_2

氯气的实验室制法

（1）制备：

次氯酸根水溶液加热，产生自身氧化还原反应（歧化反应）：

电解热氯化钠水溶液并加以搅拌：

（2）性质及用途：

氯酸和氯酸盐皆为强氧化剂；

氯酸钾用于制造氧；

$KClO_3$ 受热反应：

A. 无催化剂，不可加强热：

$4KClO_3 \longrightarrow 3KClO_4 + KCl$ （约 100℃）

B. 催化剂（MnO_2）：

$2KClO_3 \longrightarrow 2KCl + 3O_2 \uparrow$ （约 300℃）

4. 高氯酸（$HClO_4$）及其盐

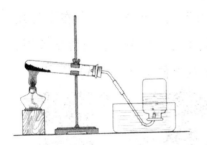

氯酸钾受热分解产生氧气

（1）制备：

低压蒸馏 $KClO_4$ 与 H_2SO_4 的混合液：$KClO_4 + H_2SO_4 \longrightarrow HClO_4 + KHSO_4$

电解食盐水时，阳极产生的氯气被氧化：

$Cl_2 + 8H_2O \longrightarrow 2ClO_4^- + 16H^+ + 14e^-$；

氯酸盐受热分解：$4KClO_3 \longrightarrow 3KClO_4 + KCl$；

（2）性质与用途

最稳定的含氧酸，不易分解；

非常强的酸。

物质科学 B

物质科学
B

氯与铜、氢的奇妙反应

1、铜在氯气中的燃烧

用钳锅钳夹住一束铜丝，灼热后立刻放入充满氯气的集气瓶里。观察发生的现象。然后把少量的水注入集气瓶里，用玻璃片盖住瓶口，振荡。观察溶液的颜色。

现象：红热的铜丝在氯气里剧烈燃烧，使集气瓶里充满棕色的烟，这种烟实际上是氯化铜晶体的微小颗粒。氯化铜溶于水后，溶液呈蓝绿色。当溶液的浓度不同时，溶液的颜色有所不同。大多数金属在点燃或灼热的条件下，都能与氯气发生反应生成氯化物。但是，在通常情况下，干燥的氯气不能与铁起反应，因此，可以用钢瓶储运液氯。

$$Cu + Cl_2 \xrightarrow{\text{点燃}} CuCl_2$$

2、氢气在氯气中燃烧

在空气中点燃 H_2，然后把导管伸入盛有 Cl_2 的集气瓶中。观察 H_2 在 Cl_2 中燃烧时的现象。纯净的 H_2 可以在 Cl_2 中安静地燃烧，发出苍白色火焰。反应生成的气体是 HCl，它在空气里与水蒸气结合，呈现雾状。

$$H_2 + Cl_2 \xrightarrow{\text{点燃}} 2HCl$$

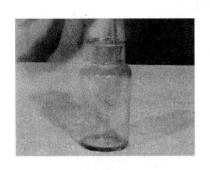

物质科学B

3、氯气与氢气的光爆反应

把新收集到的一瓶 Cl_2 和一瓶 H_2 口对口地放置，抽去瓶口间的玻璃片，上下颠倒几次，使 H_2 和 Cl_2 充分混合。取一瓶混合气体，用塑料片盖好，在距瓶约 $10cm$ 处点燃镁条。观察有什么现象发生。

可以看到，当镁条燃烧时产生的强光照射到混合气体时，瓶中的 H_2 和 Cl_2 迅速化合而发生爆炸，把塑料片向上弹起。

$$H_2 + Cl_2 \xrightarrow{\text{光照}} 2HCl$$

互动一刻

氯水见光分解

实验仪器及药品：异型管、光源、圆底烧瓶、氯水、红纸条、余烬木条。实验步骤：1. 按装置图组装好后，用强光照射。2. 观察现象：①光照一分钟后平底烧瓶中就有大量氧气小气泡产生；②光照两分钟后烧

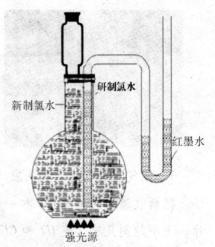

瓶中液面下降，U型玻璃管液面上升；

③光照一段时间后，打开移液管胶塞，将余烬木条伸入玻璃管中立即复燃。

实验注意：氯水分解的速度直接与光源的强度相关，因此尽量选用光照度较高的光源，例如金属卤化物灯。

思考一下，氯水中含有哪些成分？发生分解的又是哪种化合物呢？氯水漂白时起作用的化合物又是什么？这两种化合物一样吗？

天之石——铁

≫不一般的我——铁的性质

铁相对原子质量55．847。铁有多种同素异形体。铁是比较活泼的金属，在金属活动顺序表里排在氢的前面。常温下，铁在干燥的空气里不易与氧、硫、氯等非金属单质起反应，在高温时，则剧烈反应。铁在氧气中燃烧，生成 Fe_3O_4，赤热的铁和水蒸气起反应也生成 Fe_3O_4。

铁矿石

铁易溶于稀的无机酸和浓盐酸中，生成二价铁盐，并放出氢气。在常温下遇浓硫酸或浓硝酸时，表面生成一层氧化物保护膜，称为"钝化"，故可用铁制品盛装浓硫酸或浓硝酸。铁是一变价元素，常见价态为 +2 和 +3。铁与硫、硫酸铜溶液、盐酸、稀硫酸等反应时失去两个电子，成为 +2 价。但当 Fe 与 Cl_2、Br_2、硝酸及热浓硫酸反应时，则被氧化成 Fe^{3+}。铁与氧气或水蒸气反应生成的 Fe_3O_4，可以看成是 $FeO \cdot Fe_2O_3$，其中有 1/3 的 Fe 为 +2 价，另 2/3 为 +3 价。铁的 +3 价化合物较为稳定。

与我们眼中的铁不同，铁其实是一种光亮的银白色金属。密度 7.86g/cm^3。熔点 1535℃，沸点 2750℃。常见化合价 +2 和 +3，有好的延展性和导热性，也能导电。纯铁既能磁化，又可去磁，且十分迅速。一般情况下，铁的电离能为 7.870 电子伏特。对于工业部门来说，铁是不可缺少的一种金属。

工业上使用的纯铁

铁元素也是构成人体的必不可少的元素之一。成人体内约有 4—5 克铁，其中 72% 以血红蛋白、35% 以肌红蛋白、0.2 以其它化合物形式存在，其余为储备铁。储备铁约占 25%，主要以铁蛋白的形式储存在肝、脾和骨髓中。成人摄取量是 10—15mg。妊娠期妇女需要 30mg。1 个月内，女性所流失的铁大约为男性的两倍，吸收铁时需要铜、钴、锰、维生素 C。铁在代谢过程中可反复被利用。除了肠道分泌排泄和皮肤、黏膜上皮脱落损失一定数量的铁（1mg/每日），几乎没有其它途径的丢失。

≫**天降之宝——铁的发现**

铁是地壳的主要组成成分之一。铁在自然界中分布极广，但是人类

物质科学 B

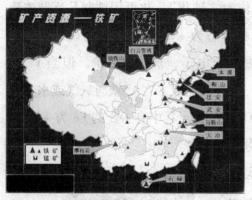

我国铁矿的分布区域

发现和利用铁却比黄金和铜要迟。这首先是由于天然单质状态的铁在地球上是找不到的，而且它容易氧化生锈，再者，它的熔点（1535℃）又比铜（1083℃）高得多，这使得铁比铜难以熔炼。

人类最早发现铁是从天空落下的陨石，陨石含铁的百分比很高（铁陨石中含铁90.85%），是铁和镍、钴的混合物。考古学家曾经在古坟墓中，发现陨铁制成的小斧；在埃及第五王朝至第六王朝的金字塔所藏的宗教经文中，记述了当时太阳神等重要神像的宝座是用铁制成的。铁在当时被认为是带有神秘性的最珍贵的金属，埃及人干脆把铁叫做"天石"。在古希腊文中，"星"和"铁"是同一个词。

1978年，在北京平谷县刘河村发掘一座商代墓葬，出土许多青铜器，最引人注目的是一件古代铁刃铜钺，经鉴定铁刃是由陨铁锻制的，这不仅表明人类最早发现的铁来自陨石，也说明我国劳动人民早在3300多年前就认识铁并熟悉了铁的锻造性能，识别了铁和青铜在性质上的差别，并且把铁用于锻接铜兵器，以加强铜的坚利性。

由于陨石来源极其稀少，从陨石中得来的铁对生产没有太大作用，随着青铜熔炼技术的成熟，铁的冶炼技术才逐步发展。我国最早人工冶炼的

最早的人工冶炼的铁器——铜柄铁剑

铁是在春秋战国之交的时期出现的，距今大约 2500 年。我国炼钢技术发展也很早，1978 年，湖南省博物馆长沙铁路车站建设工程文物发掘队从一座古墓出土一口钢剑，从古墓随葬陶器的器型，纹饰以及墓葬的形制断定是春秋晚期的墓葬。这口剑所用的钢经分析是含碳量 0.5% 左右的中碳钢，金相组织比较均匀，说明可能还进行过热处理。

Henry Bessemer

古代劳动人民的炼铁技术也是杰出的，至今竖立在印度德立附近一座清真寺大门后的铁柱，是用相当钝的铁铸成的，当时如何生产这样的铁，现代人也认为是一个奇迹。由人分析了它的成分，含铁量大于 99.72%，其余是碳 0.08%，硅0.046%，硫 0.006%，磷 0.114%。

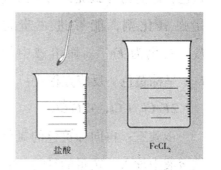

向盐酸溶液中加入铁粉

开创现代炼钢新纪元的是一名叫贝塞麦的浇铸工人（HenryBessem-er），他在 1856 年 8 月 11 日宣布了他的可倾倒式转炉。随着工业发展，在生产建设和生活中出现大量废钢和废铁，这些废料在转炉中不能使用，于是出现了平炉炼钢，是由德国西门子兄弟以及法国马丁兄弟同时创建的，时间是在 19 世纪 60 年代初。

≫ "变给你看" ——顽皮的铁离子

铁其实是一种很调皮的元素，下面我们通过实验来认识铁元素的有

物质科学 B

趣性质。

步骤一：往盛有稀盐酸的烧杯中加入少量的铁粉，可以看到有气泡冒出，同时溶液变成浅绿色，这是因为发生了下列反应：

$$Fe + 2HCl \rightarrow FeCl_2 + H_2 \uparrow$$

生成的气体就是我们所熟悉的氢气，而由于溶液中含有 Fe^{2+}，Fe^{2+} 使得反应液呈浅绿色。

步骤二：向反应后的溶液中通入一定量的氯气（Cl_2），我们会发现，溶液由浅绿色变成了棕黄色，这是为什么呢？由于氯气是强氧化剂，能够进一步将 Fe^{2+} 氧化为 Fe^{3+}。而溶液中的 Fe^{3+} 呈棕黄色。反应方程式：

$$2FeCl_2 + Cl_2 \rightarrow 2FeCl_3$$

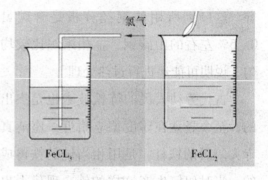

Fe^{3+} 转化为 Fe^{2+}

步骤三：再向棕黄色的氯化铁溶液中加入一定量的铁粉，我们又发现溶液重新恢复成浅绿色，这又是为什么？Fe^{3+} 相对 Fe 来说具有一定的氧化性，可以把 Fe 氧化成 Fe^{2+}。反应方程式如下：

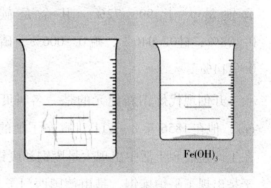

氢氧化亚铁到氢氧化铁的迅速转变

$$2FeCl_3 + Fe \rightarrow 3FeCl_2$$

到这里，我们知道 Fe 有两种价态：Fe^{2+} 和 Fe^{3+}，并且这两种离子可以相互转化。

步骤四：再向溶液中滴加一定量的 $NaOH$ 溶液，开始会有白色的沉

物质科学 B

淀，但很快变成灰绿色，最后变成红褐色。这是实验的理想状况，在真实实验中，我们很难看到氢氧化亚铁的真面目——白色，因为氢氧化亚铁极容易被氧化，成为氢氧化铁。其实在这个过程中发生了两个反应：

$$FeCl_2 + 2NaOH \rightarrow Fe(OH)_2 \downarrow + 2NaCl；$$

$$4Fe(OH)_2 + O_2 + 2H_2O \rightarrow 4Fe(OH)_3；$$

其实，铁元素还有其他有趣的性质，这里就不一一叙述了，相信大家会在生活中认识到铁的其他奇妙的性质。

水族箱里神奇的铁元素

近几十年来，水族养殖界的专家们对铁元素之重要性，有着极广泛的争议。有一派人士坚信含铁之化合物，有益于水生植物之生长；另一派人士却是不以为然。在这种赞成反对双方各持己见之际，许多未经证实的见解和学说纷纷出笼。而事实证明，许多理论若非凭空杜撰，则是七拼八凑、以话传话。

水族箱生态和铁的关系：

回顾以往，在本世纪50年代初，铁质在水族界还默默无名，当时并没有人知道，铁质竟是植物的重要养分之一。从前，水族箱的结构大都是用铁条做成上下四周的框框，再镶上玻璃片即成，而箱底为免摔破之虞，通常也是用铁板装上去的。虽然这些铁框架及底板都涂有防锈漆，但它们还是很快就生锈了。当时，人们已有植物行光合作用的观念，会在水族箱边装一灯供水生植物进行光合作用，以制造氧气；接下来进步到在水中装置荧光灯（日光灯管）。当然水里亦需要其他过滤装置及吸收排放杂质的设备，结果却把水中的铁锈屑片全当废物给排放掉了。到了

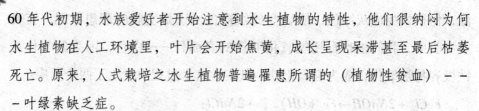

60 年代初期，水族爱好者开始注意到水生植物的特性，他们很纳闷为何水生植物在人工环境里，叶片会开始焦黄，成长呈现呆滞甚至最后枯萎死亡。原来，人式栽培之水生植物普遍罹患所谓的（植物性贫血）———叶绿素缺乏症。

为了克服这种症状，人们可真是费尽了心力，做了许多的实验。专家们曾把数以千计的东西投入水中，像是树叶、煤灰、树皮、羊粪甚至兔粪等等，得到的结果却足以否定所有专家的看法（因为这种东西都不含铁质，投的再多也只是杀死更多的水草罢了）。于是有些专家感到相当诧异，并开始怀疑是否缺乏铁质之缘故，虽然他们的想法正确了，但做法还是错了。他们将三氯化铁或其他铁的酸化物投入水中，结果也是惨不忍睹；甚至有人深信生锈的铁钉能凑效，结果当然又失败了。最后，有人注意到美国佛罗里达州的一些大果园（尤其是栽种柑桔柠檬的果园）的土壤万分，发现植物需要铁质当养分——无论是特定单一形态的铁，或是与其他养分结合的铁，对植物形成叶绿素而言，乃是一项不可或缺的因素。

那么铁质如何进入植物内呢？尽管知道了植物需要铁质，却又碰上一大问题，因为植物只吸收溶解于水中的铁（即铁离子 Fe^{3+}，像食盐 $NaCL$ 一样解离于水中），但铁离子在水中却有容易氧化沉淀的倾向。氧化后的铁沉淀物不但非水溶性，而且也不能为植物所吸收。所以，对水族养殖专家而言，这就形成一个尴尬而棘手的问题：他们一方面要使水中溶有足够的供应植物的铁质，一方面又不能让铁质与水中的氧气结合而氧化，但试问水中若没有氧气的话，所有动植物还能活吗？如何使铁溶于水中；我们已了解到问题所在：多数水生植物均需铁质，但铁在水中极易和氧结合而氧化（这些氧乃来自植物行光合作用而产生）。铁的氧化物是所有微量元素中最难溶于水的，换句话说，铁只能溶在无氧的水中，不过就像前面所述，鱼儿们不可能在无氧的水中生活。幸好有些有机酸（如叶酸等），可以结合铁离子一起溶于水中，这类含铁的有机酸可促进水生植物吸收铁质。在自然界水域中，这种有机酸是来自树根、草根或树叶，它们在水中腐败分解而产生另一种养分，供给水生植物之使用。以前曾有人试用过含铁无机盐，混合泥灰或有机物肥料的方法，不过其结果不太令人满意。一直到后来，人工合成铁质肥料的发现，乃造成水族养殖技术性的一大突破，一般俗称的 EDTA，不但可以用作肥料制备剂，还可供应水中植物充分的铁质。

物质科学 B

人类最早应用的有色金属——铜

≫我是"大众情人"——铜的优良性质

金属铜是呈紫红色光泽的金属，密度 $8.92g/cm^3$。熔点 $1083.4 \pm 0.2℃$，沸点 $2567℃$。常见化合价为 +1 和 +2（3 价铜仅在少数不稳定的化合物中出现）。电离能 7.726 电子伏特。

铜是人类发现最早的金属之一，也是最好的纯金属之一，稍硬、极坚韧、耐磨损。还有很好的延展性。导热和导电性能较好。铜和它的一些合金有较好的耐腐蚀能力，在干燥的空气里很稳定。但在潮湿的空气里在其表面可以生成一层绿色的碱式碳酸铜（$Cu_2(OH)_2CO_3$），这叫铜绿，又名孔雀石。可溶于硝酸和热浓硫酸，略

漂亮的有色金属——紫红色的铜

溶于盐酸。容易被碱侵蚀。

从上面对铜的描述可以看出，铜具有许多可贵的物理化学特性，例如其热导率较高，化学稳定性强，抗张强度大，易熔接，且具有良好的抗蚀性、可塑性、延展性。纯铜可拉成很细的铜丝或制成很薄的铜箔。能与锌、锡、铅、锰、钴、镍、铝、铁等金属形成合金，这些合金由于其独特的性质被应用到不同领域。

≫金属中的"老家伙"——铜的发现史及应用

自然界中获得的最大的天然铜重 420 吨。在古代，人们便发现了天然铜，古人用石斧将其砍下，用锤打的方法把它加工成各种物件。于是铜器挤进了石器的行列，并且逐渐取代了石器，结束了人类历史上的新石器时代。

皇娘娘台遗址

在我国，距今 4000 年前的夏朝已经开始使用红铜，即天然铜。红铜是锻锤出来的。1957年和 1959 年两次在甘肃武威皇娘娘台的遗址发掘出铜器近 20件，经分析，铜器中铜含量高达 99.63% ~ 99.87%，属于纯铜。

当然，天然铜的产量毕竟是稀少的。生产的发展促进人们找到从铜矿中取得铜的方法。铜在地壳中总含量并不大，不超过 0.01%，但是含铜的矿物是比较多见的，它们大多具有各种鲜艳而引人注目的颜色，招至人们的注意。例如上面提到的孔雀石 $CuCO_3 \cdot Cu(OH)_2$，深蓝色的石青 $2CuCO_3 \cdot Cu(OH)_2$ 等。这些矿石在空气中燃烧后得到铜的氧化物，再用碳还原，就得到金属铜。

物质科学B

1933年，河南省安阳县殷虚发掘中，发现重达18.8千克的孔雀石，直径在1寸以上的木炭块、陶制炼铜用的将军盔以及重21.8千克的煤渣，说明3000多年前我国古代劳动人民从铜矿取得铜的过程。

但是，炼铜制成的物件太软，容易弯曲，并且很快就会钝掉。接着人们发现把金属锡掺入铜中而制成铜锡合金——青铜，具有更加优

美丽的孔雀台

良的性质，此外，青铜器件的熔炼和制作比纯铜容易的多，而且比纯铜坚硬（假如把锡的硬度值定为5，那么铜的硬度就是30，而青铜的硬度则是100～150），历史上称这个时期为青铜时代。

我国战国时代的著作《周礼·考工记》总结了熔炼青铜的经验，讲述青铜铸造各种不同物件采用铜和锡的不同比例："金有六齐（方剂）。六分其金（铜）而锡居一，谓之钟鼎之齐；五分其金而锡居一，谓之斧斤之齐；四分其金而锡居一，谓之戈戟之齐；三分其金而锡居一，谓之大刃之齐；五分其金而锡居二，谓之削杀矢（箭）之齐；金锡半，谓之鉴（镜子）燧（利用镜子聚光取火）之齐。"这表明在3000多年前，我国劳动人民已经认识到，用途不同的青铜器所要求的性能不同，用以铸造青铜器的金属成分比例也应有所不同。

青铜由于坚硬，易熔，能很好的铸造成型，在空气中稳定，因而即

物质科学B

想象中的罗德岛巨像外形

使在青铜时代以后的铁器时代里，也没有丧失它的使用价值。例如在公元前约 280 年，欧洲爱琴海中罗得岛上罗得港口矗立的青铜太阳神，高达 46 米，手指高度超过成人，然而在公元前 226 年的一次大地震中，神像倒塌了。它在原址上躺了近千年，后来就下落不明了。

我国古代劳动人民更最早利用天然铜的化合物进行湿法炼铜，这是湿法技术的起源，是世界化学史上的一项发明。这种方法用现代化学式表示就是：

$$CuSO_4 + Fe = FeSO_4 + Cu$$

西方传说，古代地中海的 CYPRUS 岛是出产铜的地方，因而由此得到它的拉丁名称 CUPRUM 和它的元素符号 Cu。英文中的 COPPER，拉丁文中的 CUIVRE、都源于此。

铜具有独特的导电性能，这一点是铝所不能代替的，在今天电子工业和家用电器发展的时代里，这个古老的金属恢复了它的青春。铜导线得到了广泛的应用。从国外的产品来看，一辆普通家用轿车的电子和电动附件所须铜线长达 1 公里，法国高速火车铁轨每公里用 10 吨铜，波音 747－200 型飞机总重量中铜占 2%。

➤➤善变的铜离子——铜的化学变化

我们来做个实验，认识下有趣的铜离子，在含有 $[Cu^{2+}]$ $[C_4H_4O_{62-}]$ 错合物的蓝色溶液中，加入 H_2O_2 使溶液由蓝色→绿色→橙色，再次加入 H_2O_2，溶液变回原来的蓝色→绿色→橙色。

（1）在一个烧瓶内放入一个磁石，加入 $3wt\% 50mL$ $KNaC_4H_4O_6 \cdot 2H_2O$（aq）与 $3wt\% 25mLCuSO_4 \cdot 5H_2O$（aq），如图 1 所示。混合均匀并且在加热搅拌器上加热至约 $50℃$，如图 2 所示。

图 1　加入 $KNaC_4H_4O_6$ 和 $CuSO_4$ 溶液

图 2　混合并加热呈现蓝色溶液

（2）加入 $1mL 30\% H_2O_2$（aq），如图 3 所示。等待一段时间，溶液从蓝色渐渐转为绿色，如图 4 所示；然后变成橙色，如图 5 所示。

图 3　加入 H_2O_2

图 4　等待一段时间后呈绿色

物质科学 B

图 5　过一段时间呈橙色

图 6　恢复蓝色后再次加入 H_2O_2

（3）再次加入 $1mL30\% \ H_2O_2$（aq），溶液颜色会变回原来的蓝色，如图 6 所示。等待一段时间，溶液变成绿色，如图 7 所示；然后变成橙色，如图 8 所示。

图 7　一段时间后又呈绿色

图 8　最终溶液又呈橙色

实验中的铜离子为什么会这么调皮呢？为什么会有这样的颜色变化？让我们来看一下这个实验的原理：

（1）$CuSO_4 \cdot 5H_2O$（aq）与 $KNaC_4H_4O_6 \cdot 2H_2O$（aq）形成蓝色的 $[Cu^{2+}][C_4H_4O_{62-}]$ 错合物，其颜色略深于原本 $CuSO_4 \cdot 5H_2O$（aq）蓝色水溶液的颜色。

（2）$[Cu^{2+}][C_4H_4O_{62-}]$ 能够催化 H_2O_2（aq）进行分解反应，释放出能量，反应式如下所示。

催化剂——$[Cu^{2+}][C_4H_4O_{62-}]$：

$$H_2O_2\ (aq)\ =1/2O_2\ (g)\ +H_2O\ (l)\ +23.5Kcal$$

（3）由 H_2O_2 分解反应释放的热使整体溶液温度上升（至约 70℃），促使橙色的沉淀物生成。橙色的沉淀物可能是铜（I）－过氧－酒石酸离子（$copper$（I）－$peroxo$－$tartratecomplex$）。

（4）在反应过程之中，出现绿色是蓝色溶液与橙色沉淀物两者混合的结果。

≫无所不能——铜的主要应用

1、电气行业

电线、电缆等导电材料约占电气行业总耗铜量的 80%－85%，其余的用于制造发电设备、电动机、变压器、电工器件等。电气行业年均耗铜量占全国铜消费量 42.9%，是国内最大的铜消费行业，与美国、日本在铜消费结构中所占的比例非常接近。

2、轻工业

轻工业用铜覆盖了大部

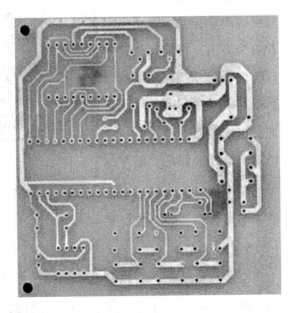

电路板中的铜布线

分轻工企业，涉及日用五金业（制锁、炊事用具、日用小五金）、日用电气（灯具、电风扇、空调器、电冰箱、冷柜、电热器具）、日用机械（钟表、自行车、缝纫机）、文教体育用品、乐器及金属工艺晶等。轻工业年均消耗铜量占全国铜消费量20.4%，是国内第二大的铜消费行业。西方国家轻工业耗铜数量虽大，但所占比例较中国小。

3、机械制造业

铜及铜合金是机械制造业的基础材料，广泛应用于工程农业机械、仪器仪表、石油化工通用机械、机床工具、通用基础件、食品及包装机械、民用机械等行业。应用形式有常用的铜合金、铸造用铜合金及各种铜加工材。机械制造业年均消耗铜量占全国铜消费量的7.4%，是国内第三大铜的消费行业。

4、交通运输业

交通运输是中国重点发展的产业，尤以汽车工业最为突出，目前每生产1辆汽车平均耗铜量约24kg。中国汽车产量增长速度很快，耗铜量也相应增加；铁路、船舶、航空

铜制汽车零部件

等部门也是耗铜大户。交通运输业年均耗铜量占全国铜消费量的5.6%，低于美国和日本铜消费水平。

5、电子行业

电子行业是中国新兴产业，包括广播通讯、电视、电子计算机、雷达、电子元器件等行业，使用大量精细的铜、铜合金及加工材，耗铜量增长迅速。

6、其他行业

邮电、军工、冶金、化工、石油、建材、建筑等行业也消耗不少铜，其中邮电、建筑发展较快。军事工业用铜广泛，黄铜大量用于制造常规

武器，包括枪弹壳和炮弹壳，大口径炮弹弹带、雷管等；锡黄铜由于对海水和海洋大气有较高的抗腐蚀能力，大量用于制造船舶、舰艇，素有"海军黄铜"之称。当今铜仍不失为一种重要的战略金属。

铜制的电感线圈

铜的生产方法简介

铜存在于硫化物、碳酸盐和硅酸盐等多种类型的矿床中，还可以作为纯的"自然"铜存在。地质工作者探查出含铜矿床后，根据铜的含量、储量及其地质分布等特点，通过技术、经济、环境和法律等方面的综合分析，决定是否进行采矿。

含铜矿石从地下开采出来后，经破碎和选矿处理，成为铜精矿。此外铜还可以从岩石或矿石中浸取出来。20世纪内，全世界铜矿山的产量从1900年的49.5万吨增加到1997年的1152.6万吨，平均年增长率为3.2%。在最近的5年里，年增长率为4.3%。

铜矿可以通过两种方法生产出金属铜（精铜）。一种是传统的熔炼－精炼法，另一种是新发展起来的浸出－电解法。考虑到再生利用在经济和环境方面的重要性，部分精铜用废铜生产出来。2005年全球精铜产量达1656.8万吨，同比增长4.7%。

铜矿石 $\xrightarrow{选矿}$ 铜精矿 $\xrightarrow{冶炼}$ 粗铜/阳极铜 $\xrightarrow{电解}$ 阴极铜

铜矿石 —浸出→ 稀硫酸铜溶液 —萃取→ 纯净硫酸铜溶液 —电积→ 电铜

精铜主要以阴极板、坯料、饼坯或铸锭的形式，由冶炼厂送到加工厂。通过锻造、轧制、挤压、拉拔、熔化、电解或粉化等工艺，生产出丝、棒、管、薄板、厚板、带材、铸件、粉末以及其它型材，销售出去以满足社会需要。

精炼法制铜实验

装置及药品：试管、酒精灯、铁架台、铜片、砂纸、澄清石灰水。

实验步骤：取一片长约 7－8cm，宽约 1cm 的铜片，把表面可能存在的氧化物用砂纸除去。在酒精灯上加热，使之表面生成一层氧化铜，或者把铜片烧红后立即伸入到集满氧气的集气瓶中，经过这样处理的铜片表面的氧化铜更均匀，实验的效果更明显。为了达到对比的效果，不要把整片铜片都镀上氧化铜。在一干燥的试管中装入不超试管容积的木炭粉末经烘干处理，把覆有氧化铜的铜片埋在木炭粉末里。按右图所示装配好仪器。加热。观察到澄清石灰水变浑浊后，移走导管，停止加热。待试

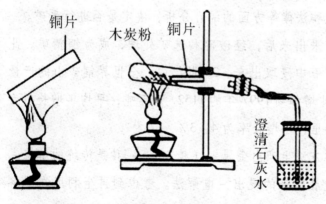

铜片　木炭粉　铜片

澄清石灰水

管逐渐冷却后，用镊子把铜片夹出。洗净铜片表面的碳粉，观察现象。

我们可以明显看到，黑色的氧化铜逐渐变为光亮的红色。生成的气体即 CO_2。

物质科学 B

物质科学 B

探究式学习丛书
Tanjiushi Xuexi Congshu

有趣的物质
INTERESTING MATERIAL
（下）

人民武警出版社

2009·北京

图书在版编目（CIP）数据

有趣的物质（下）/周万程，项尚，钱颖丰编著．—北京：人民武警出版社，2009.10

（物质科学探究式学习丛书；1/杨广军主编）

ISBN 978 – 7 –80176 –370 –9

Ⅰ．有…　Ⅱ．①周…②项…③钱…　Ⅲ．物理学 –青少年读物
Ⅳ．04 –49

中国版本图书馆 CIP 数据核字（2009）第 192334 号

书名：**有趣的物质（下）**

主编：周万程　项尚　钱颖丰
出版发行：人民武警出版社
经销：新华书店
印刷：北京龙跃印务有限公司
开本：720 ×1000　1/16
字数：273 千字
印张：22
印数：3000 –6000
版次：2009 年 10 月第 1 版
印次：2014 年 2 月第 3 次印刷
书号：ISBN 978 – 7 –80176 –370 –9
定价：59.60 元（全 2 册）

出 版 说 明

与初中科学课程标准中教学视频 VCD/DVD、教学软件、教学挂图、教学投影片、幻灯片等多媒体教学资源配套的物质科学 A、B、生命科学、地球宇宙与空间科学三套 36 个专题《探究式学习丛书》,是根据《中华人民共和国教育行业标准》JY/T0385－0388 标准项目要求编写的第一套有国家确定标准的学生科普读物。每一个专题都有注册标准代码。

本丛书的编写宗旨和指导思想是:完全按照课程标准的要求和配合学科教学的实际要求,以提高学生的科学素养,培养学生基础的科学价值观和方法论,完成规定的课业学习要求。所以在编写方针上,贯彻从观察和具体科学现象描述入手,重视具体材料的分析运用,演绎科学发现、发明的过程,注重探究的思维模式、动手和设计能力的综合开发,以达到拓展学生知识面,激发学生科学学习和探索的兴趣,培养学生的现代科学精神和探究未知世界的意识,掌握开拓创新的基本方法技巧和运用模型的目的。

本书的编写除了自然科学专家的指导外,主要编创队伍都来自教育科学一线的专家和教师,能保证本书的教学实用性。此外,本书还对所引用的相关网络图文,清晰注明网址路径和出处,也意在加强学生运用网络学习的联系。

本书原由学苑音像出版社作为与 VCD/DVD 视频资料、教学软件、教学投影片等多媒体教学的配套资料出版,现根据读者需要,由学苑音像出版社授权本社单行出版。

出 版 者

2009 年 10 月

卷首语

朗朗乾坤,芸芸众生,已知未知,有形无形,
皆为物质,光怪陆离,妙趣横生。

纵观奇妙的物理世界,有她绰约的风姿,有
她靓丽的容颜,有她高深的法力;

漫步神奇的化学殿堂,有她无穷的变化,有
她神秘的法术,有她曼妙的舞蹈;

遨游美妙的生物空间,有她和谐的音符,有
她诡异的幻化,有她迷人的魅影;

在心灵的悸动中认识物质,

在灵魂的旅途中改造生活,

在生命的画卷中追求唯美……

唯一的非金属液体——溴

≫顽皮的"小毒物"——溴元素的特性

棕红色发烟液体。密度 3.119g/cm³。熔点 – 7.2℃。沸点 58.76℃。主要化合价 – 1 和 + 5。溴蒸气对粘膜有刺激作用,易引起流泪、咳嗽。第一电离能为 11.814eV。化学性质同氯相似,但活泼性稍差,仅能和贵金属(惰性金属)之外的金属化合。而氟和氯既能同所有的金属作用,也能和其他非金属单质直接反应。

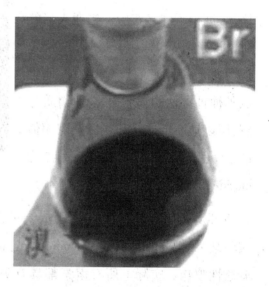

棕红色的液溴

虽然溴的反应性较弱,但这并不影响溴对人体的腐蚀能力,皮肤与液溴的接触能引起严重的伤害。

此外,溴可以腐蚀橡胶制品,因此在进行有关溴的实验时要避免使用胶塞和胶管。保存液溴的试剂瓶要使用玻璃瓶塞,又由于液溴挥发性较强,所以常常要在液溴上加一层水液封。

≫找到我不容易——溴单质的发现

溴在自然界中和其他卤素一样,没有单质状态存在。它的化合物常常和氯的化合物混杂在一起,只是数量少得多,在一些矿泉水、盐湖水和海水中含有溴。

1825年,法国一所药学专科学校的22岁青年学生巴拉尔(Antoine Balard),在研究他家乡蒙培利埃(Montpellier)盐湖水提取结晶盐后的母液时,希望找到这些废弃母液的用途,进行了许多实验。当通入氯气时,母液变成红棕色。最初,巴拉尔认为这是一种氯的碘化物。但他尝试了种种办法也没法将这种物质分解,所以他断定这是和氯以及碘相似的新元素。巴拉尔把它命名为muride,来自拉丁文 muria(盐水)。

Antoine Jérôme Balard

1826年8月14日法国科学院组成委员会审查巴拉尔的报告,肯定了他的实验结果,把 muride 改称 bromine,来自希腊文 brōmos(恶臭),因为溴具有刺激性嗅味。实际上所有卤素都具有类似嗅味。溴的拉丁名 bromium 和元素符号 Br 由此而来。

事实上,在巴拉尔发现溴的前几年,有人曾把一瓶取自德国克鲁兹拉赫盐泉的红棕色样品交给化学家李比希鉴定,李比希并没有进行细致的研究,就断定它是"氯化碘",几年后,李比希得知溴的发现之时,立刻意识到自己的错误,把那瓶液体放进一个柜子,并在柜子上写上"耻辱柜"以警示自己,此事在当时成为化学史上的一桩趣闻。

≫ 一些你不得不知道的——溴的有趣性质及其化合物

一般的金属在常温下都是硬梆梆的固体,可是唯有一种金属,在常温下,像银子一样地发光,又像水一样地流动,这就是水银。与此相似,一般的非金属在常温下不是气体就是固体,可是偏偏就有一种非金属例外,它就是溴。它是常温下唯一的非金属液体。

溴是暗红色的液体,密度是水的两倍,它在零下七度时就会凝结成固体,在五十九度时又会变成气态。

溴在大自然中的含量并不多,在地壳中的含量只有十万分之一左右,而且没有形成集中的矿床。海水中大约含有十万分之六的溴,所以人们都是从海水中提取溴。然而,人们不是直接从海水中提取,而是在晒盐场或制碱工业的废液中提取。只要往它们里面通进氯气,就能产生游离态的溴。

催泪弹

溴最出名的地方是它具有一种强烈的窒息性的恶臭。它还很容易挥发,形成红棕色的蒸气,有很大的毒性,它能刺激人的眼粘膜,使人不住地流泪。它的这种特性很烦人,但军事科学家却很喜欢,他们把溴装在空炮壳里就制成了催泪弹。喜欢看新闻联播的小朋友会知道,当人们为争取自由而游行示威时,警

常用的消毒剂——红药水

物质科学B

物质科学B

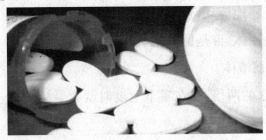

医用镇静剂——三溴片

溴化银胶卷

高照明度的溴钨灯

察为了驱散集合起来的人群，经常发射一些催泪弹，它不会对人体造成很大危害，但可以呛得人不住地咳嗽和流泪。

在保护溴时，为了防止溴的挥发，通常要在盛溴的容器中加进一些硫酸（或水）。因为溴的密度大，所以硫酸就像油浮在水面上一样浮在溴上面。

在医学上，溴是一种贵重的制药原料。说它贵重，不仅是因为大量的高级药物都要由它来制造，就连一般的消毒药也离不了它。大家熟悉的红药水，就是溴和汞的一种有机化合物。很多药品，例如治血虫病的海群生，治疗钩虫病的一溴二萘酚，抗菌药物金霉素等，都离不开溴。在实践中人们还发现，人的神经系统对溴的化合物很敏感。在人体中注射成吸收少量溴的化合物后，人的神经就会逐渐被麻痹。因此，溴的化合物——溴化钾、溴化钠和溴化按,在医学上便被用作镇静剂。通常,人们都是把这三种化合物混合在一起使用,配成的水溶液就是我们常听到的"三溴合剂",压成片的就是常见的"三溴片",这是现在最常用的镇静剂。但是,溴化物的排泄很慢,长期服用会造成中毒。

溴也可以用于"除害",用它制成的黄蒸剂,可以把偷吃粮食的老鼠、虫子熏死;用它制成的杀虫剂,可以把破坏庄稼生长的一些害虫消灭;把它加到染料中,可使织物的颜色鲜艳耐久。

现在,很多家庭都有小汽车或摩托车,出门办事很方便,但它们每天都要烧掉很多汽油,有没有一种省油的办法呢? 这时溴也能帮人们的忙。人们可以把它制成二溴乙烯,把二溴乙烯加入汽油中,就可以使汽油的消耗降低三分之一。

溴的最重要的化合物,就算是溴化银了。溴化银有一个奇妙的特性——对光很敏感,稍微受到光的刺激,它就会分解。人们把它和阿拉伯树胶制成乳剂涂在胶片上,就制成了"溴胶于片"。我们平常用的照相胶卷、照像底片、印相纸,几乎都涂有一层溴化银。现在,摄影行业消耗着大量的溴化银。在1962年,全世界溴的化合物的产量已近十万吨,其中有将近九万吨用于摄影。现在,人们在溴化银中加入了许多其他物质,大大增强了胶片的质量,已经把曝光的时间缩短到了十万分之一秒以至百万分之一秒,拍下正在飞行中的子弹和火箭;人们还能在菜油灯或者火柴那样微弱的光线下,拍出清晰的照片。

溴和钨的化合物还能用来制造新光源。大家知道,平常在广场中照明用的灯是碘钨灯。在高温时,碘钨灯中碘的蒸气是红色的,会吸收一部分光,这就影响了光效率。而溴蒸气在高温时是无色的,所以溴钨灯非常明亮,它的体积也很小,所以目前,我国的电影摄像、舞台照明已普遍使用溴钨灯。

互动一刻
苯与溴反应的有趣现象

问题的提出:苯、甲苯均不跟溴水而跟纯溴(加催化剂)反应是为什么呢?为什么还会分层?溴溶解在苯中之后显褐色,加入铁粉催化剂以后,会有白雾产生,这是为什么?

分析与解释:苯中的碳氢键比水中的碳氢键稳定,所以,当有水存在时,溴水中的溴夺去水中的 H 而不与苯反应,这可以从苯与纯溴反应需要铁作为催化剂看出来,这是其一;其二就是溴水中主要含有氢溴酸与次溴酸,而溴单质只是少量。当苯与纯溴反应时,溴溴单键断裂,与苯环中的一个氢组合,可以看到的白色的"雾"——HBr。而又因为溴在水中的溶解度小,而在苯中的溶解度大,由于两者密度不同,故产生了分层现象。

实验装置和实验现象:

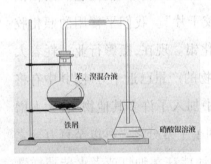
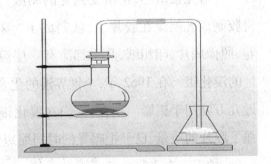

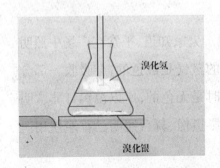

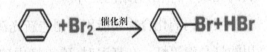

$$AgNO_3 + HBr = AgBr \downarrow + HNO_3$$

金属中的王子——金

≫昂贵的金属——金

金是可塑性最强、韧性最好的金属之一；金是金属中最富有延展性的一种。1克金可以拉成长达 4000 米的金丝。金也可以捶成比纸还薄很多的金箔,厚度只有一厘米的五十万分之一,看上去几乎透明。带点绿色或蓝色,而不是金黄色。金很柔软,容易加工,用指甲都可以在它的表面划出痕迹。俗话说:"真金不怕火"、"烈火见真金"。达一方面是说明金的熔点较高,达 1063℃,火不易烧熔它;古代的金器到现在已几千年了,仍是金光闪闪。

金容易与其他金属形成合金,这些合金可被进一步加工,以增加其硬度或使之呈现出特定的颜色。金具有良好的导电

金属中的王子——黄金

至今依然熠熠发光的古代金器

性和导热性,其性质稳定,大多数化学试剂都不能与金反应。金耐湿热、耐氧,就算是腐蚀性最强的试剂,也很少能和金起化学反应。把金放在盐酸、硫酸或硝酸(单独的酸)中,安然无恙,不会被侵蚀。不过,由三份盐酸、一份硝酸(按体积计算)混合组成的"王水",则可以溶解金,把金溶解后,蒸干溶液,可得到美丽的黄色针状晶体——"氯金酸(四氯络金Ⅲ酸)"。除此之外,氰化物的溶液能溶解金,汞也能溶解金,汞的这一特性被用来在器

物表面镀金。硒酸(或碲酸)与硫酸(或磷酸)的混合物,也可以将金溶解。高温下,氟、氯、溴等元素可以与金化合生成卤化物,但如果温度再高一些,卤化物又会重新分解。熔融的硝酸钠、氢氧化钠能与金化合。

金很重,1立方米的水只重1吨,而同体积的金却达19.3吨重! 人们利用金与砂比重的悬殊,用水冲洗含金的砂,这就是所谓的"砂中淘金"。上面提到氰化物的溶液可以把金溶解,生成溶于水的 NaAu(CN)2,利用这一特性,人们采用0.03—0.08%的氰化钠溶液冲洗金砂,使金溶解,然后把所得的溶液用锌处理,金被置换出来,从而制得纯金。这种化学的"砂里淘金"法,大大提高了淘金的效率。不过,由于氰化物有剧毒,在生产时必须严格采取安全措施。现在,只要砂中含有千万分之三或岩石中含有十万分之一的金,都已成了值得开采的金矿了。

≫ 是金子在哪里都会发光——金的发现

我国山东莱州发现的特大金矿

金,是人类最早发现的金属之一,比铜、锡、铅、锌都早。1964年,中国考古工作者在陕西省临潼县秦代栋阳宫遗址里发现八块战国时代的金饼,含金达99%以上,距今也已有两千一百年的历史了。在古埃及也很早就发现金。

金之所以那么早就被人们发现,主要是由于在大自然中金矿就是纯金(也有极少数是碲化金),再加上纯金光亮耀眼,很容易被人们找到。古代,欧洲的炼丹家们用太阳来表示金,因为金子象太阳一样,闪烁着金色的光辉。在中国古代,则用黄金、白银、赤铜、青铅、黑铁这样的名字,以鲜明地区别各种金属在外观上的不同。不过,虽然说金的自然状态大都是游离状的纯金,但自然界中的纯金却很少是真正纯净的,它们大都含金达99%以上,但总含有少量银,另外还含有微量的钯、铂、汞、铜、铅等。

金在地壳中的含量大约是一百亿分之五;另外据光谱分析,在太阳周围灼热的蒸汽里也有金,来自宇宙的"使者"——陨石,也含有微量的金,这表明其他天体上同样有金。金在地壳中的含量虽然还不算是太少,但是非常分散。至今人们找到的最大的天然金块,只有112公斤重,而人们找到的最大的天然银块却重达13.5吨(银在地壳中的含量只不过比金多一倍),最大的天然铜块竟有420吨重。在自然界中,金常以颗粒状存在于砂砾中或以微粒状分散于岩石中。

▶我也会变色——有趣的胶体金

胶体金是一种不具有特定结构的原子,由 Gold Chloride 还原而成;不同还原剂可调控胶体金颗粒形成的大小,而不同颗粒大小的胶体金会有不同的应用。

胶体金具有以下3个特性。

紫红色的胶体金溶液

1、胶体性质:

胶体金大小多在 1—100nm,微小金颗粒稳定地、均匀地、呈单一分散状态悬浮在液体中,成为胶体金溶液。胶体金具有胶体的多种特性,特别是对电解质的敏感性。电解质能破坏胶体金颗粒的外周水化层,从而打破胶体的稳定状态,使分散的单一金颗粒凝聚成大颗粒,而从液体中沉淀下来。某些蛋白质等大分子物质有保护胶体金、加强其稳定性作用。

2、呈色性：

微小颗粒胶体金呈红色，但不同大小的胶体金呈色有一定的差别。最小的胶体金(2～5nm)是橙黄色的，中等大小的胶体金(10—20nm)是酒红色的，较大颗粒的胶体金(30～80nm)则是紫红色的。根据这一特点，用肉眼观察胶体金的颜色可粗略估计金颗粒的大小。

3、光吸收性：

胶体金在可见光范围内有一单一光吸收峰，这个光吸收峰的波长(λmax)在510～550nm范围内，随胶体金颗粒大小而变化，大颗粒胶体金的 λmax 偏向长波长，反之，小颗粒胶体金的 λmax 偏向于短波长。

胶体金粒径	1%柠檬酸三纳	胶体金特性	
（nm）	加入量(ml)	呈色	λmax
16	2.00	橙色	518nm
24.5	1.50	橙色	522nm
41	1.00	红色	525nm
71.5	0.70	紫色	535nm

由于胶体金的颜色、吸附能力等方面的特性，近10多年来胶体金标记已经发展为一项重要的免疫标记技术。

胶体金标记技术是以胶体金作为示踪标志物或显色剂，应用于抗原抗体反应的一种新型免疫标记技术。由于它不存在内源酶干扰及放射性同位素污染等问题，且利用不同颗粒大小的胶体金还可以作双重甚至多重标记，使定位更加精确。因此已成为继荧光素、酶、同位素及乳胶标记技术之后的一种

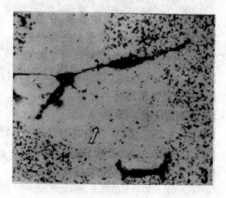

DCS 细胞在胶体金颗粒上的运动轨迹

新型标记技术。现已广泛应用于电镜、流式细胞仪、免疫印迹、蛋白染色、体外诊断试剂的制造等领域。

　　用胶体金作为特殊标记物的研究始于 60 年代初，1962 年 Feldberr 等报道了用胶体金标记细胞进行电子显微镜的研究。1971 年，Taylor 又将胶体金引入电镜免疫标记技术中。近年来的研究表明，胶体金也可作为体外免疫加层试验的指示物。由于胶体金作为标记物具有很多优点，因此自其问世以来，在国内外的许多研究领域中得到了迅速的发展。

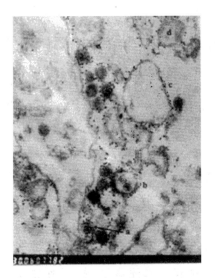

SPA 胶体金标记 HSV－1 抗原免疫电镜

　　近年来，它更多的被应用于免疫学和细胞学相关分子水平的检测中。尤其随着人们物质生活的改善，有关人类健康的问题在现实生活已显得非常突出。从 90 年代至今的多篇报道都是关于动物体或人体相关抗体和病原体检测的。

　　既然胶体金具有如此有趣的性质，那么在现实生活中有哪些应用呢？

　　1、胶体金在电镜水平的应用

　　胶体金应用电镜水平的研究最早，发展最快，应用最广泛。其最大优点是可以通过应用不同大小的颗粒或结合酶标进行双重或多重标记。直径为 3 ～ 15nm 胶体金均可用作电镜水平的标记物。3 ～ 15nm 的胶体金多用于单一抗原颗粒的检测，而直径 15nm 多用于检测量较多的感染细胞。

　　胶体金用于电镜水平的研究，主要包括：细胞悬液或单层培养中细胞表面抗原的观察。单层培养中细胞内抗原的检测。组织抗原的检测。

　　2、胶体金在光镜水平的应用

　　胶体金同样可用做光镜水平的标记物，取代传统的荧光素、酶等。各种细胞涂片、切片均可应用。主要用于:用单克隆抗体或抗血清检测细胞悬液或培养的单层细胞的膜表面抗原。检测培养的单层细胞胞内抗原,组织中或亚薄切片中抗原的检测。

3、凝集试验

单分散的免疫金溶胶呈清澈透明的溶液,其颜色随溶胶颗粒大小而变化,当与相应抗原或抗体发生专一性反应后出现凝聚,溶胶颗粒极度增大,光散射随之发生变化,颗粒也会沉降,溶液的颜色变淡甚至变成无色,这一原理可定性或定量地应用于免疫反应。

此外,胶体金在流式细胞仪,免疫印痕技术,免疫层析快速诊断技术中也有很广泛的应用。

胶体金的制备方法

金颗粒在溶液中金颗粒呈圆形,边缘平整,界线十分清楚。其表面带有大量负电荷,由于静电的排斥力,使其在水中保持稳定状态,形成稳定的胶体,所以称其为胶体金。胶体金的制作方法有白磷还原法,抗坏血酸还原法,柠檬酸三钠还原法和鞣酸-柠檬酸三钠还原法。通过改变反应体系中氯金酸与还原剂的比例(即增加或减少 还原剂的量)可得到所需不同直径的金颗粒。

但前两种方法制备得到的金颗粒直径大小不均一,所以目前常用后两种方法,以柠檬酸三钠还原法为例,有两种方法。

★Frens 标准方法:

1)取 0.01% HAuCl4 溶液 50mL,加热煮沸,随即快速加入 1% 柠檬酸三钠溶液 0.5mL;

2)约过25s沸腾的溶液变为淡蓝色,大约再过70秒,蓝色突然转变为亮红色;

3)继续煮沸约5分钟后结束反应;

4)冷却后用0.1M K2CO3 溶液调至所需PH值;

5)此后再延长反应时间或另加入额外的柠檬酸三钠都不影响实验结果。

该法制备得到的金颗粒直径约为41nm,如前所述,要想得到更大或更小的金颗粒,该方法依然可行,唯一不同的是需要改变加入还原剂的量。另外,采用此标准方法所需反应时间最短。

★Slot 标准方法:

1)取 1mL1% HAuCl4 溶液溶于100mL 水中;

2)再加入2mL1% 二水柠檬酸钠溶液;

3)将该混合溶液加热煮沸约 15～30min,直至溶液颜色变为亮红色;

4)冷却后,用0.1M K2CO3 溶液调整PH值,该法制备的金颗粒直径约为15nm。

人类能量的源泉——碳水化合物

≫我有源源不断的能量——认识碳水化合物

碳水化合物亦称糖类化合物,是自然界存在最多、分布最广的一类重要的有机化合物。是多羟基醛或多羟基酮及其缩聚物和某些衍生物的总称,一般由碳、氢与氧三种元素所组成。广布自然界,碳水化合物(carbohydrate)名字的来由是生物化学家在先前发现糖类化合物的分子式都能写成$C_n(H_2O)_m$,故以为是碳和水的化合物,但是后来的发现证明了许多糖类并

物质科学B

碳水化合物

我们的食物应该主要由碳水化合物组成，因为它们是人体内最有效的能量来源。它们存在于面包、麦片、面条、马铃薯、稻米、玉米、谷物、水果及蔬菜等食物中。主要的碳水化合物是淀粉、糖以及纤维素。纤维素本身不能被消化，但可帮助其他食物的消化。饮食中多余的碳水化合物贮存于肝脏及肌肉中，以供运动或禁食等特别时期的需要。

马铃薯

香蕉

燕麦

全麦面包　干豌豆　面条

食物中含有大量的碳水化合物

不合乎其上述分子式。如鼠李糖（$C_6H_{12}O_5$）。有些符合上述通式的不是糖类，如甲醛（CH_2O）等。

糖类化合物是一切生物体维持生命活动所需能量的主要来源。它不仅是营养物质，而且有些还具有特殊的生理活性。例如：肝脏中的肝素有抗凝血作用；血型中的糖与免疫活性有关。此外，核酸的组成成分中也含有糖类化合物——核糖和脱氧核糖。因此，糖类化合物对医学来说，具有更重要的意义。

在挫折中进步——碳水化合物的研究历史

在19世纪，E·费歇尔已经在碳水化合物的组成和结构方面做了开创性的工作。虽然E·费歇尔的直链结构式可以大体上表示出这些碳水化合物的性质，但是却无法解释为什么碳水化合物在溶解后有阻碍分子重排的现象。显然，碳水化合物的分子除E·费歇尔结构式所表示的形式以外，可以采取其他形式。后来，科学家们逐渐知道了糖分子的骨架结构不是E·费歇尔所想象的那种链式结构，而是环状结构。

尽管E·费歇尔为两个甲基葡萄糖甙指定了环结构，从而正确地解释了这两个化合物的存在；但他却未把这种环结构扩大到葡萄糖本身，因为他感到这种扩大是不适宜的。他并没有认识到这个问题与1846年迪布伦弗特（A. P. Dubrunfaut）发现的变旋现象有关，迪布伦弗特发现新制葡萄

Emil Fischer

糖溶液旋光不稳定,逐渐减小到比旋光达到 + 52.5° 为止。1895 年 C·坦莱特(Charles Tanret)报导了两个葡萄糖异构体的制备,一个比旋光为 + 113°,另一个比旋光为 +19°。将这两个异构体溶于水后,它们的比旋光改变到 +52.5°。

1903 年,爱德华·F·阿姆斯特朗(1878—1945)证实 α - 葡萄糖甙用苦杏仁酶水解得高旋光构型的葡萄糖(α),而用麦芽酶来乳化 β - 葡萄糖甙得到低旋

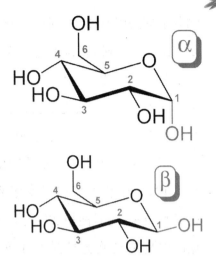

α 高旋光葡萄糖和 β 低旋光葡萄糖

光构型的葡萄糖(β),这样就揭示了 E·费歇尔的甲基葡萄糖甙存在两种构型的葡萄糖。在以后的 30 年里,由于对含氧环性质的特别注意,人们进行了有关糖分子结构的研究。

今天,我们知道的碳水化合物分子的环状结构,就是根据 W·霍沃思(Haworth,Sir Walter Norman,1883—1950)的研究结果而来的。

霍沃思为英国生物化学家,1920 年到达勒姆大学任有机化学教授,几

Walter Haworth

年以后任化学系主任。1925 年被伯明翰大学化学系聘为教授和系主任。1937 年,因"在碳水化合物和维生素方面的研究成果"和瑞士 P·卡勒(P. Karrer,1899—1971)共享诺贝尔化学奖。

他的这项研究工作开始于苏格兰的圣·安得鲁斯大学。这个大学的化学教授 T·珀迪(T. Purdie)和他的接班人 J·欧文(J. Irvine)发现了一个很好的研究碳水化合物的方法,他们

物质科学 B

制备了糖的甲基醚,并对碳水化合物的化学作出了重要贡献。这时,珀迪是霍沃斯的老师,霍沃斯把这个方法大大加以改进,将这些醚非常有效地用于测定环发生闭合的位置。1926 年左右,霍沃斯和赫斯特(Hirst)显然了解到甲基葡萄糖甙普遍以吡喃环的构型存在。后来霍沃思提出呋喃环结构也是可能的,尽管葡萄糖的平衡主要在吡喃一边。

霍沃斯的成果成了所谓碳水物化学上的文艺复兴或第二个黄金时代。到了 1928 年,他们提出了麦芽糖、纤维二糖、乳糖、蜜二糖、棉籽糖的化学组成和结构,还对淀粉、纤维素、木聚糖、菊糖等多糖的基本化学结构,以及糖的内酯及其旋光性进行了研究,为糖类化学的基础研究做出了重要贡献。

糖类是靠植物从水及大气中的二氧化碳合成的。因为合成反应是由具有光能的量于所激发,故此过程称为光合作用。这是一个吸收能量的过程,因此糖类是高能化合物。这些化合物是植物和动物的新陈代谢过程的重要能量来源。葡萄糖和其他某种单糖是细胞的快速能量来源。多糖(例如淀粉)中贮存了大量的能量。仅在多糖分解为单糖以后,其中贮存的能量才能被活细胞所利用。

某些复杂的糖类也被细胞用于结构之目的。例如木材的结构性质即部分来自纤维素。

已知单糖大约 70 种,其中 20 种是天然存在的。由于这些单糖具有许多能与水形成氢键的羟基,所以和很多有机化合物不同,它们极易溶于水中。

最普通的单糖是 D - 葡萄糖,它存在于水果、血液和活细胞中。D - 葡萄糖溶液是含有处于互相转化的动态平衡的(a)、(b)、(c)三种结构形式的混合物。以两种环状形式为主,只存在非常有限的直链式分子。

最重要寡糖是二糖:蔗糖、麦芽糖(来自淀粉)、乳糖(来自乳汁)。二糖是重要的食物。蔗糖以很高的纯度大规模生产。蔗糖最初产于印度、波斯。世界上蔗糖的生产约 40% 来自甜菜,60% 来自甘蔗。蔗糖能提供很高的热值（1794卡/磅）。

多糖的分子量已知可以超过 1,000,000。淀粉是多糖的一种。淀粉分子包含有许多连在一起葡萄糖单位。淀粉以覆盖有蛋白质的颗粒形式存在于植物中。这些颗粒受热时被破坏,其中所含的部分淀粉可溶于热水,可溶的是直链淀粉,剩余的是支链淀粉。

D－葡萄糖分子的结构式

在结构上,直链淀粉是由 α－D－葡萄糖单位组成的直链聚合物。对于直链淀粉分子量的研究表明,一个链平均含有大约 200 个葡萄糖单位。支链淀粉是由 α－D－葡萄糖单位的分支链构成的。它的分子量通常大约相当于 1000 个葡萄糖单位。支链淀粉部分水解产生称为糊精的混合物。当然,完全水解产生葡萄糖。像淀粉在植物中一样,糖原是动物的能量贮存库。糖原与支链淀粉有基本相同的结构（葡萄糖单位的分支链）,但糖原的分支更多。

富含蔗糖的甘蔗

纤维素是自然界中最丰富的多糖。与直链淀粉一样,它由 D－葡萄糖单位组成。纤维素结构与直链淀粉结构间的差别在于 D－葡萄糖单位之间连接方式不同。在纤维素中,所有的葡萄糖单位都是 β 环形式的,与此相反,在直链淀粉中为 α 环。大约 2800 个 β-D-葡萄糖单位通过 β 键合连接在一起,形成一纤维素分子。棉花(约 98% 是纤维素)的性质可以通过它的亚微观结构来解释。一小组纤维素分子(每个分子有 2000 至 9000 个 D-葡萄糖单位)由氢键几乎平行地联系在一起时,就形成了微纤

淀粉糖分子的结构

纤维素分子的霍沃斯结构式

维。微纤维是能看到的最小微观单位。宏观的纤维就是许多微观纤维的集合。棉花的吸水性质很容易用小的水分子由氢键固定在纤维束间的毛细管中来解释。淀粉与纤维素的不同结构是它们的可消化性有差别的原因。人及食肉动物不像许多微生物那样具有分解纤维素结构所必需的酶。

➤➤ 看我"七十二变"——碳水化合物转化为能源物质

临阵救急的"秸秆变油"技术

1923 年,德国从事煤炭研究的费希尔和托普希发明了一种技术,可以将煤炭、天然气等转化为液体燃料。由于液体燃料使用更为方便,这种后来被称为"费——托反应"的技术 80 多年来一直受到业界的重视。

更为重要的是,对于那些煤炭丰富但缺少石油的国家(比如中国、美国)而言,"费-托反应技术"对保证国家的能源安全有举足轻重的作用。

但这种技术有一个致命的弱点:成本过高。因此,除非迫不得已,否则人们很少会采用。"费——托反应技术"第一次被大规模采用是在二战期

费希尔(左)和托普希

间。当时，被封锁的纳粹德国有 90% 的柴油和航空燃油供应归功于这一技术。在种族隔离时期，南非由于受到制裁，开始发展"费——托反应技术"，并最终使国内 30% 的燃料来自煤炭的液化。

除了成本过高之外，"费－托反应技术"在将煤炭转化为液体燃料的过程中，会产生大量的二氧化碳。这也使得该技术的推广面临环保的压力。解决的办法之一，就是用生物原料替代化石燃料。

"费－托反应"也可以将秸秆、木屑等生物原料转化为液体燃料。在德国，一家高科技公司采用这种技术，每年已可以生产 1.5 万吨名为"阳光柴油"的生物燃料。但目前这一工艺仍远远落后于以煤炭、天然气为原料的同类技术，并且成本更昂贵。

荷兰能源研究中心的兹瓦特说："石油价格只有涨到每桶 70 美元以上，才有可能使利用'费－托反应'生产生物燃料的企业赢利。"现在，以"费——托反应"为核心技术的能源计划多为企业的示范项目，并得到了国家的资金补贴。比如，在德国用"费——托反应"生产出的生物燃料将被免除针对其他燃料所征收的重税。

戴姆勒·克莱斯特公司北京的分部

物质科学 B

未来之"星"：纤维素乙醇

美国是另一个主要的燃料乙醇生产国，但与巴西不同，它用的不是甘蔗而是玉米。尽管有不少反对的声音，但美国燃料乙醇的日产量仍从1980年的100万升增加到现在的4000万升。目前，美国已投入生产的乙醇生产厂有97家，另外还有35家正在建设当中。这些工厂几乎都集中在玉米种植带。

玉米中用于生产乙醇的主要成分是淀粉，通过发酵它可以很容易地分解为乙醇。这正是用玉米生产乙醇的优势，但这也是人们反对的原因，因为淀粉是一种重要的粮食。今年美国计划投入4200万吨玉米用于乙醇生产，按照全球平均食品消费水平，同等数量的玉米可以满足1.35亿人口一年的食品消耗。

玉米中富含的淀粉可用于生产乙醇

事实上，在整个生物燃料领域，当前最吸引投资者的并不是用蔗糖、玉米生产乙醇，或是从油菜籽中提炼生物柴油，而是用纤维素制造乙醇。

所有植物的木质部分——通俗地说，就是"骨架"——都是由纤维素构成的，它们不像淀粉那样容易被分解（如果容易被分解，木材就没法保存那么久），但大部分植物"捕获"的太阳能大多储存在纤维素中。如果能把自然界丰富且不能食用的"废物"纤维素转化为乙醇，那么将为世界生物燃料业的发展找到一条可行的道路。

由于技术上的限制，目前还没有一家纤维素乙醇制造厂的产量达到商业规模，但很多大的能源公司都在竞相改进将纤维素转化为乙醇的技术。

物质科学 B

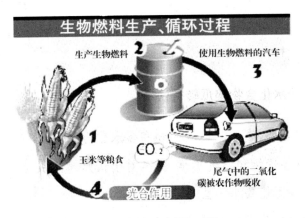

生物燃料生产循环过程

最大的技术障碍是预处理环节（将纤维素转化为通过发酵能够分解的成分）的费用过于昂贵。美国加利福尼亚大学的怀曼说："惟一比预处理环节更昂贵的就是不要预处理。"要想用纤维素生产乙醇，预处理环节无法回避。

技术上的不确定性，迫使制造乙醇的大部分投资仍集中在传统的工艺——通过玉米、蔗糖生产乙醇，但这些办法无法从根本上解决当前各国面临的能源危机。为了保证能源安全，美国总统布什说，他的政府计划在6年内把纤维素乙醇发展成一种有竞争力的生物燃料。

因为发展能源不可能走牺牲粮食的道路。尽管现在技术上还存在障碍，但大部分人仍相信，利用纤维素生产燃料乙醇代表了未来生物燃料发展的方向。美国能源部投入2.5亿美元成立了两个生物能源研究中心，负责研究纤维素乙醇。

欧盟在其第七个研究与发展框架计划中为纤维素乙醇研究专门预留出1亿欧元的经费。BP公司也宣布将在未来10年内用5亿美元资助生物能源研究。

在最终的技术线路确定之前，发达国家和世界能源巨头没有把赌注压在某一种技术上，而是更注重基础研究的投资。这值得中国政府和企业学习借鉴，因为任何国家都不可能单靠技术引进发展本国的生物燃料产业。

碳水化合物的应用是广泛的，但很多领域中对于碳水化合物的应用还存在着技术上的难关，等着我们去克服，等着我们去攻破……

 小知识

多吃碳水化合物脑瓜转得快

一项研究显示,低碳水化合物、高脂肪的食谱和高碳水化合物、低脂肪的食谱均有助于减轻体重、改善情绪和增进思维,但是对于认知速度来说,低碳水化合物食谱带来的改善可能要小一些。

澳大利亚联邦科学与工业研究组织的人类营养研究专家格兰特·布林克沃思博士带领同事进行了一项研究,并把结果发表在《美国临床营养学杂志》上。

研究人员选择了一批年龄在 24 到 64 岁之间的人来做实验。这些人身材都属于超重或肥胖,但是身体其他方面并没有问题。在 8 个星期内,研究人员让他们按热量和营养结构类似的一或两种食谱进食。研究选用的低碳水化合物食谱中,共计包括 35% 的蛋白质、61% 的脂肪(其中包括 20% 的饱和脂肪)和 4% 的碳水化合物。而高碳水化合物食谱共计包括 24% 的蛋白质,30% 的脂肪(饱和脂肪含量低于 8%)以及 46% 的碳水化合物。

结果发现,在实验期间,按高碳水化合物食谱和低碳水化合物食谱进食的两组人的情绪并没有区别。但是,这两组人在智力和推理速度的测试中表现出了些许差异,按高碳水化合物食谱进食的那组人表现得更好一些。

此外,布林克沃思还提到,无论是食谱中碳水化合物含量是高还是低,似乎都能加速认知过程。有趣的是,与饮食中碳水化合物含量高的人相比,食谱中碳水化合物含量较低的人的改善程度比较小。因此,在改善认知功能方面,低碳水化合物食谱可能比高碳水化合物食谱带来的好处要少。

互动一刻

当碳水化合物遇上浓硫酸

众所周知，浓硫酸这个"凶神"具有强烈的脱水性，那么，当碳水化合物遇上浓硫酸时，会发生什么样的反应呢？以蔗糖为例，让我们通过实验来看一看两者相遇的结果。

实验装置及药品：烧杯、玻璃棒、浓硫酸、蔗糖（固体）。

实验步骤：在蔗糖固体中滴入浓硫酸，蔗糖颜色逐渐变为棕色，最后变为黑色。

实验现象演示：

向盛有蔗糖固体的烧杯中加入浓硫酸

用玻璃棒缓慢搅动

当溶液变黑时停止搅动

有黑色海绵状固体生成

物质科学 B

思考：为什么溶液先变成棕色，后来才变成黑色？先发生了什么反应？你能写出反应的方程式吗？另外，"脱水"和"吸水"这两个词在化学上有什么区别？

生命之源——水

➤➤多变又奇特的我——水的性质概述

水（H_2O）是由氢（Hydrogen）、氧（Oxygen）两种元素组成的无机物，在常温常压下为无色无味的透明液体。在自然界，纯水是非常罕见的，水通常多是酸、碱、盐等物质的溶液，习惯上仍然把这种水溶液称为水。纯水可以用铂或石英器皿经过几次蒸馏取得，当然，这也是相对意义上纯水，不可能绝对没有杂质。水是一种可以在液态、气态和固态之间转化的物质。固态的水称为冰；气态叫水蒸气。水汽温度高于374.2℃时，气态水便不能通过加压转化为液态水。

透明的液体——水

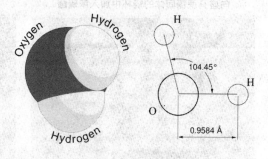

水分子的结构

由上图可以直观地看出水分子的结构：水分子是V形分子、极性分子。

在20℃时，水的热导率为0.006J/s·cm·K，冰的热导率为0.023J/s·cm·K，在雪的密度为0.1×10³kg/m³时，雪的热导率为0.00029J/s·cm·K。水的密度在3.98℃时最大，为1×10³kg/m³，温度高于3.98℃时，水的密度随温度升高而减小，在0~3.98℃时，水不服从热胀冷缩的规律，其密度随温度的升高而增加。在0℃时，水密度为0.99987×10³kg/m³，冰在0℃时，密度为0.9167×10³kg/m³。因为密度上的差异，所以冰可以浮在水面上。

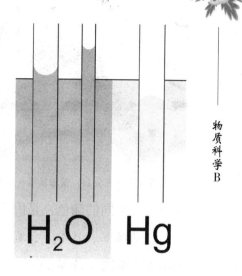

水和汞的毛细现象对比

水的热稳定性很强，水蒸气加热到2000K以上，也只有极少量离解为氢和氧，但蒸馏水在通直流电的条件下会离解为氢气和氧气。具有很大的内聚力和表面张力，除汞以外，水的表面张力最大，并能产生较明显的毛细现象和吸附现象，其中水和汞的毛细现象恰恰相反。纯水没有导电能力，普通的水含有少量电解质而有导电能力。

水本身也是良好的溶剂，大部分无机化合物可溶于水。

在-213.16℃，水分子会表现出现厌水性。

≫水的美丽"变身"——雪

大家喜欢雪的原因之一就在于它给每件东西都披上一件素净、"纯洁"的白色外衣。我们甚至用这些词汇来谈论雪——气象员说，我们将会得到"一些白色的东西"，而每年的十二月你都可能会一遍又一遍地听到"白色圣诞"这首歌。如果雪不是白色的话，就不会叫做雪了。但你仔细想一想，雪不过是一串粘结在一起的冰晶，为什么就完全是白色的

梅须逊雪三分白，雪却输梅一段香

呢？这看起来很奇怪。它这种与众不同的颜色又是从何而来呢？

为了了解白色从何而来，我们需要首先看看为什么不同的物体会有不同的颜色。可见光由许多不同频率的光组成。我们的眼睛会将不同频率的光识别为不同的颜色。不同的物体之所以会有不同的颜色，是因为构成物体的特定粒子（原子和分子）有不同的振动频率。基本上，粒子内的电子吸收能量后会产生一定的振幅，振幅大小取决于能量的频率。对于光能来说，分子和原子会按照光的频率吸收一定量的光能，然后把吸收的光能以热的形式释放出去。这就意味着物体只会大量吸收某些特定频率的光。

没有被吸收的那些光频率可能经历两个不同的过程。在有些物质中，当粒子重新释放出光子时，光子会继续通过下一个粒子。在这种情况下，光会通过物质内的各个地方，所以这些物体就是透明的。对于大多数的固体物质，粒子会把大部分未被吸收的光子重新释放到物质外部，所以没有光、或者只有极少量的光会透过物体，因此这些物体就是不透明的。不透明物体的颜色是由那些未被物质粒子吸收的光能组合在一起所呈现出来的颜色。

雪就是结冻的水。而我们都知道结冻的水是透明的，那雪为什么会呈现出一种与众不同的颜色呢？为了了解这一点，我们需要看看单块的冰。

晶莹剔透的雪花

冰并不是透明的；它实际上是半透明的。

　　这意味着可见光子并不是经由一个直接通路来穿过物质的——物质的构成粒子改变了光的方向。之所以会发生这种现象是因为在冰的分子结构中，某些原子之间的距离与光的最大波长接近，这意味着可见光子将与物质结构发生相互作用。其结果就是可见光子的路径发生改变，它从与进入冰时不同的方向离开了冰。

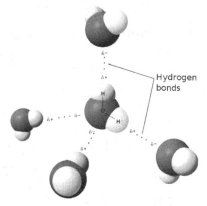

Hydrogen bonds

水分子之间形成的氢键

　　雪是单个冰晶排列在一起的冰晶束。当可见光子进入雪层时，它会先通过顶部的一块冰晶，该冰晶会稍微改变它的方向，并把它传送到另外一块冰晶上，而这块冰晶也会对光线产生同样的影响。基本上，所有的冰晶都会向四面八方反射光，所以最终光子会被反射出雪堆。雪中的冰晶会对各种不同频率的光都产生同样的影响，因此所有颜色的光都会被反射出来。可见光谱内所有频率组合在一起所呈现的"颜色"就是白色，所以这就是我们看到的雪的颜色，但它并不是我们看到的组成雪的单个冰晶的颜色。

　　那为什么雪花为什么多呈六角形，花样又如此繁多呢?

　　当水分子自我排列成固态的雪或冰时，雪花即反映了水分子的内在秩序。当水分子开始凝结时，彼此间形成微弱的氢键。雪花的形成（及所有物质由液态转变成固

雪花的多种形状

态的过程）叫做结晶作用。分子们彼此依最低能量状态排列，这使得它们之间的吸引力最大而斥力最小。地球上的水冰中，每个分子都以氢键与另外四个分子相连，形成晶格结构。

于是，水分子会移动到已被指定好的空间。最基本的形状是六方柱，顶端与底端都是六角形，六个侧边则是三角形。这个排列过程很像贴地砖：一旦样式选定、并放好了第一片地砖，其他所有的地砖都一定得放到已被决定的位置，才能维持样式。水分子依照低能量的位置自我安顿，便会填入空位并维持对衬；雪花的"手臂"就是以这种方式形成的。

雪花有很多种样子。这些差异产生的原因在于雪花在大气中生成，而大气状况复杂多变。一片雪花结晶可能以某种方式生成，然后因应温度与湿度的改变而有相对的变化。基本的六角形对称仍旧保留，不过冰晶会往新的方向分枝。这就是为什么雪花会有如此多形状的原因。

≫水与甲烷的奇妙结合体——可燃冰

谈到能源，人们立即想到的是能燃烧的煤、石油或天然气，而很少想到晶莹剔透的"冰"。然而，自20世纪60年代以来，人们陆续在冻土带和海洋深处发现了一种可以燃烧的"冰"。这种"可燃冰"在地质上称之为天然气水合物（Natural Gas Hydrate，简称 Gas Hydrate），又称"笼形包合物"（Clathrate），分子结构式为：$CH_4 \cdot H_2O$。

天然气水合物是一种白色固体物质，外形像冰，有极强的燃烧力，可作为上等能源。它主要由水分子和烃类气体分

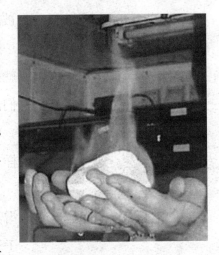

燃烧着的可燃冰

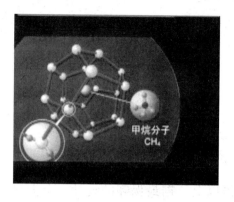

可燃冰分子的结构

子（主要是甲烷）组成，所以也称它为甲烷水合物。天然气水合物是在一定条件（合适的温度、压力、气体饱和度、水的盐度、PH 值等）下，由气体或挥发性液体与水相互作用过程中形成的白色固态结晶物质。一旦温度升高或压力降低，甲烷气则会逸出，固体水合物便趋于崩解。（1 立方米的可燃冰可在常温常压下释放 164 立方米的天然气及 0．8 立方米的淡水）所以固体状的天然气水合物往往分布于水深大于 300 米以上的海底沉积物或寒冷的永久冻土中。海底天然气水合物依赖巨厚水层的压力来维持其固体状态，其分布可以从海底到海底之下 1000 米的范围以内，再往深处则由于地温升高其固体状态遭到破坏而难以存在。

可燃冰

　　可燃冰是甲烷水合物，是天然气和水在一定温度、压力条件下相互作用形成的貌似冰状可燃烧的固体，是近 20 年来在海洋和冻土带发现的新型洁净能源。

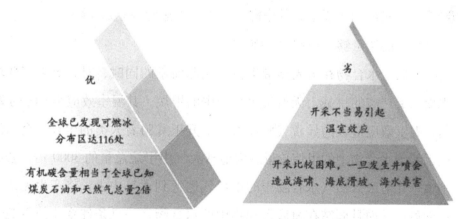

可燃冰的优劣

从物理性质来看，天然气水合物的密度接近并稍低于冰的密度，剪切系数、电解常数和热传导率均低于冰。天然气水合物的声波传播速度明显高于含气沉积物和饱和水沉积物，中子孔隙度低于饱和水沉积物，这些差别是物探方法识别天然气水合物的理论基础。此外，天然气水合物的毛细管孔隙压力较高。

世界上绝大部分的天然气水合物分布在海洋里，据估算，海洋里天然气水合物的资源量是陆地上的 100 倍以上。据最保守的统计，全世界海底天然气水合物中贮存的甲烷总量约为 1.8 亿亿立方米（1.8×10^{16} m^3），约合 1.1 万亿吨（$1.1 \times 10^{13}t$），如此数量巨大的能源是人类未来动力的希望，是 21 世纪具有良好前景的后续能源。

可燃冰被西方学者称为"21世纪能源"或"未来新能源"。迄今为止，在世界各地的海洋及大陆地层中，已探明的"可燃冰"储量已相当于全球传统化石能源（煤、石油、天然气、油页岩等）储量的两倍以上，其中海

用于开采可燃冰的船只

底可燃冰的储量够人类使用 1000 年。

天然气水合物在给人类带来新的能源前景的同时，对人类生存环境也提出了严峻的挑战。天然气水合物中的甲烷，其温室效应为 CO_2 的 20 倍，温室效应造成的异常气候和海面上升正威胁着人类的生存。全球海底天然气水合物中的甲烷总量约为地球大气中甲烷总量的 3000 倍，若有不慎，让海底天然气水合物中的甲烷气逃逸到大气中去，将产生无法想象的后果。而且固结在海底沉积物中的水合物，一旦条件变化使甲烷气从水合物中释出，还会改变沉积物的物理性质，极大地降低海底沉积物

的工程力学特性，使海底软化，出现大规模的海底滑坡，毁坏海底工程设施，如：海底输电或通讯电缆和海洋石油钻井平台等。

≫ 自然界中水的活动——水循环

水循环指水在一个既没有起点亦没有终点的循环中不断移动或改变存在的模式。当水在地球中移动时，将会在气态、固态和液态，三个状态中不断转变。水由一个地方移动至另一个地方所需的时间可以秒作单位，亦可以是

自然界中水循环

数以千年计。而地球中的总水量约为 $1.37 \times 10^6 km^3$，其中以包含海洋的含水量。而尽管水在水循环中不断改变，但地球的含水量基本不变。

水会透过各种物理变化或生物物理变化而达成移动。而蒸馏和降水在整个水循环中担当一个非常重要的角色，这两个过程于每年令 505,000km³ 的水产生移动。它们亦令地球中大部份水产生移动。河流所带动的水流只属于中等，而由冰直接升华至水蒸汽更是非常少。以下列出一些涉及水循环的过程：

降水：一些空中凝结的水从空中坠下至地面或海面，而下雨则成为最常见的降水现象。当然落雪、落冰雹、雾、雪丸和雪雨也是降水的现象之一。而每年大约有 505,000km³ 透过降水，这个现象返回陆地或海洋。当中有 398,000km³ 会返回海洋当中。

植物截留：当降水时，未必全部的水份会落到地面或海洋。有一部

物质科学B

份的水会被树林、树木的叶所栏截，通常这些水会再被蒸发至大气层中，而只有少数被栏截的水会由树木降会地面。

融雪：当雪融时，则会产生一些迳流。

迳流：这是指水由一处移动至另一处，这包括地面迳流和地底的迳流。当发生迳流，水会渗入到地底、蒸发入空气、储存于湖泊或水库，或被人提取作农业用途或作其他用途。

渗透：水由地面流入地底。当水渗入泥土后，会令泥土变得湿润或变成地下水。

水的循环之——云

地下水流：水于地下蓄水层或地下水位线以上的空间流动。当被泵、于泉源或最终流回海洋，水是会返回地面。水会在较渗入地面地方海拔低的地方返回地面。而因为地心吸力或由地心吸力所产生的压力关系，地下水会以非常缓慢的速度流动或是补充，所以地下水会存于地下蓄水层一段非常长的时间。

蒸发：指当水由地面或大量的水中转变成气态即水蒸汽返会大气层，而此过程中需要的能量主要是来自太阳。蒸发往往涉及植物的蒸腾作用，但整体上仍然会把它们计算为蒸散量。在大气层中，大约百份之九十的水份是来自蒸发，而另外的百份之十是来自植物的蒸腾作用。年总蒸发量大约是 505，000 km^3，其中 434，000 km^3 是蒸发自海洋的。

升华：指固态水即冰或雪直接转变成气态即水蒸汽。

移流：指固态、液态或气态的水在大气层中移动。没有移流，水只会在海洋中被蒸发却没有任何水降至陆地。

凝结：指水蒸汽在空气中转变成液态的水，从而产生云和雾。

水的用途是广泛的，其有趣的性质可以应用到人类生活中的各个领域，谁也不能说发现了水的所有应用，还有许多未知的应用领域等着我们去发现，去利用。

水的妙用

祛除头痛:早晨起床,头痛作怪,如果此时以一杯咖啡或奶茶等含咖啡因食品灌进肚子,肯定令头痛加剧。早上会头痛,大多是因为身体经过一晚没有吸收水分,加上大量出汗导致少许脱水。夏天晚上很多人会开冷气睡觉,强烈的冷气会抽干人体的水分,也会令人早上脱水,引发头痛。因此起床后如果要马上精神焕发,头痛消失,一杯水绝对不可缺少。

与癌抗争：有研究发现，一个每天喝 4 杯水或以上的人，比每天喝 2 杯水或以下的人，患上结肠癌的机会会少近一半。如果每天能喝 8 杯水或以上，则有更佳成效。水能抗癌的原因，是因为水能加速肠道的蠕动，令肠道内的废物不能停留，减少致癌物质在肠道停留的机会。同样道理，大量的水也能减少泌尿系统的癌症产生，如膀胱癌、肾癌、前列腺癌等。另外，多饮水也有预防乳腺癌的功用。

战胜疲倦：有些人经常会感到疲倦，尤其在夏季，很多时候会软弱无力，或有昏昏欲睡的感觉。有的人以为是精神紧张或血糖低的缘故，其实真正的原因可能是脱水。原来我们的身体对"渴"的敏感度，比"饿"来得更低。当身体水分逐渐减少时，身体不会立即告诉我们需要饮水，但如果情况继续又没及时补充水分，身体会愈来愈疲倦、虚弱，令我们经常无缘无故莫明其妙地感到身体不适，而多饮水则可解决这些问题，让身体保持充沛的精力。

水的电解

我们都知道，水是由氢和氧这两种元素组成的，那么，如何验证呢？一般情况下，我们采用的是电解水的方法。

实验装置：由三或四个电池连接成电池组、火柴、大烧杯或水槽、小烧杯、玻璃棒、氢氧化钠、试管（l5×120mm）二只、广用夹、绝缘夹、注射针头二根、刻度尺、电线、绝缘胶带或树脂、橡胶手套。

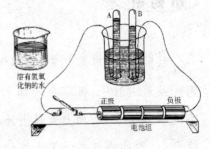

实验步骤：

把注射针头分别和电线连接，在缠接处以绝缘胶带包住，不要使任何铜线露出，当作电极。把电极、电池和开关连成一个电路，用开关控制电流的通过。大烧杯中装水约2/3满，加入氢氧化钠数粒，用玻璃棒搅拌使溶解，并将溶液倒入小烧杯约3/4满。用夹子把两个针头插入大烧杯的溶液中。把开关接通电流，看看针头上有没有气泡发生，把两针移远一点，再靠近一点，看看有没有什么不同？拿出针头，将小烧杯中的氢氧化钠溶液装满在粗细相同的两只试管中，以手（戴手套）接住试管口，倒插入大烧杯中，并固定在广用夹上。把针头放入大烧杯里，并分别插到两只试管内。接通电流，观察试管里的液面有什么变化？等到试管内液面下降很多以后，切断电流。分别用尺测量两只试管内液面下降的高度，求出两气体的体积比例。用指头（戴手套）压住试管口，将试管抽出水面，分别检查两试管内的气体。将留有余烬的火柴迅速插入倒置的试管A管口内，观察气体能不能帮助燃烧？将点燃的火柴慢慢移近试管 B 管口后，放开指头，观察气体能不能燃烧？将剩余的氢氧化钠溶液，倒在回收瓶中，集中回收。

思考：为什么要在水中加入氢氧化钠呢？若是为增强导电性，能用其他物质替代么？

争奇斗妍——个性鲜明的六种有趣物质

≫水是我的仇敌——神奇的魔法之沙

魔法之沙——又称"火星沙"或"太空沙"，是一种特殊的疏水沙，所谓疏水，是指这种沙完全不溶于水。魔法之沙有不同的颜色，大多为蓝色、绿色或红色。魔法之沙最初是用来处理泄露在海岸的石油的。只要把魔法沙洒在海岸边的浮油上，海面上的浮油就会和魔法沙很快的混合起来，凝聚到足够重，然后就会沉落到海底。然而，由于生产的成本关系，魔法沙不仅仅用于处理泄露的石油，它也可被应用到其他领域。北极区域中的一家公共设施公司用魔法沙作为固定接线盒的基部物，获得了成功，这是因为魔法沙永远也不会结冰。

接下来让我们来看看魔法之沙神奇在哪里。

干燥的魔法之沙，可以看到固态的魔法沙呈小颗粒状。

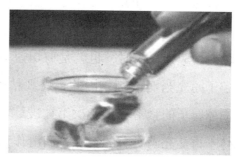

用玻璃棒挤压魔法沙，发现魔法沙依然"拒绝"与水"亲密接触"。

物质科学B

当把魔法之沙倒入盛水小杯中时，可以发现魔法之沙一下凝固了，似乎与水是"绝缘"的，这是多么有趣！

现在，把杯子中的水倒掉，看看会有什么现象发生。

➤➤ Dilatants——膨胀型流

　　这种流体的流动曲线不是直线，与假塑性流体不同的是，其表观粘度会随剪切应力的增加而上升。属于这一类型的流体大多数是固体含量高的悬浮液，处于较高剪切速率下的聚氯乙烯糊塑料的流动行为就很接近这种流体。

本来凝固了的魔法之沙一下子又变成了粉末状，仿佛没有与水接触过一样。

　　为什么膨胀性流体所以有这样的流动行为呢？多数人的解释是：当悬浮液处于静态时，体系中由固体粒子构成的空隙最小，其中流体只能勉强充满这些空间。当施加于这一体系的剪切应力不大时，也就是剪切速率较小时，流体就可以在移动的固体粒子间充当润滑剂，因此，表观粘度不高。但当剪切速率逐渐增高时，固体粒子的紧密堆砌就次第被破坏，整个体系就显得有些膨胀。此时流体不再能充满所有的空隙，润滑作用因而受到限制，表观粘度就随着剪切速率的增长而增大。

　　所以，如果我们处在膨胀型流体上，一定要不停地行走，否则整个人就会陷进流体中去。

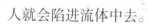 Auxetic Materials——**拉胀材料**

这种材料的奇特之处在于：被拉伸的时候会变粗——多么有趣。大部分物质在拉伸的时候都会变细，为什么这种物质会变粗呢？

其实这种有趣的现象可以从该物质分子的排列结构上来解释。看了下面的图，就可以知道其中的奥秘。

这是材料的原装，未经压缩或拉伸。

现在缓慢地拉伸该材料，和上图对比可以发现，该材料变粗了，中部变化相对比较明显。

看看该材料分子的排布结构，未经压缩或拉伸时，分子结构排布像蝴蝶结一样紧紧挨在一起。

拉伸的时候，"蝴蝶结"变成了规则的正方形。这就是为什么这种材料在拉伸时反而会变粗的原因。

≫ Superfluid——超流体

液态氦在 –271℃ 以下时，它的内摩擦系数变为零，这时液态氦可以流过半径为十的负五次方厘米的小孔或毛细管，这种现象叫做超流现象（Super fluidity），这种液体叫做超流体（Super fluid）。

超流体是超低温下具有奇特性质的理想流体，即流体内部完全没有粘滞。超流体所需温度比超导还低，它们都是超低温现象，许多人想搞室温超导，违背自然规律，也是永动机式的幻想。氦有两种同位素，即由 2 个质子和 2 个中子组成的 ^4He 和由 2 个质子和 1 个中子组成的 ^3He。

液态 ^4He 在冷却到 2K 以下时，开始出现超流体特征，20 世纪 30 年代末，苏联科学家彼得·卡皮察首先观测到液态 ^4He 的超流体特性。他因此获得 1978 年诺贝尔物理学奖。这一现象很快被苏联科学家列夫·郎道用凝聚态理论成功解释。不过，科学家直到 20 世纪 70 年代末才观测到 ^3He 的超流体现象，因为使 ^3He 出现超流体现象的温度只有 ^4He 的千分之一。爱因斯坦预

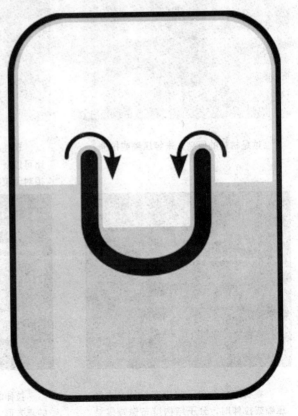

超流体的有趣性质——逆流性

言，原子气体冷却到非常低的温度，所有原子会以最低能态凝聚，物质的这一状态就被称为玻色－爱因斯坦凝聚态。

玻爱凝聚态物质就是超导体和超流体，它实际是半量子态，在半量子态下，费米子象玻色子一样可以在狭小空间内大量凝聚。外地核就是玻爱凝聚态的超流体物质，内地核则由中微子构成，都是高密度、大质量形态。

超流体原理的应用尚在研究之中。不过，这一领域已经曙光初现。2002 年，德科学家实现铷原子气体超流体态与绝缘态可逆转换。世界科技界认为该成果将在量子计算机研究方面带来重大突破。这一成果被中国两院院士评为 2002 年世界十大科技进展之一。

实验发现，液氦能沿极细的毛细管流动而几乎不呈现任何粘滞性，这一现象首先由卡皮查于 1937 年观察到的，称之为超流性，实验还发现，存在一个临界速度 v，在 v 以上，超流流动被破坏。氦由正常流体和超流体两部分组成，其中超流部分没有粘滞性，熵也为零，而正常流体部分的性质与普通的经典流体一样，具有粘滞性和熵，朗道认为超流成分则是在理想背景流体上的一些元激发。

▶▶ Magnetic Fluid——磁流体

磁流体又叫磁性液体，它是借助于表面活性剂的作用，将纳米磁性粒子高度均匀地分散在载液中形成的稳定

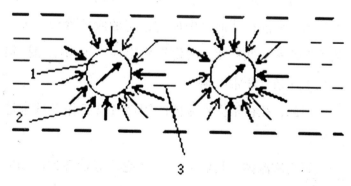

磁流体组成示意图：1. 磁性颗粒，2. 表面活性剂，3. 载液

的胶体溶液，在重力、离心力和磁场力的作用下不凝聚也不沉淀，是近年来出现的一种新型功能材料，既具有磁性材料的磁性又具有液体的流动性。

1965 年美国宇航局的 Papell 发明了磁流体并将其首次应用于宇航服可动部位的真空密封，此后，磁流体日益引起人们的兴趣并得到世界性的关注，目前我国和世界上许多国家都在积极地开展这项研究，有关其基础理论和应用方面的报道也越来越多。磁流体的研究是一门涉及物理、化学、力学、流变学等学科的边缘交叉学科，现已在航空航天、电子、化工、机械、能源、冶金、仪表、环保、医疗等各个领域得到广泛的应用。

磁流体由磁性微粒、表面活性剂和载液三者组成。磁性微粒可以是：Fe_3O_4、$\gamma - Fe_2O_3$、氮化铁、单一或复合铁氧体、纯铁粉、纯钴粉、铁－钴合金粉、稀土永磁粉等，目前常用 Fe_3O_4 粉。

表面活性剂的选用主要是让相应的磁性微粒能稳定地分散在载液中，这对制备磁流体来说至关重要。典型的表面活性剂一端是极性的，另一端是非极性的，它既能适应于一定的载液性质，又能适应于一定磁性颗粒的界面要求。

包覆了合适的表面活性剂的纳米磁性颗粒之间就可相互排斥、分隔并均匀地分散在载液之中成为稳定的胶体溶液。关于载液的选择，应以低蒸发速率、低粘度、高化学稳定性、耐高温和抗辐射为标准，但同时满足上述条件非常困难。

因此，往往根据磁流体的用途及其工作条件来选择具有相应性能的载液。

利用磁流体，我们可以轻易地看清楚各种磁场的分布情况。下面图中的磁流体反映出了几种不同的磁场分布。

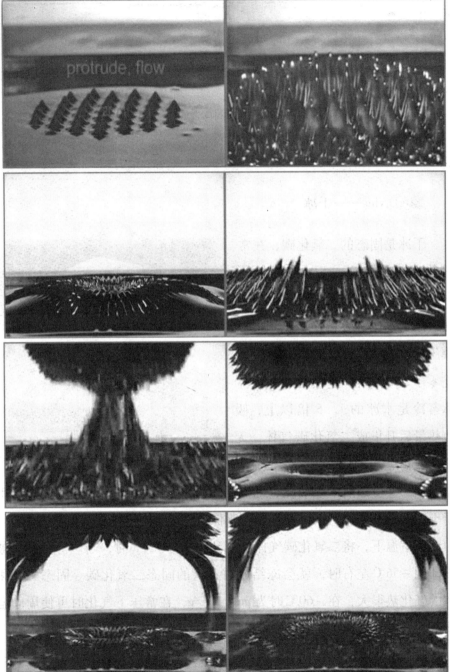

➤ DryIce——干冰

干冰是固态的二氧化碳，在常温和压强为 6079.8Kpa 压力下，把二氧化碳冷凝成无色的液体，再在低压下迅速蒸发，便凝结成一块块压紧的冰雪状固体物质，其温度是零下 78.5℃，这便是干冰。干冰蓄冷是水冰的 1.5 倍以上，吸收热量后升华成二氧化碳气体，无任何残留、无毒性、无异味，有灭

固态二氧化碳——干冰

菌作用。它受热后不经液化，而直接气化。干冰是二氧化碳的固态，由于干冰的温度非常低，因此经常用于保持物体维持冷冻或低温状态。

在室温下，将二氧化碳气体加压到约 101325Pa 时，当一部分蒸气被冷却到 -56℃左右时，就会冻结成雪花伏的固态二氧化碳。固态二氧化碳的气化热很大，在 -60℃时为 364.5J/g，在常压下气化时可使周围温度降到 -78℃左右，并且不会产生液体，所以叫"干冰"。

有关干冰的历史可以追述到 1823 年的英国的两位叫法拉地和笛彼的人，他们首次液化了二氧化碳，其后的 1834 年德国的奇络列成功地制出了固体二氧化碳。但是当时只是限于研究使用，并没有被普遍使用。干冰被成功地工业性大量生产是在 1925 年的美国设立的干冰股份有限公司。当时将制成的成品命名为干冰，现在已经将它视为普通名词，但其正式的名称叫固体二氧化碳。1928 年日本从干冰股份有限公司得到了制造销售权，成立了日本干冰株式会社，也就是现在的昭和碳酸株式会社的前身。

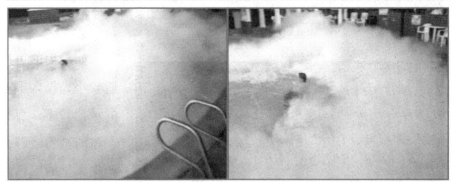

游泳池中投入干冰

上图是把干冰抛入游泳池中产生的幻境般的景象，是不是很有趣？如果我们把干冰的固体颗粒放入水中，会出现什么现象呢？看下面的图。

当然，如果干冰接触到的不是水，而是其他物质，比如说可乐，所产生的现象就更有趣了。左图为把一块干冰投入到可乐中所产生的"可乐喷泉"。

物质科学B

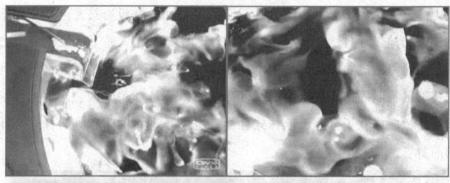

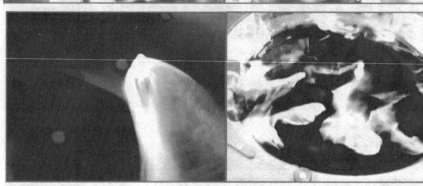

游来游去的干冰颗粒

可乐喷泉

如果用的可乐瓶较小，投入干冰的量比较多，那么干冰的剧烈溶解会产生大量的二氧化碳气体，使得瓶内的压强在较短时间内迅速增大，足以冲开瓶盖，让瓶盖像一颗"炮弹"一样被发射出去。严重时瓶体会发生爆炸。

物质科学B

磁流体的基本特性

①超顺磁性：

磁流体最重要的性质之一就是超顺磁性，其磁化强度随磁场强度的增大而上升，甚至在高磁场情况下也很难趋于饱和，并无磁滞现象，矫顽力和剩磁均为零，无论是引入磁场还是除去磁场，均导致实际互为镜像的感应效果，正是由于磁流体存在着与超顺磁性和饱和磁化强度相联系的液体行为，使得通过外加磁场调控磁流体的流动成为可能。

②磁光效应：

磁流体在外加磁场作用下，呈现出类似于单轴晶体的光学各向异性，当光沿平行于磁场的方向入射时，产生法拉第效应，沿垂直于磁场方向入射时，产生磁致双折射或 Cotton－Mouton 效应，且这两种情况都伴有二向色性。磁光特性的应用表现出良好的前景，如磁场传感器、磁光调制器、光量阀等。

③磁热效应：

当磁场强度改变时，磁流体的温度也会改变，即当磁流体进入较高的磁场强度区域时，磁流体被加热；在离开磁场区域时，磁流体被冷却。磁流体的饱和磁化强度随温度的升高而降低，至居里点时消失，利用这一作用，将磁流体置于适当温度和梯度磁场下，磁流体就会产生压力梯度从而流动。④粘磁特性：

粘性是流体性质的一个重要物理量，它影响流体的流动状态。磁流体的粘性有两部分组成：一部分是普通流体力学意义下的粘性，它与流体的温度和压力有关；另一部分是与外加磁场有关的磁粘性，它是外磁场通过磁化过程以磁粘滞力和麦克斯韦应力形式对磁流体作用的结果，宏观上表现为一种附加粘性。由此可见，对磁流体流动状态的控制可通过外加磁场对其粘性的控制来实现。

⑤流变性：

在磁场作用下，磁流体具有良好的流变学性能。在均匀横向磁场中磁流体运动出现索流结构，在旋转磁场中磁流体会出现涡流等现象。

互动一刻

当干冰邂逅酸碱指示剂

实验装置：

眼罩；量筒（1L）；由聚苯乙烯制成的塑料盒（存储干冰）；铁钳或铁勺（移取干冰）；长玻璃棒；手套（皮革制或绝热）（移取干冰）；干冰（每次实验需要100g）；稀氨水溶液或稀氢氧化钠溶液（0.1mol/L）；各种类型指示剂。

注意：

1、实验中选用的指示剂包括酚酞、百里酚酞、百里酚蓝、酚红和溴百里酚蓝等。

2、存放干冰的塑料盒最好放在玻璃水槽中，切勿将干冰储存于密封容器，以防因干冰升华产生巨大气压而引发爆炸。

3、如果没有1L量筒，可以用1L的大烧杯代替。玻璃的量筒和烧杯便于观察颜色的改变。

实验步骤：

1、由于干冰会引起严重的冻伤，在实验前佩戴好护目镜和手套。

2、每次实验选用一种指示剂，在大量筒中装水至1L刻线处或在大烧杯中加入5cm高的水，并加入适量的指示剂以便很清楚地观察溶液的颜色。

3、在量筒中加入几滴氨水或氢氧化钠溶液形成碱性溶液，搅拌使溶液充分混合，观察颜色。

4、在量筒中加入几块干冰，干冰将会沉入容器底部同时有二氧化碳气泡生成，此时在量筒上方会形成壮观的白色云雾，这是由于空气中的水气被干冰冷却形成小水滴。几分钟后，随着中和反应的进行，溶液的颜色会逐渐发生改变。

添加指示剂	酚酞	百里酚酞	百里酚蓝	酚红	溴百里酚蓝
加干冰前颜色	粉红色	蓝色	蓝色	红色	蓝色
加干冰后颜色	无色	无色	黄色	淡黄色	淡黄色

拓展实验：

干冰作为二氧化碳的固态形式，与碱的反应原理与化学课堂实验相似，但正由于干冰所能表现的特殊物理性质，使其成为化学实验演示活动的极好素材。如果将一小块干冰置于装有50mL的澄清石灰水中，不仅可见干冰特有的"云雾"蒸腾现象，更可发现随着干冰温度升高升华加剧，澄清石灰水开始变浑浊，与干冰白雾一起展现出朦胧的"仙境"；但浑浊也在3分钟左右开始消失，表现了二氧化碳与碳酸钙反应的"溶洞效应"。

探究神奇的生命空间

清晨，太阳还没有升起，我走出房间，平静的心呼吸着新鲜的空气。

河堤边上的柳树静静地站立着，
好像是专门迎接我的到来，
柳条向下垂着，就像消防队灭火水枪斜着喷出的水流。
又像是婀娜多姿的少女。
柳枝上的树叶已迫不及待露出个小尖儿，

新的生命已经开始，嫩嫩的，绿绿的。

我伸出手，把一个柳条捧在手里，柔柔的，就像捧着我满月女儿的手一样。

河堤石缝里，小草已露出了头儿，尖尖的，被人踩了又踩，仍顽强用力地生长着，它们把根札在贫瘠的石缝里，

生物繁衍进化的基石——DNA

DNA（Deoxyribo Nucleic Acid），又称脱氧核糖核酸，是染色体的主要化学成分，同时也是组成基因的材料。有时被称为"遗传微粒"，因为在繁殖过程中，父代把它们自己 DNA 的一部分复制传递到子代中，从而完成性状的传播。原核细胞的拟核是一个长 DNA 分子。真核细胞核中有不止一个染色体，每条染色体上含有一个或两个 DNA。不过它们

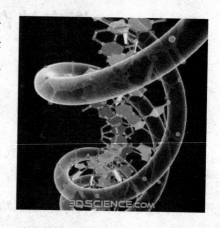

DNA 的 3D 分子结构

一般都比原核细胞中的 DNA 分子大而且和蛋白质结合在一起。DNA 分子的功能是贮存决定物种性状的几乎所有蛋白质和 RNA 分子的全部遗传信息；编码和设计生物有机体在一定的时空中有序地转录基因和表达蛋白完成定向发育的所有程序；初步确定了生物独有的性状和个性以及和环境相互作用时所有的应激反应。除染色体 DNA 外，有极少量结构不同的 DNA 存在于真核细胞的线粒体和叶绿体中。DNA 病毒的遗传物质也是 DNA，极少数为 RNA。

≫翻开 DNA 历史的天

1859 年，达尔文出版了他的《物种起源》一书，并把为什么生物的性状可以遗传的疑问留给了后人。1909 年，丹麦植物学家约翰逊用"基因"一词取代了孟德尔的"遗传因子"。从此，基因便被看作是生物性状的决定者，生物遗传变异的结构和功能的基本单位。

物质科学B

51 岁时的 Charles Darwin

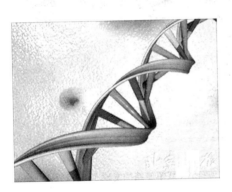

沃森发现的 DNA 双螺旋结构图

1926 年，美国遗传学家摩尔根发表了著名的《基因论》。他和其他学者用大量实验证明，基因是组成染色体的遗传单位。它在染色体上占有一定的位置和空间，呈直线排列。尽管如此，当时人们并不知道基因究竟是一种什么物质。直至本世纪 40 年代，当科学工作者搞清了核酸，特别是脱氧核糖核酸（简称 DNA），是一切生物的遗传物质时，基因一词才有了确切的内容。

1951 年，科学家在实验室里得到了 DNA 结晶；

1952 年，得到 DNA X 射线衍射图谱，发现病毒 DNA 进入细菌细胞后，可以复制出病毒颗粒……

在此期间，有两件事情是对 DNA 双螺旋结构发现，起了直接的"催生"作用的。一是美国加州大学森格尔教授发现了蛋白质分子的螺旋结构，给人以重要启示；一是 X 射线衍射技术在生物大分子结构研究中得到有效应用，提供了决定性的实验依据。

正是在这样的科学背景和研究条件下，美国科学家沃森来到英国剑桥大学与英国科学家克里克合作，致力于研究 DNA 的结构。他们通过大量 X 射线衍射材料的分析研究，提出 DNA 的双螺旋结构模型。

物质科学 B

➤➤神奇的双螺旋结构

1953年4月25日，年轻的美国科学家詹姆斯·沃森和英国科学家弗朗西斯·克里克，在英国《自然》杂志发表不足千字的短信，正式提出DNA（脱氧核糖核酸）双螺旋结构模型。与许多具有划时代意义的科学事件类似，这一成果问世之初没什么人理会。那一年，大英帝国女王盛大的加冕礼、人类征服珠穆朗玛峰的壮举，都有更多理由吸引媒体和公众的注意力。

半个世纪过去了，女王登基大庆等已很难再构成大新闻，但 DNA 却受到不同寻常的礼遇。世界范围都有不同形式的活动，庆祝 DNA 结构真相大白50周年，美国国会还特别决定将今年 4 月 25 日定为全国 DNA 日。

DNA 双螺旋结构发现 50 周年

这一切并不是偶然的，DNA 结构这一分子生物学最基本的谜团揭开后，释放出的能量惊人。

"没有什么分子能像 DNA 那样动人。它让科学家着迷，给艺术家灵感，向社会发出挑战。从任何意义说，它都是一种现代的标志。"最初发表沃森等人论文的《自然》杂志，在今年早些时候出版的 DNA 结构发现50 周年特辑中如此概括。

➤➤解开 DNA 的奥秘

当发现基因与 DNA 之间的关联后，人们还是想知道，这个 DNA 是

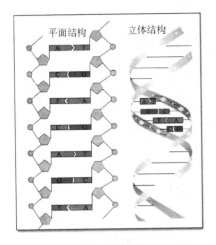

DNA 分子结构示意图

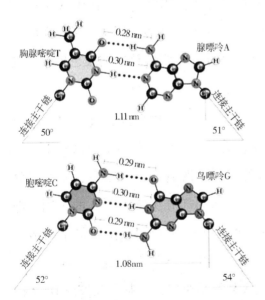

碱基对的组成示意图

怎么样的一种东西，它又是通过什么具体的办法把生命的那么多信息传递给新的接班人的呢？

首先人们想知道 DNA 是由什么组成的，人类总是爱这样刨问底。结果有一个叫莱文的科学家通过研究，发现 DNA 是由四种更小的东西组成，这四种东西的总名字叫核苷酸，就像四个兄弟一样，它们都姓核苷酸，但名字却有所不同，分别是腺嘌呤（A）、鸟嘌呤（G）、胞嘧啶（C）和胸腺嘧啶（T），这四种名字很难记，不过只要记住 DNA 是由四种核苷酸只是随便聚在一起的、而且它们相互的连接没有什么规律，但后来核苷酸其实不一样，而且它们相互组合的方式也千变万化，大有奥秘。

现在，人们已基本上了解了遗传是如何发生的。20 世纪的生物学研究发现：人体是由细胞构成的，细胞由细胞膜、细胞质和细胞核等组成。已知在细胞核中有一种物质叫染色体，它主要由一些叫做脱氧核糖核酸（DNA）的物质组成。

生物的遗传物质存在于所有的细胞中，这种物质叫核酸。核酸由核苷酸聚合而成。每个核苷酸又由磷酸、核糖和碱基构成。碱基有五种，分别为腺嘌呤（A）、鸟嘌呤（G）、胞嘧啶（C）、胸腺嘧啶（T）和尿嘧啶（U）。每个核苷酸只含有这五种碱基中的一种。

物质科学 B

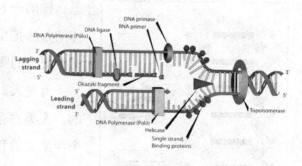

DNA 复制过程示意图

单个的核苷酸连成一条链，两条核苷酸链按一定的顺序排列，然后再扭成"麻花"样，就构成脱氧核糖核酸（DNA）的分子结构。在这个结构中，每三个碱基可以组成一个遗传的"密码"，而一个 DNA 上的碱基多达几百万，所以每个 DNA 就是一个大大的遗传密码本，里面所藏的遗传信息多得数不清，这种 DNA 分子就存在于细胞核中的染色体上。它们会随着细胞分裂传递遗传密码。

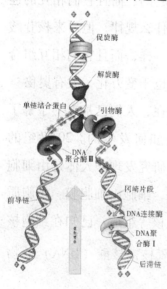

大肠杆菌 DNA 复制模型

人的遗传性状由密码来传递。人大概有 2.5 万个基因，而每个基因是由密码来决定的。人的基因中既有相同的部分，又有不同的部分。不同的部分决定人与人的区别，即人的多样性。人的 DNA 共有 30 亿个遗传密码，排列组成约 2.5 万个基因。

DNA 复制是半保留复制。双螺旋 DNA 链解旋解链，每条 DNA 为模板，按碱基互补原则合成子代 DNA。

复制子——DNA 链上有多个复制起点，相邻两个复制起点间构成的复制单位。

复制过程非常复杂,涉及几十种蛋白质因子和酶,主要有 DNA 解旋酶、DNA 解链蛋白、引物酶、DNA 聚合酶、DNA 连接酶等。具体过程如下:

解旋、打开模板

在复制起点处在 ATP 供能、解旋酶的作用下,部分 DNA 双螺旋链松弛,解旋为二条平行双链。在 DNA 解链蛋白作用下解开的两条单链成两条母链(模板链)。

合成互补子链

以上述解开的两条多脱氧核苷酸链为模板,在聚合酶的作用下,以周围环境中游离的脱氧核苷酸为原料,按照碱基互补配对原则,合成两条与母链互补的子链。

子母链结合形成新 DNA 分子

在 DNA 聚合酶的作用下,随着解旋过程的进行,新合成的子链不断地延伸,同时每条子链与其对应的母链互相盘绕成螺旋结构,复制是半保留复制,解旋完即复制完,形成新的 DNA 分子,这样一个 DNA 分子就形成两个完全相同的 DNA 分子。DNA 复制的时间是在具有分裂的体细胞中,DNA 复制发生在无丝分裂之前或有丝分裂间期(S 期);在配子形成时则主要发生在减数第一次分裂之前的间期。

DNA 复制时必需条件是:四种脱氧核苷酸为原料,能量(ATP)和一系列的酶。缺少其中任何一种,DNA 复制都无法进行。

≫**同卵双胞胎的 DNA 一样**

人们通常认为,同卵双胞胎是来自于相同的受精卵,因此他们有相同的外形,甚至相似的性格。但是,一项新的研究表明,虽然相同的双胞胎

同卵双胞胎

具有相似的基因，但却不是完全相同的。这项发现使得生物学家能够明白，为什么当他们研究一个人的身体表现时，会发现两个来自于相同胚胎的人有着不同的显型了。

这项新的发现不久前被公布在《美国人类基因杂志》月刊上，它是由位于伯明翰的阿拉巴马大学以及位于瑞典和荷兰的大学的科学家共同研究完成的。科学家研究了 10 对同卵双胞胎，其中 9 对都分别有一个人展现出了痴呆或者帕金森症的特征，而其他人则没有。

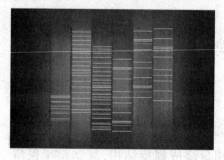

神奇的 DNA 序列

长期以来，人们都认为同卵双胞胎会因为环境而产生一些不同。近些年的研究表明，一些外成性的因素也会导致同卵双胞胎不同，如一些化学物质的积累就会影响到基因的表达。人的外在表现是因人而异的，但是人们仍然相信同卵双胞胎有相同的遗传基因，因为外成性的因素只会影响基因的表达，而不是基因自身的潜在序列。

阿拉巴马大学的基因学教授杰·杜曼斯基说："在我们刚开始这项研究时，人们都认为只有外成性因素会使双胞胎产生很大的不同。但是我们最终却发现，他们本身 DNA 序列就有很大的不同。"

杜曼斯基教授和他的同事们发现的特殊变化被称作复本数目的变异，这种变异会使得一种基因以多种的复本形式存在，或者 DNA 中的一组译码字母会丢失。但是现在还不知道，同卵双胞胎的这些变化是在他们的胚胎时期就出现了，还是随着他们的年龄增长才出现的。

➤ "垃圾"的 DNA

从 DNA 双螺旋结构真面目的揭示到人类基因组蓝图绘制的圆满完

成，人类实现了对自身遗传信息认识的飞跃。但是，当我们满怀希望地打开"生命天书"时，却尴尬地发现人类的基因是如此之少！控制我们生老病死、喜怒哀乐、性格外貌的基因其实只占生命天书很小的一部分，也许比

垃圾 DNA 真的垃圾吗？

书的目录还短！我们不禁疑问：其余的那些潜藏在暗影之中的 DNA 有何意义？它们真的是毫无用处的"垃圾"吗？长期以来被当作无用的"垃圾"倍受漠视的 DNA 片段的真面目究竟是什么呢？当人们对生命的认识得到极大的补充和修正的时候，我们是否也应该重新认识所谓的"垃圾"DNA 呢？答案是肯定的。

那么，究竟什么是"垃圾"DNA 呢？其实它是相对基因而言的。基因是具有遗传效应的特定 DNA 序列，通俗地讲，基因就是编码某种蛋白质的一段 DNA。它们就像散落于天幕的星星一样，分散在我们的基因组中。而在这些基因间存在的大片大片的 DNA 片段是不能编码蛋白质的，

基因组中的 98% 是"垃圾"

即"非编码序列"。由于功能不清，加州理工学院的大野·乾于 1972 年提出用"垃圾基因"的概念来形容它们。"垃圾"有多少呢？21 世纪之初时，科学家还估计人类基因组（人类全部遗传信息的总和）大约有 10 万个基因，但不到 5 年的时间，这一数字已经迅速跌至 2～3 万个，所以，基因包含的 DNA 序列只占人类基因组总 DNA 序列的 2% 左右，也

就是说，在人类基因组中，有98%的信息是看似无用的"垃圾"。

虽然，物种的复杂性与基因组的大小、基因的数量并没有绝对的联系，比如，一些两栖类动物以及鱼类的基因组比人类大很多，人的基因数量比水稻的少很多。但是人类如此大的基因组却只有2%的空间给基因，未免太小气了。反过来，这么少的基因耗费了如此大的基因组是不是太过于浪费啦？那么，在学术界和新闻媒体中广为流传的"基因的墓场"是真的吗？经过漫长岁月的进化，许多"垃圾DNA"序列被顽固地保留下来，这是不是在暗示它们有着不可或缺的功能？"垃圾"DNA对生物意味什么？海量"垃圾"的存在引发了科学家们浓厚的兴趣并重拾对"垃圾"序列的关注，也掀起了一场声势浩大的从垃圾中寻宝的浪潮。

科学家们已经发现："垃圾"DNA的功能之一就是调节基因的活动，如同一道指令一样，控制着基因。一些控制基因开和关的特殊蛋白（转录因子）能特异识别基因附近的非编码"垃圾"DNA，通过与它们相互作用参与基因的抑制与激活。科学家还发现，大多数基因的开启和关闭是由附近的"垃圾"DNA控制的。它们就像是基因的"分子"开关，调节基因的活动。例如，在酵母中，大约30%基因上游的非编码DNA在基因调控中发挥作用。在拥有更大基因组的哺乳动物中，虽然特殊的有

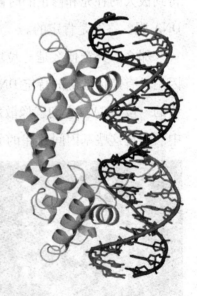

具螺旋—转角—螺旋结构的转录分子

功能的"垃圾"DNA的分布要比在酵母中分散，但却在编码蛋白序列的上下游区域内呈簇分布。特别在人中，许多的"垃圾"DNA序列的变化与复杂疾病如关节炎、共济失调症等的发生息息相关。不同个体对药物

的反应、对疾病易感性的差异在很多情况下也是由一些特殊的"垃圾"DNA调节的。甚至一些科学家猜想：可能正是"垃圾"DNA造成了人类个体间的差异。

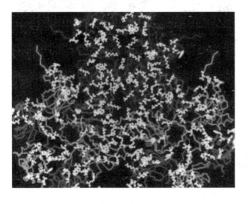

非编码 RNA

在"垃圾"DNA家族中，还有一类特殊的群体，称为假基因。假基因与基因很像，但却不能产生功能性蛋白，常常被归类为"垃圾"DNA。科学家预计，人类假基因的数目竟然与正常基因的数量相似，大约有2万个左右，目前鉴定的已超过12000个。虽然假基因不

物质科学B

能合成蛋白，但并不是说，它们不具有任何功能，研究发现"假"基因确有真本领。研究人员在对小鼠进行遗传改造的时候偶然造成了一个假基因的缺失，该小鼠的后代发生严重的先天性缺陷，并且寿命急剧缩短，可见这种假基因的作用不可小视，它对健康生命是必须的。该假基因是其对应的基因 Makorin1 的缺陷拷贝，长度不到其一半大，只能产生小分子 mRNA（蛋白质合成的中介物），却不能合成蛋白质。尽管很小，但是这种"假RNA"有保护真基因免受破坏的功能。如果这个假基因在小鼠或者人类细胞中丢失的话，真基因的功能也不能正常发挥。研究人员推测，可能是由于假基因RNA看起来像Makorin1，它们掩护真基因，通过"牺牲"自己将不利因素引开，而保护真基因免受干扰。这可能是一种新的基因调节的方法。

"垃圾"DNA还能通过合成调节性RNA发挥功能。这些RNA并不是为了合成蛋白质，但却在生命的舞台上扮演着不同的角色。迄今为止，细胞中的 rRNA、tRNA、snRNA、asRNA、snoRNA、miRNA、piRNA 都是

非编码"垃圾"DNA合成的。它们参与到基因活化、基因沉默、基因印记、剂量补偿、蛋白合成与功能调节、代谢调控等众多生物学过程中。2001年，芬兰科学家凯缇那领导的课题组发现了一个"垃圾"DNA区域，它合成的RNA可以与蛋白质结合，生成一种在线粒体中

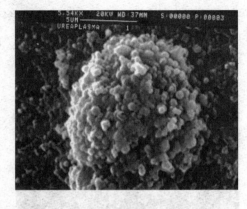

Mycoplasma genitalium 细菌

发挥作用的酶。当这个非编码RNA的关键位点发生变异，个体的健康和寿命都会受到威胁。

此外，"垃圾"DNA中还存在大量的重复DNA序列，这些DNA看似没有意义也不能编码蛋白质，却能形成特殊的DNA高级结构，并以此调节附近基因的活性。

"垃圾"DNA各式各样功能的发现使我们陷入思考：人类的遗传物质真的"垃圾"成堆吗？我们已看到冰山一角，给出一个清晰的答案也只是时间问题。天文学家发现：除去日月星辰的光辉，遥远的银河并非那么的空洞与虚无，璀璨的星光下存在大量的暗物质与暗能量，它们控制着宇宙的运动。如今，这一宏观领域发现的现象也在生命科学最微观的领域得以重现：人类基因组中约98%的看似无用的遗传物质信息正向我们展示着它强大的功能。"垃圾"DNA正在绽放出耀眼的光芒，"垃圾"正在迎接它变废为宝的一天！

≫ 未来的世界——人造人的世界

前几天，人们还在为人类克隆胚胎的新鲜出炉而推测克隆人近在咫尺的可能性；很快又有人造生命（artificial life）的消息再次令我们敬畏

科学的所向无敌——美国的科学家们用化学合成的 DNA 拼接出了学名为 Mycoplasma genitalium 的细菌的全基因组。科学家们正在将该合成的基因组 DNA 导入细菌内，看此 DNA 是否能在活细胞内工作，正常表达基因。在此之前，科学家们已经建立了将基因组 DNA 由一种细菌导入另一种细菌的方法并产生新的菌种，不过此前用的基因组 DNA 是由细菌自然合成。因此，如果科学家们此次能成功的将人造基因组 DNA 导入细菌内，将成为世界上第一个人造生物体。

事实上，早在 2003 年，科学家们就人工合成出了病毒，而且整个流程只需要两周。但是病毒作为特殊的生命形式，并不被认为是生物体（关于这个问题在分类学上一直存在争议），所以还算不得第一个人造生物体。

而现在人造生物体已经成为触手可及的现实；科学家接下来的目标是人工合成酵母的基因组 DNA。因为 Mycoplasma genitalium 是目前已知的自然界中基因组最小的生物体，含有生物体生存所需要的最基本的基因，仅仅表达 485 种蛋白质；所以成为科学家们用来人工合成基因组 DAN 的首选模式生物。酵母（yeast）也是分子生物学常用的工程菌，所不同的是酵母属于真核生物，相对于细菌等原核生物来说在进化图谱上要大大前进一步——动物、人也同属于真核生物。因此，酵母的基因组与动物或人的基因组在分子水平上的工作原理和体系是相似的，而细菌与动物或人则大相庭径。

著名电影 Resident Evil: Extinction 海报

如果酵母的基因组 DNA 能够被人工

Brave New World

合成出来，我估计线虫的基因组将是下一个合成的目标——著名的线虫学名为 Cae-norhabditis elegans，南非生物学家 Sydney Brenner 靠数了几十年的线虫细胞发现了细胞程序性死亡，由此获得了 2002 年的诺贝尔生理学和医学奖，因此线虫也成为研究分子生物学和发育生物学的理想模式生物；再接着就是人造羊、人造狗之类的高等哺乳动物——如果到了那一天，人造人估计也为时不远矣。从克隆羊出生到人类克隆胚胎出炉，不过短短十几年；人造人似乎也不再是科幻电影里那么诡异玄乎的事情了——当然人造人不是像《生化危机 III》（Resident Evil：Extinction）里的 Alice 那样包在透明水囊里发育成为成人，还是要以婴儿的形态从孕妇妈妈肚子里分娩出来，但是其基因组 DNA 却是由化学原料加入机器里合成出来的，再导入卵母细胞，再诱导发育成胚胎，再植入代孕母亲的子宫内让它发育成完整的胎儿。

由合成细菌（Mycoplasma genitalium）基因组的 50 多万个脱氧核苷酸碱基（基因组 DNA 的基本组成单位）到合成人类基因组的 30 多亿个脱氧核苷酸碱基，虽然路漫漫其修远，却并非不可能。赫胥黎的《美丽新世界》（Brave New World）中被设计和改造出来的人造人或许不再是我们想象力的边缘和极限？

在难以想象的未来世界里，我们彼此相互认识时，或许还得问问：您是自然人？克隆人？还是人造人？

DNA（脱氧核糖核酸）分析应用于法医学鉴定是近十年来的事，目前发现的 DNA 多态位点越来越多，分析技术越来越精巧、简便、快速、经济，实用。世界上有 120 多个国家和地区已应用 DNA 分析技术办案，解决刑事（如杀人、强奸）、民事（亲子鉴定）纠纷问题，以及追查尸体身源，包括战争及大型灾难中落难者的个人识别等，个人同一认定接近 100%。DNA 分析的法医学应用使以往只能检测基因编码的酶或蛋白质水平飞跃到直接检查基因的分子水平，是法学物证检验史上的一场重大的革新。

≫ "三部曲" 完成了两

据美国媒体报道，这个细菌就是能导致性病传播的生殖支原体（Mycoplasma genitalium），它拥有 485 个基因、58 万对碱基，是已知的基因组最小、最简单的生命形态。相比之下，人类基因组约有 3 万个。虽然支原体的基因更少，但由于无法自我复制，因此不被认为是完整的生物。

著名的美国科学家克雷格·文特尔

文特尔研究所的科学家将制造人造生命的研究分为"三步走"，"而整个过程是从四瓶化学物质开始的"。

在第一步中，他们首先制造了 4 个 DNA 碱基 A、G、C 和 T，这 4 个碱基可重复配对 58 万次，合成数百万 DNA 片段。

第二步就是将这些片断"组装"成 DNA 链，并形成完整的基因图谱。文特尔说，这次的成功标志着第二阶段的完成。

接下来，研究将进入最后阶段，他们将尝试把合成的基因组注入剔除了遗传物质的细胞中，如果能够激活细胞，就可以宣告全球第一个

"人造生命"诞生了。

▷▷移植激活——合成基因组

事实上，文特尔的研究小组在2007年6月已经首次实现了完整的基因组在物种间的移植和激活。他们先利用特殊生物酶将一种支原体的蛋白质破坏，得到其完整的"裸DNA"。然后将这个基因组注入另一种剔出了遗传物质的近亲支原体中，并加入一种化学物质帮助"裸DNA"与它的"寄主"更好地融合。最后，经过改造的支原体细胞开始在植入的基因组的控制下，产出其特定的蛋白质，奇迹般具有了与前一种支原体完全相同的生物特性。

研究小组表示，他们将采用类似的技术移植和激活合成基因组。

科学家们表示，人造生命在本质上应该具备以下三个方面的基本要素：第一，必须有一种细胞膜来容纳细胞物质；第二，要能进行新陈代谢，即细胞结构内营养物质的补充及更新能力；第三，具有自己的基因。如果说1953年DNA双螺旋分子结构的发现让分子生物学家意识到，基因与细胞的关系就像计算机的软件和硬件，那么文特尔等合成生物学正在做的就是"编程"，然后进行安装和启动，也就是合成、移植然后激活。

不少人对"人造生命"表达了伦理上的担忧，并发出"叫停"的呼吁。他们认为，这是在试图缩短几百万年的进化历程，创立自己的生物起源版本。

而更多的科学家担心的是潜在的生物恐怖和环境问题，因为目前还没有生物合

人造双螺旋DNA

成监管的相关规定。生物恐怖主义分子完全可能利用生物合成技术制造致命病毒或生化武器，而实验室中炮制的人造细菌是否会给环境和人类带来更大的风险也令人忧心忡忡。

文特尔教授认为，恐怖分子不会借助于复杂的分子生物学来实施生物恐怖行为，他们可以从任何一家医院获得传染性试剂，可以从任何一家农场获得炭疽病菌；至于环境就更不用担心，因为这些实验室合成的细菌在实验室外将难以生存。他还表示，这项研究的最终目标是制造出一种合成微生物，它可以吸取大气中的二氧化碳，并排放出可以当作燃料用的甲烷。这种成就将有助于降低人类对化石燃料的依赖，并帮助减少全球变暖问题。

≫著名医用小型猪

中国农业大学与北京济普霖生物技术有限公司、天津宝迪农业科技股份有限公司、天津市农业科学院合作培育的哥廷根医用小型猪在宝迪祖代种猪场出生。一窝共出生 6 头克隆猪，其中 2 头欧洲哥廷根小型猪健康存活，1 头哥廷根小型猪出生存活 12 小时后死亡，1 头哥廷根小型猪出生死亡，2 头转有绿色荧光蛋白基因的克隆长白猪出生死亡。

"我们在北京获得了我国首批用体细胞克隆的哥廷根医用小型猪，未来我国科学家将有可能在自己的实验中用上这种小型猪。哥廷根医用小型猪是世界著名的医用模式动物，欧美科学家进行药物研究经常选用这种小型猪，但这种猪禁止出口，我国从来没有引进过这种猪。"中国农业大学教授李宁在接受《科学时报》专访时说。

欧洲哥廷根小型猪为国际公认的最佳医用模式动物之一，目前作为糖尿病、心脏病、高血压、帕金森氏症等重大人类疾病的动物模型和新药筛选模型，已经得到包括美国食品药品监督管理局在内的全世界医药

物质科学B

物质科学B

管理机构的认可；同时其器官大小、结构和生理特点等与人的器官极为相似，已经成为国际上最理想的异种器官移植研究材料。目前，全世界接受器官移植的病人达60多万名，而且逐年递增，我国仅等待肾脏移植的病人就多达30万名。由于器官来源严重短缺，许多病人在等待器官过程中死亡，因此寻求可用于人类移植的动物器官，特别是小型猪器官成为解决这一难题的新选择。

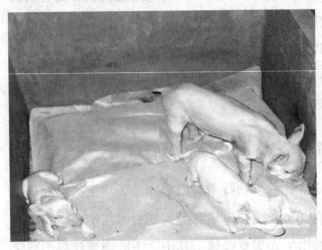

两头克隆哥廷根小型猪和普通长白猪(右)

中国科学院动物研究所研究员陈大元认为，克隆技术和转基因技术结合起来的应用，有一个很重要的方向就是提供异种器官移植的来源。他说，器官移植技术已经比较成熟，但器官来源一直是困扰医生

和病人的难题，成为挽救生命的一个瓶颈问题。而利用动物器官进行人类的异种器官移植，其主要问题就是免疫排斥，最终会导致器官移植失败。国际上的科学家认为，解决异种器官免疫排斥问题的关键，是用转基因的方法将猪体内的"排斥基因"敲除，培育基因敲除的克隆猪，使猪器官不产生人体免疫系统能识别的抗原，避免免疫排斥反应。

我国科学家一直在努力开展异种器官移植研究，但目前面临的主要问题就是缺乏国际承认的、安全可靠的医用小型猪品种，而欧美的医用小型猪又严禁出口。这导致我国利用医用小型猪进行异种器官移植和新药筛选模型建立等的研究长期受制于人，相关研究也落后于发达国家。

农业部引进国际先进农业科学技术计划（"948"计划）从1998年开始立项，想引进哥廷根医用小型猪，但近10年时间过去，美国、欧洲等国家仍然禁止出口这种猪。现在，这两头用体细胞克隆的医用小型猪顺利诞生和健康存活，为我国突破医用小型猪的资源制约、培育出国际承认的医用小型猪新品种提供了新的途径，从而为我国开展异种器官移植研究、建立新药筛选模型及参与相关国际竞争奠定了坚实基础。

这项研究还首次在国际上成功实现了同一移植受体内进行不同品种和不同类型克隆胚胎的混合移植。目前转基因克隆猪的实验仍在开展，预计到今年7月底将陆续获得一批转有功能基因的克隆猪。

≫对我的"鉴定"——复杂的工程

1985年，Mullis发明了聚合酶链式反应（polymerase chain reaction，PCR），使DNA的体外复制变成了现实。1988年，Saiki等将耐热DNA聚合酶引入PCR，提高了扩增反应的特异性和效率，简化了操作程序，并实现了DNA扩增的自动化，迅速的推动了PCR的应用和普及。PCR能够在体外快速、特异性的扩增靶DNA，已成为当今最重要的分子生物学技术之一。法医物证应用PCR技术扩增人类基因组DNA中高度

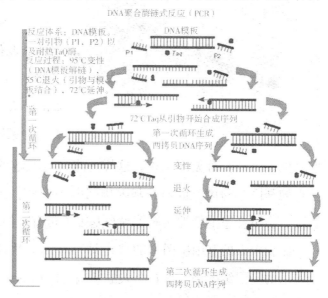

著名的DNA聚合酶链式反应

多态性位点，扩增产物经过片段长度多态性分析或序列多态性分析研究不同个体间DNA分子水平上的差异及其遗传规律，在个人识别、亲子鉴定中发挥了重要作用。由于PCR能够在短时间内扩增靶DNA至百万拷贝，使生物性检材鉴定的灵敏度得以空前的提高，特别是STR－PCR复合扩增技术，它的个别识别率可达到百亿分子一，灵敏度达到0.1ng DNA即1ul血斑，非常适用于微量及腐败物证的检验。继DNA指纹后，PCR被誉为第二代DNA分型技术，短短几年中，PCR技术已在法医物证鉴定中迅速得以推广和应用。

≫图谱的问世——前进的一步

我国的炎黄基因图谱

美国"454生命科技公司"完成沃森基因组测序的工作。在得克萨斯州的贝勒大学举行的庆祝仪式上，诺贝尔奖获得者、"DNA之父"、79岁的美国生物学家沃森获得了一张储存着自己全部基因序列的DVD光盘。沃森的个人基因组图谱还被收入到美国国家健康协会的数据库，并向全世界公开。有关专家称，这样一来，有兴趣的研究者可以上网查询沃森的基因组图谱，依据其基因排列顺序推断，沃森是否害羞、爱不爱冒险、会不会患上精神疾病等等与基因遗传有关的表象特征。

沃森个人的基因组图谱的"出炉"暗示着普通人不久也可能拥有属于自己的基因组图谱。沃森个人的基因组图谱的"出炉"，对于人类探索生命遗传信息到底意味着什么？"每个人都有自己独特的基因图谱，它暗含了人类的遗传信息，作为一份'基因身份证'，它是迈向破解'生命密码'的通行证。"上海复旦大学生命科学院遗传研究所的李瑶教授脱口而出，"在科研中发现，基因作为一种遗传物质，和人将会得的疾病、人的智力、情感有着密切的联系。"

物质科学B

≫ DNA 制动器——生物和计算机间的桥

英国科学家 Keith Firman 博士使用计算机模拟 DNA 制动器工作，这个史无前例的装置为在活的生物有机体和计算机之间建立联系架设了桥梁。

欧洲科学家日前开发出一种基于脱氧核糖核酸（DNA）的转换器，名为 DNA 制动器或分子发电机。

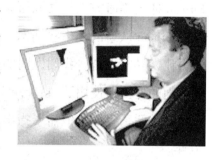

英国科学家 Keith Firman

科学家认为，作为世界上第一个生物纳米技术制动器，它的研制成功为在活的生物有机体和计算机之间建立联系架设了桥梁。

据英国媒体报道，这个 DNA 制动器的大小只有一根头发的千分之一，因此肉眼根本无法看到它。这个 DNA 制动器的组成包括一组固定在极小芯片上的 DNA、一个带有磁性的珠子、一个提供动力的生物发动机——通过活的生物细胞三磷酸腺苷（ATP）所发出的能量提供动力。

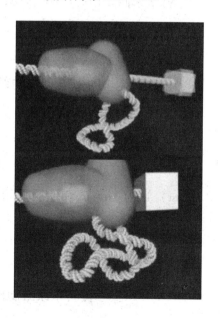

DNA 制动器示意图

这些组件在一起工作时能够创造出发电机的效果，然后再转化成电流。最终，安装了这种DNA制动器的装置发出电子信号——这些信号再被传送给计算机。于是，这个DNA制动器就通过电子信号，将生物世界和硅元件世界联系在一起。除了能在计算机上使用外，这个DNA制动器还能用于毒素的快速检测。此外，它还可用于生化防卫，作为一种生物传感器探测空气中是否存在病原体。该装置由英国朴次茅斯大学的Keith Firman博士等研究人员共同研制。

Firman从事的是生物纳米技术领域的研究工作。他指出："它的应用潜力让人异常兴奋。我们发明的这个DNA制动器可以当做生物体和硅元件之间的连接器使用。"Firman说："我相信它可以成为有机体和外界装置之间的联系界面，但需要指出的是，要达到这样的应用还要再等20或30年。"

科学家们相信，DNA制动器的未来应用前景十分可观——从用于界面连接的分子尺寸的机械装置，到由计算机控制的机器手，在这些装置中都可以找到DNA制动器的影子。

该项目是一项多国合作的结晶——英国朴次茅斯大学、英国国家物理实验所、荷兰代尔伏特理工大学、法国国家地球科学实验室、葡萄牙国家系统与计算机科学研究所、瑞士联邦材料测试与研究实验室等都参与了该项研究。欧盟委员会所发起的"资助新兴科学和技术活动"（Nest）还为Firman和他的国际合作小组提供了200万欧元的资助。

美科学家绘制出首份老鼠脊柱基因图谱

研究引起肌萎缩性侧索硬化症的萎缩的神经区域的科学家现在终于

有了一幅引导他们的遗传学"地图"。美国西雅图艾伦脑科学研究所（Allen Institute for Brain Science）18 日在互联网上公布了世界上首份老鼠脊柱基因图谱的第一部分，该图谱放在两年前完成的一份老鼠大脑基因图谱的旁边。这两张图谱展示了大脑和脊柱中大约 2 万个活性基因，让研究人员第一次看到了脊柱和大脑中正常的基因活动，显示基因正"变得兴奋"——意味着它们是活性蛋白质，活性蛋白质是健康大脑和脊柱组织的"驮马"。

该研究所首席科学官艾伦 琼斯（Allan Jones）说："这是一个未知世界。了解每个基因在哪儿被激活具有启示意义。"这两项基因绘制工程都是在老鼠身上进行的，而人脑基因图谱的绘制预计将用 4 年左右的时间完成。专家们表示，这两份老鼠基因图谱的价值无法衡量，因为老鼠被广泛用来研究人类疾病。

研究人员之所以绘制老鼠的基因图谱，是因为他们也能繁殖出患有与人类相似疾病的老鼠。他们还能破坏老鼠至关重要的基因，研究那些基因的缺失对健康会有怎样的影响以及对疾病会有怎样的影响。老鼠约 90% 的基因与人类基因相似。

到目前为止，他们还没有一份健康老鼠的基因活动路线图可供参考。通过绘制活性基因，研究人员可以研究它们的"激活"模式，提供有关其功能的线索。缅因州巴尔港杰克逊实验室的格雷戈里·考克斯（Gregory Cox）说："对科学家们来说这是一项重大的进展。它是一种有用的工具，将为我们提供有关我们需要了解的在老鼠脊髓中哪些细胞中的基因很重要的基本信息。"

而人类基因组并非一张固定的代代相传的化学成分字母表。DNA 双螺旋不断变动。它分解生成新的细胞，修复在复制过程中受损的 DNA 片段，并充当维持生命的蛋白质的模板。活性基因或被激活的基因在控制知

物质科学 B

觉、动作、组织修复和其它生物活性的细胞和组织中起着至关重要的作用。当这一体系垮掉，人们患上肌萎缩性侧索硬化症、帕金森氏症、老年痴呆症、多发性硬化或很多其它的神经肌肉疾病时，很可能与基因有关。

考克斯说："这份图谱的份量不可小觑。弄清老鼠脊髓中正常的（基因激活）模式以便我们了解我们什么时候会看到不正常的。它有点像魔盒上的那幅图。如果你不知道这个谜是什么样，就很难解开它。"

同姓的兄弟——核糖核酸（RNA）

由至少几十个核糖核苷酸通过磷酸二酯键连接而成的一类核酸，因含核糖而得名，简称 RNA（Ribo Nucleic Acid）。RNA 普遍存在于动物、植物、微生物及某些病毒和噬菌体内。RNA 和蛋白质生物合成有密切的关系。在 RNA 病毒和噬菌体内，RNA 是遗传信息的载体。RNA 一般是单链线形分子；也有双链的如呼肠孤病毒 RNA；环状单链的如类病毒 RNA；1983 年还发现了有支链的 RNA 分子。

RNA 分子的化学结构

≫打开了解 PNA 的大门

rRNA 是核糖体的组成成分，由细胞核中的核仁合成，而 mRNA、tRNA 在蛋白质合成的不同阶段分别执行着不同功能。

mRNA 是以 DNA 的一条链为模板，以碱基互补配对原则，转录而形成的一条单链，主要功能是实现遗传信息在蛋白质上的表达，是遗传信息传递过程中的桥梁。

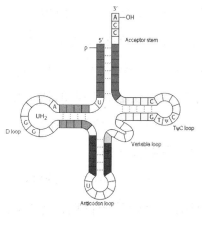

IRNA 的结构

tRNA 的功能是携带符合要求的氨基酸，以连接成肽链，再经过加工形成蛋白质。

在生物体内发现主要有三种不同的 RNA 分子在基因的表达过程中起重要的作用。它们是信使 RNA（messenger-RNA，mRNA）、转移（tranfer RNA，tR-NA）、核糖体 RNA（ribosomal RNA，rRNA）。

生物的遗传信息主要贮存于 DNA 的碱基序列中，但 DNA 并不直接决定蛋白质的合成。而在真核细胞中，DNA 主要贮存于细胞核中的染色体上，而蛋白质的合成场所存在于细胞质中的核糖体上，因此需要有一种中介物质，才能把 DNA 上控制蛋白质合成的遗传信息传递给核糖体。现已证明，这种中介物质是一种特殊的 RNA。这种 RNA 起着传递遗传信息的作用，因而称为信使 RNA（messenger RNA，mRNA）。

mRNA 的功能就是把 DNA 上的遗传信息精确无误地转录下来，然后再由 mRNA 的碱基顺序决定蛋白质的氨基酸顺序，完成基因表达过程中的遗传信息传递过程。在真核生物中，转录形成的前体 RNA 中含有大量非编码序列，大约只有 25% 序列经加工成为 mRNA，最后翻译为蛋白

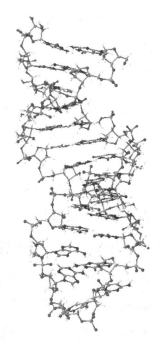

pre - mRNA 的立体结构片段

质。因为这种未经加工的前体 mRNA（pre – mRNA）在分子大小上差别很大，所以通常称为不均一核 RNA。

如果说 mRNA 是合成蛋白质的蓝图，则核糖体是合成蛋白质的工厂。但是，合成蛋白质的原材料——20 种氨基酸与 mRNA 的碱基之间缺乏特殊的亲和力。因此，必须用一种特殊的 RNA——转移 RNA（transfer RNA，tRNA）把氨基酸搬运到核糖体上，tRNA 能根据 mRNA 的遗传密码依次准确地将它携带的氨基酸连结起来形成多肽链。每种氨基酸可与 1 –4 种 tRNA 相结合，现在已知的 tRNA 的种类在 40 种以上。

tRNA 是分子最小的 RNA，其分子量平均约为 27000（25000 –30000），由 70 到 90 个核苷酸组成。而且具有稀有碱基的特点，稀有碱基除假尿嘧啶核苷与次黄嘌呤核苷外，主要是甲基化了的嘌呤和嘧啶。这类稀有碱基一般是在转录后，经过特殊的修饰而成的。

核糖体 RNA（ribosomal RNA，rRNA）是组成核糖体的主要成分。核糖体是合成蛋白质的工厂。在大肠杆菌中，rRNA 量占细胞总 RNA 量的 75% – 85%，而 tRNA 占 15%，mR-NA 仅占 3 – 5%。

rRNA 一般与核糖体蛋白质结合在一起，形成核糖体（ribosome），如

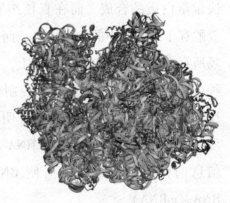

核糖体

果把 rRNA 从核糖体上除掉，核糖体的结构就会发生塌陷。原核生物的核糖体所含的 rRNA 有 5S、16S 及 23S 三种。S 为沉降系数（Sedimentation Coefficient），当用超速离心测定一个粒子的沉淀速度时，此速度与粒子的大小直径成比例。5S 含有 120 个核苷酸，16S 含有 1540 个核苷酸，而 23S 含有 2900 个核苷酸。而真核生物有 4 种 rRNA，它们分子大小分别是

5S、5.8S、18S 和 28S，分别具有大约 120、160、1900 和 4700 个核苷酸。

rRNA 在蛋白质合成中的功能尚未完全明了。但 16 S 的 rRNA3' 端有一段核苷酸序列与 mRNA 的前导序列是互补的，这可能有助于 mRNA 与核糖体的结合。

2006 诺贝尔医学奖成果 RNA 干扰机制解读

1990 年，曾有科学家给矮牵牛花插入一种催生红色素的基因，希望能够让花朵更鲜艳。但意想不到的事发生了：矮牵牛花完全褪色，花瓣变成了白色！科学界对此感到极度困惑。

类似的谜团，直到美国科学家安德鲁·法尔和克雷格·梅洛发现 RNA（核糖核酸）干扰机制才得到科学的解释。两位科学家也正是因为 1998 年做出的这一发现而荣获今年的诺贝尔生理学或医学奖。

根据法尔和梅洛的发现，科学家在矮牵牛花实验中所观察到的奇怪现象，其实

克雷格·格洛（右）和安德鲁·法尔

是因为生物体内某种特定基因"沉默"了。导致基因"沉默"的机制就是 RNA 干扰机制（RNA interference—RNAi）。

此前，RNA 分子只是被当作从 DNA（脱氧核糖核酸）到蛋白质的"中间人"、将遗传信息从"蓝图"传到"工人"手中的"信使"。但法尔和梅洛的研究让人们认识到，RNA 作用不可小视，它可以使特定基因开启、关闭、更活跃或更不活跃，从而影响生物的体型和发育等。

诺贝尔奖评审委员会在评价法尔和梅洛的研究成果时说："他们的发

物质科学B

现能解释许多令人困惑、相互矛盾的实验观察结果，并揭示了控制遗传信息流动的自然机制。这开启了一个新的研究领域。"

科学家认为，RNA 干扰技术不仅是研究基因功能的一种强大工具，不久的未来，这种技术也许能用来直接从源头上让致病基因"沉默"，以治疗癌症甚至艾滋病，在农业上也将大有可为。从这个角度来说，"沉默"真的是金。美国哈佛医学院研究人员已用动物实验表明，利用 RNA 干扰技术可治愈实验鼠的肝炎。

目前，尽管尚有一些难题阻碍着 RNA 干扰技术的发展，但科学界普遍对这一新兴的生物工程技术寄予厚望。这也是诺贝尔奖评审委员会为什么不坚持研究成果要经过数十年实践验证的"惯例"，而破格为法尔和梅洛颁奖的原因之一。

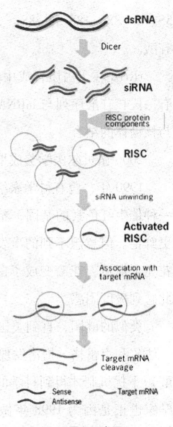

RNAi 原理示意图

诺贝尔生理学或医学奖评审委员会主席戈兰·汉松说："我们为一种基本机制的发现颁奖。这种机制已被全世界的科学家证明是正确的，是给它发个诺贝尔奖的时候了。"

>> 调控基因的新标靶

美国和加拿大科学家近日研究发现，RNA 可以与 DNA 上称为启动子区（Promoter Region，位于实际基因前的一小段 DNA 片段）的非基因区相互作用。在基因被开启前，启动子必须先被激活。相关论文 7 月 6 日

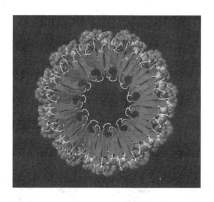

RNA—蛋白质联合体俯视图

在线发表于《自然—结构与分子生物学》上。

在之前的研究中，美国德州大学西南医学中心的 David Corey 和 Bethany Janowski 发现，小链 RNA 能够激活癌细胞中的某些基因。研究人员用人造 RNA 证实，它们可以通过扰乱环绕 DNA 的调节蛋白混合体来调控基因的表达。不过其中的具体机制一直没有弄清。

在最新的研究中，研究人员发现了 RNA 一个意想不到的标靶。RNA 瞄准的并不是基因本身，而是由细胞产生的另一种 RNA，所谓的非编码 RNA 转录本。它与启动子区有关联，启动子区被激活的时候，就作为启动命令开启基因。具体来说，人造 RNA 与 RNA 转录本相绑定，然后结合其它蛋白形成 RNA—蛋白质联合体。联合体接着与启动子区相绑定，从而可以激活或抑制基因的表达。

迄今为止，很多科学家相信蛋白本身在启动子区就可调控基因的表达，此次研究表明这种观点不一定正确。David Corey 说："我们对于 RNA 激活基因表达机制的发现为潜在的药物研发提供了新的意料之外的标靶。"

编码蛋白的基因一旦出现变异，会导致蛋白的缺失或过量表达，从而造成疾病。虽然用合成 RNA 来调控基因以达到治疗疾病的目的目前还无法实现，不过 Corey 表示，此次实验所用的人造 RNA 分子已经被用于临床试验，所以基因调控药物的研发应该会进展很快。

≫一类新的小 RNA 分子

国冷泉港实验室（CSHL）的科学家研究发现一种新的小 RNA。

科学家从果蝇体内鉴别出了一类全新的小 RNA 分子，并且澄清了一类此前已知的小 RNA 如何调控基因活性。领导该项研究的 Gregory J. Hannon 教授是小 RNA 研究的先驱，他说，"小 RNA 分子的类型比我们最初猜想的更多。同时，人们已知的每一类小 RNA 起作用的方式比此前认为的要更多。"

Gregory J. Hannon

此前，科学家所知的果蝇体内调控小 RNA 只有两大类，它们与不同的蛋白发生作用。其中一类是 microRNA，它们存在于整个生物体中，与 Argonaute 1 蛋白结合，调控许多基因的活性。另一类名为 piRNA，它们只存在于性器官细胞中，与 Piwi 蛋白结合发挥作用。这类小 RNA 可以抑制遗传"入侵者"——转位（座）因子（Transposable Elements），保护基因组不受破坏，从而避免一些相关的疾病。

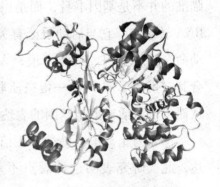

Argonaute 结构

在最新研究中，Hannon 和同事找到了与第三种蛋白 Argonaute 2 结合的 RNA 分子。研究人员利用了一种高效设备，它可以同时测定数百万个小 RNA 分子的碱基序列。这样，他们就可以扫描已知的基因组来寻找匹配的序列。研究人员发现，这些小 RNA 分子不同于以往所知的任何一类，它们既改变基因活性，又抑制转位因子。研究人员表示，这一发现拓展了人类已知的小 RNA 的"本事"，并且进一步模糊了此前两类小

RNA 的差异。

在另一项相关研究中，Hannon 等人利用小鼠模型发现了调控 RNA 的新来源。许多 RNA 序列比如 miRNA 被标记为调控分子是由于它们自身的折叠。特定蛋白识别能够识别折叠产生的双链 RNA，并将它们切成调控 RNA 片段。Hannon 等人发现，这种双链 RNA 可以源自"伪基因"（遗留在基因组中的常基因拷贝，因功能损坏而无法表达，曾被认为是"垃圾 DNA"）。研究表明，常基因的 RNA 拷贝有时会与相关的"伪基因"拷贝片段发生联系，产生双链 RNA，它们可以激活细胞的调控机器。

新发现为人们理解小 RNA 影响基因活性的过程，再添加了一个复杂性层面。Hannon 等人写道，"总体来看，我们的研究表明，双链 RNA 在进化过程中被广泛作为调控分子。"

≫ RNA 的结构"字母表"

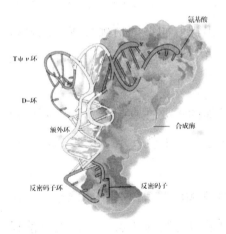

IRNA 的三维结构

加拿大科学家的一项最新研究，摸索出了有关核糖核酸（RNA）结构的"字母表"，利用它可以方便地根据基因测序数据推断出 RNA 的三维结构。新成果无疑为人们提供了新的工具，来加深对 RNA 这一类重要细胞调节器的理解。相关论文发表在 3 月 6 日的《自然》杂志上。

单链 RNA 的折叠形态取决于组成它的核苷酸间的相互作用。RNA 建模的经典方法有一个重大缺陷——它只能考虑到规范的 A—U 和 G—C 以及不定的 G—U 碱基对，也就是核苷酸面对面的情况。而在非经典的 Hoogsteen 氢键和糖相互作用中，核苷酸

物质科学 B

是并排或者上下排列的，这时传统的规则的表现就不甚理想了。其结果往往是不完善或者错误的模型，从而误导研究人员。

为了解决这一问题，由加拿大蒙特利尔大学免疫与癌症研究所项目负责人、计算机系教授 Francois Major 领导的生物信息学研究小组在最新的研究中，从根本上提出了一种不同的 RNA 建模方法，即用一系列核苷酸循环基序（Nucleotide Cyclic Motifs，简称 NCM，由若干核苷酸通过特定相互作用形成的最基本结构单元）来定义 RNA 结构，该基序包含了相邻核苷酸之间所有可能的相互作用。

研究人员得到的一个"字母表"名为 MC－Fold，它能够系统地将不同基序分配给各个序列片断，并根据在已知结构中出现的频率选择出最可能的一个。而另一个名为 MC－Sym 的"字母表"这时会将选择出的基序装配起来，装配同时会考虑到各种从已知结构中确定的限制条件。

利用 NCM 系统可以让我们更好地获得 RNA 分子的三维结构。与热力学方法相比，利用我们的"字母表"出现假阳性的情况更少，这种改进是基于 NCM 集成了更多碱基配对的上下关联信息（context－dependent information）。

RNA 在生物学和医学研究中不断增加的重要性意味着，这一新的建模规则大有用武之地。比如，研究人员在文章中就展示了该工具可以用于 HIV 病毒（属于 RNA 病毒）研究。

此外，研究人员还能利用 MC－Fold 和 MC－Sym 鉴别 miRNAs，它们是一类重要的调控分子，也是当前生物医学研究的热点。考虑到目前仅根据短短的序列十分难以确定这些小 RNA 分子，新的研究应当是一项重要的突破。

研究发现调节人类寿命的微型糖核酸基因

美国耶鲁大学的科学家近日发现了调节人类寿命的微型糖核酸基因

美国耶鲁大学的研究人员在《科学》杂志上发表文章指出，控制人体器官发展形成过程的基因同样在调节人类的寿命中发挥着作用，这个研究成果为人类衰老过程中存在一个生物定时机制提供了有力证据。这篇文章的作者、分子、细胞及发生生物学教授弗兰克－斯兰克表示，尽管不同物种的生命周期存在很大的差异，但是基因在

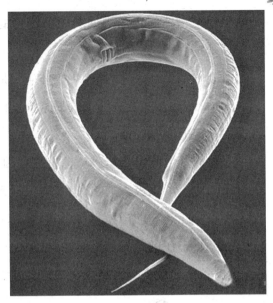

外形恐怖的线虫

物种的生命周期中还是起着一定的作用。

研究人员在对线虫蠕虫基因的研究时发现了直接决定其生命周期的基因，而且人类也拥有几乎同样的基因。研究人员发现，一种微型糖核酸基因和其控制的调节器官生长的基因 lin－4 和 lin－14 在特定的阶段会对细胞的生长方式产生一定的影响，这些基因的转变同时能够改变线虫蠕虫的生长阶段的时间和蠕虫的生命周期。线虫是科学家从事人类衰老发生学研究的首选生物体，它也是控制哺乳动物衰老基因最好的预报器。

为了对这些基因的功能进行测试，研究人员使这两种基因发生突变，结果发现失去了 lin－4 基因转变功能的线虫生命周期比正常的线虫极大的缩短了，这个结果显示 lin－4 基因可以预防生物体过早的死亡，同样，lin－4 基因过多的转变就会延长生物体的生命周期。此外，由 lin－4 基因控制的 lin－14 基因对生物体的生命周期恰恰起到相反的作用，在 lin－14 基因转变功能失去后，生物体的生命周期能够增长 31%。斯兰克表示，研究

结果显示生物体的生命周期和内部器官的正常发育都是由其内部的一个生物钟来控制的。

研究的结果还表明,控制生物体生命周期的基因在发生转变时是通过胰岛素信号进行的,这表明由胰岛素推动的新陈代谢和生物体的衰老之间存在着一定的联系。

人类的基因中也有这种微糖核酸基因,因此这个研究成果将对控制人类寿命的研究产生极大的帮助,其中包括人类衰老产生的疾病。研究人员已经开始研究其它的微型糖核酸基因,以找到这些基因发挥作用的地点。研究人员还将在老鼠身上进行实验,测试这些基因是否能够产生相同的影响,并最终确定这些基因是否在人类衰老引起的疾病中发挥作用。

科学家发现古老"RNA 世界"遗迹

一些细菌能够四处"游动",变形成新的形态,有时甚至变为剧毒性的,而所有这一切并不需要 DNA 的参与。美国科学家近日阐释了细菌如何完成这些令人吃惊的行为,为理解地球最初生命的形态提供了帮助。相关论文发表在《科学》(Science) 杂志上。

现今,蛋白质几乎执行了所有生命的细胞功能。但是许多科学家相信情况并非全都如此,并且已经发现了 RNA 在细胞活性调节中发挥重要作用的许多例子。那么,RNA 是如何调节基因的呢?

在最新的研究中,美国耶鲁大学的 Ronald Breaker 和同事发现,仅有两个核苷组成的名为 cyclic di – GMP 的 RNA 分子能够激活一个更大的 RNA 结构——核糖开关 (riboswitch)。核糖开关能够调控大量的生物活性,它们位于信使 RNA 的单 链上并传输 DNA 的遗传指令,能够独立决定该激活细胞里的哪些基因，而这曾被认为是蛋白质独有的能力。

Breaker 实验室已经用化学方法制造出了核糖开关。而自 2002 年以来，已经发现了大约 20 种天然的核糖开关，其中大部分都藏在 DNA 的非基因编码区。Breaker 说："我们曾预测存在着一座古老的'RNA 之城'，最终我们成功地发现了它。"

此次研究有助解释与生命起源有关的问题。研究人员相信，数十亿年前，包含 RNA 的单链核苷是生命的最初形式，执行了目前由蛋白质完成的一些复杂的细胞功能，他们将其称作"RNA 世界"（RNA World）。Breaker 认为，核糖开关在细菌中高度保存，表明了它们的重要性和古老血统。

Breaker 表示，理解 RNA 的工作机制还能导致新的医疗手段。比如，模拟 cyclic di – GMP 的分子能够用于解除霍乱等细菌感染。

互动一刻

测定核酸的方法

琼脂糖凝胶具有较大的孔径，因而适用于对较大分子的电泳分离，目前琼脂糖电泳凝胶法已成为核糖核酸和脱氧核糖核酸检测、分离和性质研究的标准手段。

核酸在琼脂糖凝胶中的电泳迁移率取决于琼脂糖浓度、核酸分子的大小以及核酸分子的形状三个因素。一般来说，较低浓度的琼脂糖凝胶适合于较大分子物质的电泳分离，其电泳速度与分子量大小有关，且分子量的对数值与电泳迁移率之间存在着线性关系，由此可以作为定量的基础。

仪器装置

电泳室及直流电源。常用的水平式电泳室即可，电源为稳压直流电

物质科学 B

源，常压电泳一般在100－500V，高压电泳一般在500－10000V。

试剂

（1）醋酸－锂盐缓冲液（pH3．0）取冰醋酸50ml，加水800ml混合后，用氢氧化锂调节到pH值至3．0，在加水至1000ml。

（2）甲苯胺蓝溶液 去甲苯胺蓝0．1g，加水100ml使溶解。

操作法

（1）制胶 取琼脂糖约0．2g，加水10ml，置水浴中使溶胀完全，加温热的醋酸－锂盐缓冲溶液（pH3．0）10ml，混匀，趁热将胶液涂布于大小适宜（2．5cm×7．5cm或4cm×9cm）的玻板上，厚度约3mm，静置，待凝胶结成无气泡的均匀薄层，即得。

（2）标准品溶液及供试品溶液的制备：按照各药品项下制备。

（3）点样与电泳：在电泳槽内加入醋酸－锂盐缓冲溶液（pH3．0），将凝胶板置于电泳槽架上，经滤纸桥浸入缓冲液。于凝胶板负极端分别点样1μl，立即接通电源，在电压梯度约30V/cm、电流强度1－2mA/cm的条件下，电泳约20min，关闭电源。

（4）染色与脱色：取下凝胶板，用甲苯胺蓝溶液染色，用水洗去多余的染色液至背景无色为止。

在凝胶电泳中，首先应用的是琼脂电泳，它具有以下优点。1琼脂含液体量大，可达98%－99%，近似自由电泳，但是样品扩散度比自由电泳小，对蛋白质吸附极微。2琼脂作为支持体有均匀，区带整齐，分辨率高，重复性好等优点。3电泳速率快。4透明而不吸收紫外线，可以直接用紫外检测仪做定量测定。5区带易染色，样品易回收，有利于制备。然而琼脂中有很多硫酸根，电渗作用大。琼脂糖是从琼脂中提取出来的，是有半乳糖和3，6－脱水－L－半乳糖相互结合的链状多糖。含硫酸根比琼脂少，因而分离效果明显提高。

幽默"无极限"——基因趣闻

≫害羞可遗传

据英国《泰晤士报》近日报道，一个对羞怯进行研究的科研机构说，父母积极的培育和主流文化的影响是决定孩子是否成为害羞者的两个主要因素，但还有一个重要的第三因素：有迹象表明，害羞部分是由遗传带来的。

这个机构的研究报告说，同自信的人相比，害羞的人的大脑在社交场合中的表现是不同的。当处于不熟悉的场合中时，"害羞的大脑"在额叶的右侧会出现更多的电流活动。它被解释成一种夸大的恐惧反应，并经常伴有恐惧的生理特征，例如脉搏加快和肌肉紧张。但羞怯不单纯是由基因决定的。大量的研究表明，父母正确的培育方式可让孩子更自信。

害羞的孩子

以色列的孩子被认为是世界上最自信的，而日本的年轻人是最害羞的。英国和美国的年轻人则处于这两极之间。最流行的解释是，西方社会比东方社会更倾向个人主义，因此更鼓励个性表现。

≫人类的"喜怒哀乐"都可遗传

我们常常听到"某人笑起来像他父亲"这类的说法，人类行为学家

物质科学B

物质科学 B

父子的笑

曾解释这种现象为儿女会有意识地模仿父母的行为。然而，以色列的科学家们却发现，人类的一些面部表情是可以遗传的，并非模仿父辈的结果。

我们在生活中或者文学作品中听说这样的故事，婴儿在医院被抱错了，被非亲生父母抚养长大，但是他们不仅长相不像养父母，就连面部表情也不像；当亲生父母找到后，可以发现那孩子的面部表情的确像亲生父母。不过，文学作品终究是人们创作出来的，没有科学说服力。

为此，以色列海法大学进化研究中心的研究员吉利·培勒决定用盲人来做测试，因为盲人看不见父母的面部表情，他们也就不可能模仿父母的面部表情了。

培勒挑选了 21 名来自不同家族的盲人志愿者做实验，他们都是天生失明，从来没有见过他们的家人。他们的 30 名亲属也一起参与实验。研究人员要这些志愿者回忆从前那些令他们快乐、愤怒、悲伤或厌恶的事情。此外，也要他们做一些测验，并在测验中出其不意地出现一些意外的事情，借此观察他们专注、惊讶时的神情。在此期间，盲人们和他们的亲属的种种表情都被拍摄下来。

测试结果表明，这些盲人志愿者的喜怒哀乐和家人非常相似，尤其是表达消极情绪的面部表情最像。一些盲人的

喜怒哀乐也可以遗传

亲属有独具特点的表情，比如吃惊时竖眉毛、生气时咬嘴唇、思考时伸舌头等；而盲人的表情特点与其亲属很相似，与非亲属的表情特点差别较大。其中一位 28 岁的盲人男子更与文学作品中的悲剧人物有些像，他天生就失明，狠心的母亲在他出生 2 天后就抛弃了他，母子俩在孩子 18 岁那年相认了。这位志愿者虽然从小就和母亲分离，但他在测试中也会做出与其母亲一样在生气时闭唇咬牙、抖动右眉毛等独具特点的表情，这证实了科学家们一开始的想法。

研究人员把这些志愿者的表情特征输入计算机，让计算机分析这些人的亲缘关系，结果识别率高达 80%。1872 年，物种进化论的提出者达尔文提出理论说，面部表情是与生俱来的，并可遗传给后代。培勒的研究再次验证了达尔文的学说。

著名的进化论

根据盲人面部表情的测试结果分析，盲人与亲属表情特点相似的原因可能与其遗传基因较接近有关。人类一些基因的作用与其肌肉构造、神经分布和思维过程有关，这一机制可能影响人类面部表情的某些特点。

如果能够发现影响面部表情的基因，对于那些孤独症患者来说是个好消息，届时医生就可以对这些患者进行基因治疗，从根本上解除孤独症患者的痛苦。

≫父母遗传本有分工

如果你对自己的身高或胖瘦不满意的话，可以从父母身上各自找到确切的答案。英国近日一项研究发现，父亲通常影响孩子的身高，而母亲则通常决定了孩子的胖瘦程度。

高与矮也与遗传有关

英国研究人员从 1999 年就开始观察遗传因素和外界环境对胎儿和孩子早年成长情况的影响。英国德文暨艾克斯特皇家医院和半岛医学院的专家们集中研究了 1000 个家庭里的父亲对孩子的遗传情况。

研究人员分别对 1150 个孩子在刚出生、三个月大、一岁和两岁大时的身高、体重和头部周长进行了测量并做了记录，还收集了孩子们的脐带血样。初步的研究结果显示，父亲越高，他的婴儿在出生的时候也就越长；至于孩子身体的胖瘦情况主要是由母亲的身体肥胖指数决定的。

参与研究的比阿特丽斯·奈特教授说："虽然婴儿刚出生时身体的大小最初主要取决于生他的母亲的身体大小，但研究已经证实，父亲的身高对婴儿有着明显的影响，高大的父亲通常有着更长、更重的婴儿。"

同时，婴儿在子宫里的长度和早年的身高对他们未来的成长情况至关重要，还有助于预测以后的健康问题，特别是糖尿病。

≫ "记忆药丸"有望问世

加拿大科学家在实验中发现，通过改变老鼠大脑中的一种基因，能使老鼠的记忆力变强。这一重要研究成果，将可能帮助科学家研制出世界上第一种"记忆药丸"。在未来，也许只要吃上这样一颗药丸，人们就能增强自己的记忆力。

加拿大麦吉尔大学的研究人员发现，通过修改老鼠大脑中的一种特殊基因，能显著增强老鼠的长期记忆能力。这种基因会产生一种名叫

eIF2a 的调节蛋白，而这种蛋白会阻碍记忆的形成。当研究人员将老鼠大脑中的这一基因进行改变，使其出现一定缺陷时，老鼠的空间学习和记忆能力就会变强。

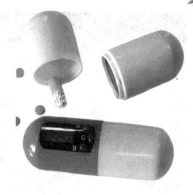

"记忆药丸"真的存在吗?

科学家认为，人类大脑中同样存在这种影响记忆的基因。科学家希望找到能控制这种特殊基因的分子，从而研制出增强记忆的药丸。这项研究的负责人马蒂奥里表示："如果能够研制成功这样一种药丸，将为老年性痴呆等记忆疾病患者提供新的治疗方法。"

不仅是患有记忆疾病的病人能够因此受益，普通人可以将通过服用这种药丸让自己的记忆力变得更强。

≫ "信仰基因" 使人更容易信仰宗教

美国遗传基因领域权威科学家迪安·哈默通过研究得出结论：一个人的宗教信仰是由这个人的基因构成决定的。一种名为"VMAT2"的基因决定着一个人信仰宗教的程度。左右信仰的基因"VMAT2"。

据哈默博士称，他通过对 2000 余份 DNA 取样的比较，认为 VMAT2 是决定一个人信仰宗教程度的关键。

哈默博士对所有提供 DNA 样本的志愿者进行了问卷调查，一共向他们提出了 226 个问题，以便了解这些志愿者在多大程度上觉得自己与世界之间存在着精神上的联系。哈默博士发现，那些分数越高的人，宗教信仰的

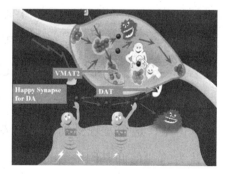

AMPH & VMAT2

物质科学B

传奇的释迦牟尼佛

the GOD gene

How Faith is Hardwired Into Our Genes

DEAN H. HAMER

AUTHOR OF LIVING WITH OUR GENES

受到宗教批评的科学书籍

程度也就越深。而巧合的是，大部分得分高的人，都具有相同的基因——VMAT2。

这种基因的学名称作"突触囊泡单胺转运体"，它控制着人类大脑内主管情绪变化的化学物质的流动。一对双胞胎中具有这种基因的人则更容易持有某种宗教信仰。

哈默博士还说，在宗教氛围浓厚的环境内长大的人并不是绝对具有宗教信仰。"信仰基因"的存在可以解释，为什么有些人比别人更具有宗教热情。

哈默博士说："佛教创始人释迦牟尼、伊斯兰教创始人穆罕默德以及基督教的救世主耶稣，都具有一个共同点——即曾有过一系列神奇的经历或者转变。这说明他们很可能都带有VMAT2这种基因。这表明，精神信仰的倾向性与基因的组合方式具有关联。并且，这种基因并不是严格的由父辈遗传给孩子，它有可能隔代遗传，就像一个人的智力一样。"

但是，这个发现受到了宗教界人士的批评。宗教界向来置疑科学家所认为的"信仰基因"存在与否。

他们认为，如果存在这种基因，那么就违背了一条最基本的信仰原则——精神层面上的启迪不是通过大脑的刺激，而是在经历神圣的转变后才能够完成的。

哈默博士把自己的新发现写成了书，书名是《The？God？Gene：How？Faith？Is？Hardwired？Into？Our？Genes》。但是此书受到了宗教界的强烈批评。

英国皇家科学院会员、利物浦教堂的神学人员约翰·波尔今霍恩说："存在信仰基因这种东西的观点，与我个人的神学观格格不入。人们不能将信仰的存在与否归结到最初级的基因上去。这根本是头脑简单的思维方式。"

牛津大学曼斯菲尔德学院的牧师、神学家沃尔特·休斯顿说："宗教信仰并不仅仅与一个人的本能有联系。它与社会、传统、性格等多种因素相关联。仅靠基因就想解释所有的问题，对我来说难以信服。"

然而，对于自己的研究哈默博士坚信不移。他称自己的研究并不是试图反驳人们对上帝的信仰。他指出："信仰宗教的人具有特别的基因，这恰恰证明了造物主的精巧。存在这种基因，是一个聪明的途径帮助人们认识和拥有神圣的信仰。"

≫母爱的力量——改变遗传密码

遗传基因一向被认为是先天确定、不可改变的，但最近加拿大麦基尔大学的基因学家却研究发现，母爱可能足以改变我们的遗传密码，这种变化还可以遗传下去。

最近加拿大麦基尔大学的基因学家在研究中控制母老鼠舔舐新生小老鼠和为它们梳理毛发的时间，最终实验结果表明享受到母亲更多照顾的小老鼠更加胆大且更爱冒险。实验还发现，母亲的照顾之所以起作用，是因为它改变了一种控制大脑对压力反应的基因的表达。这种基因变化

物质科学B

导致大脑中的海马长出更多的压力受体，减少身体对压力的反应。随后的实验显示，这种基因变化是持久的，甚至可以遗传给后代。

这一惊人发现意味着，我们的遗传蓝图不是在出生之前就确定下来的，我们的身体能够改变生物学指令，使我们更好地适应不断变化的世界，而不是等待数百万年的进化去适应。

由此而发，母爱真的可以改变我们的遗传特质吗？母爱对于一个人的真正影响究竟多大？

对于母爱是否会影响到一个人的遗传基因，目前生物学界认为，DNA序列是不可能在外界环境的影响下发生改变的，除非发生自发性或诱发性突变。由此看来，母爱并不能改变我们的基因。

但是，从DNA到信使RNA，再到蛋白质的这一生成过程中，同一基因序列

母爱的力量也能改变遗传密码

会有多种成熟方式。面向同一序列，如果编辑方式不同，那么其表现结果也就不同，这正是日益兴起的表观遗传学所着力研究的内容。简单而言，基因是不可改变的，但同一基因可产生的多种蛋白质是可以改变的。众所周知，人体绝大部分的生物功能都和蛋白质有关，不仅如此，蛋白质可能还和人们的性格等存在一定关联。由此可以推论，即使我们不能改变遗传基因，但也可以改变基因的表现形式——蛋白质，并最终改变一个人。

≫增加精神分裂风险的聪明基因

一项新的基因研究发现，一种普通的基因似乎既能加强大脑中的一

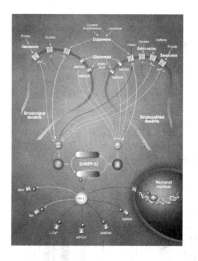

在多信号转导途径中的 DARPP - 32

种关键的思维回路，也可能增加发生精神分裂症的风险，也就是说，这种使我们聪明的基因也可能使我们疯狂。

美国国家精神卫生研究所的科学家检查了一种叫做 DARPP - 32 的基因。三分之二的研究对象通过遗传而获得这种基因的至少一个副本。

研究人员发现，这种基因能优化大脑中的信息交换回路。当信息交换回路有效工作时，正常的结果是思维更活跃，记忆增强，DARPP - 32 基因可能也因此增强。但是，同样的回路也可能使某些人的大脑功能出现故障，导致精神分裂症。对 257 个有精神分裂病史的家庭的调查显示，在这种病人当中，优化的 DARPP - 32 基因比较普遍。

国家精神卫生研究所的丹尼尔·温伯格说，这可能是因为思维回路得到优化时，如有其他基因与环境因素介入，就可能产生不良影响，结果就容易患精神分裂症。

≫ 植物 DNA "条形码"

科学家发现了一段植物 DNA 可以作为一种通用的 "条码" 用于鉴别开花植物，从而帮助生物多样性的研究。

他们还希望它能够用于追踪濒危植物物种，并检查它们是否被非法运输。

由英国的伦敦帝国理工学院和皇家植物园的 Vincent Savolainen 领导的这个研究组在 2 月 4 日出版的《美国科学院学报》上发表了他们的研

究成果。

　　尽管 DNA 条码技术——用一段特殊的 DNA 区域区分不同的物种——已经用于动物，此前尚未在开花植物中发现这样一种单一而通用的 DNA 片断。

　　科学家讨论了（可能用于生命条码的）各种 DNA 片断。Savolainen 及其同事在超过 1600 种植物样本中测试了 8 种这样的片断，这些植物主要来自哥斯达黎加的兰花和南非克鲁格国家公园的一些其它植物——选择这些地点是由于它们具有非凡的生物多样性。

　　他们发现一个称为 matK 的基因的特殊部分很容易使用，而且拥有一个合适的"条码差异"——各个物种之间的差距足够大，而在一个物种内的相似程度也足够大，可以用于物种鉴别。

　　Savolainen 说："未来我们想看到，这种读取植物遗

DNA 条码标注生命

传条码的设想会转化为一种便携式设备，可以带到任何环境中，迅速而容易地分析任何植物样本的 matK 基因，并把它和一个庞大的信息库进行比较，实现几乎即时的鉴别。"

　　巴拿马的史密森热带研究所的高级科学家 Eldredge Bermingham 热切盼望着科学界采用一种植物的条码。

　　"植物在 DNA 条码方面落后于动物，这仅仅是由于没能达成一致意见。如果科学界决定采用 matK 基因，它将促进植物学领域，并帮助它赶上来。"

≫ DNA 寻祖

2007 年 2 月 18 日，美国黑人社会活动家阿尔·夏普顿独自走进南卡州的一处丛林，来到一片不引人注目的坟墓前驻足。150 年前，这里还曾经是一座种植园，黑人奴隶在这里工作、生活、恋爱、生子。面对这片被人遗忘的黑人奴隶墓地，夏普顿说："这里就是我的祖先生活过的地方。"

Al Sharpton（阿尔·夏普特）

其实之前夏普顿并不知道这片墓地的所在，几周前，美国的家谱学研究专家对比了夏普顿的 DNA 数据后发现，他与这里埋葬的黑人奴隶竟然有血缘关系，并把这个消息告诉了他。夏普顿祭拜祖先的消息在美国引起了一场轩然大波，因为家谱学专家研究发现，夏普顿的祖先曾经是前南卡莱纳州议员斯特罗姆·瑟蒙德的祖先的奴隶；瑟蒙德曾经参与总统竞选，并公开宣布支持种族分离主义——这一发现极具讽刺意味。

DNA 检测系统

如今夏普顿这样的故事还在发生，美国社会已经掀起了一股利用 DNA 监测寻找自己祖先和亲人的热潮。数百万不同肤色、不同信仰的美国人加入了寻找自己家族历史的队伍，他们希望通过寻祖来明确自己的身世，而这也对美国这个移民社会产生了重大的影响。借助互联网技术的发展，人们已经可以轻松搜索那些隐秘的信息，这些信息也许藏在某个地方的图书馆的古老书架上。

现在，通过 DNA 监测的办法来研究、探索自己的家族史在美国成为一种时尚，人们只要花费几百美元就可以利用最先进的基因检测技术来确定自己的身份和种族。目前在美国有几十家公司提供此类服务，顾客只要提供自己身上的一个细胞或一根头发，基因检测机构就能够以此来确定被检测者的身份。此外，有的公司还能够提供更细致的服务，就连你属于哪个少数民族的分支或部落这样的信息都能检测出来。

基因寻祖已经帮助数百万美国人找到了自己的祖先和亲人。娜塔就是一个例子，她利用 DNA 检测技术成功地在意大利的一个村庄里找到了自己的祖先。现在，她每两年都会去拜访这个村庄，去拜祭自己的祖先。但这样的寻祖过程却并不容易，一些人为了能够找到自己的亲属，不惜采取一些极端的办法，例如从垃圾中寻找能够用于 DNA 测试的材料。蒂特对 DNA 测试十分着迷，为了能够得到那个长得像其兄弟的人的测试材料，她从佛罗里达州西部港口城市坦帕赶往佐治亚州，随身带着她的基因测试工具包。她说："我打算从垃圾箱里捡出他的咖啡杯，对此我将不惜任何手段。"同样，为了证实一个死去的人是不是自己的亲属，一名美国人偷偷地从死者身上取下一些头发进行检测。

如今，网络和 DNA 技术已经让数百万美国公民发现了自己的家族史，也让他们找到了自己的祖先和亲人。但寻根不都是顺利和愉快的，尤其在美国黑人寻找自己祖先的过程中，他们大多会碰到许多人不愿谈论的问题———黑人奴隶。在基因检测技术被广泛利用的同时，美国也发生了一些让人捧腹的事情。比如一名美国公民在自己身上发现有犹太人的 DNA，于是他就向以色列政府申请双重国籍；美国一些年轻人发现自己身上有非洲、亚洲人种的基因后，就在大学入学时向学校申请旨在帮助少数民族的奖学金……

小知识

物质科学B

人与袋鼠基因印记机制相同

澳大利亚、英国及美国科学家近日研究确定，虽然生殖策略有所不同，但人类和有袋动物（marsupial）拥有相同的基因印记（genetic imprinting）机制。

这一机制在1.5亿年前进化而成，它调控胎儿发育中的基因表达，并在胎儿的生长中发挥重要作用。相关论文发表在《自然－遗传学》（Nature Genetics）上。

论文作者之一、澳大利亚墨尔本大学动物学系的 Andrew Pask 说："我们的每个基因都有两个副本，分别遗传自父亲和母亲，所以每个基因我们都有一个备份。通常两个副本都参与发育，但在一些特殊情况下，其中一个副本会被关闭，只剩下一个有活性的副本，这种现象就称作基因印记。没有了备份以后，一旦发生错误，就会导致人类的很多遗传疾病，影响生长和大脑功能。"

Pask 解释说，调控胎儿生长的关键基因——胰岛素样生长因子Ⅱ（IGF2）就是一个印记基因。他说："我们从父亲继承的这个基因的副本能正常行使功能，而从母亲继承的副本被关闭。这种开关由另外一种名为 H19 的基因所控制，H19 与众不同，它制造 microRNA 而不是蛋白质。多年来科学家一直在有袋动物体内寻找 microRNA 基因，此次是首次发现。"

他表示，这一 microRNA 结构与人类及小鼠的完全相同，但没有证据表明在亲缘关系更远的鸭嘴兽身上也具有这一基因或类似的 microRNA。

论文另一位合作者、墨尔本大学的 Geoffrey Shaw 说："了解基因印记

的进化非常重要，它能帮助我们确定这一机制的运行方式以及我们该采取哪些措施来避免许多人类疾病的发生。"

生命的能源支柱——蛋白质

≫氨基酸排排队——什么是蛋白质

组成蛋白质的基本单位是氨基酸，氨基酸通过脱水缩合形成肽链。蛋白质由一条或多条多肽链组成的生物大分子，每一条多肽链有二十到数百个氨基酸残基不等；各种氨基酸残基按一定的顺序排列。产生蛋白质的细胞器是核糖体。

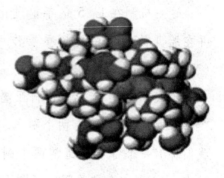

蛋白质结构图

蛋白质（protein）是生命的物质基础，没有蛋白质就没有生命。因此，它是与生命及与各种形式的生命活动紧密联系在一起的物质。机体中的每一个细胞和所有重要组成部分都有蛋白质参与。蛋白质占人体重量的 16.3%，即一个 60kg 重的成年人其体内约有蛋白质 9.8kg。人体内蛋白质的种类很多，性质、功能各异，但都是由 20 多种氨基酸按不同比例组合而成的，并在体内不断进行代谢与更新。被食入的蛋白质在体内经过消化分解成氨基酸，吸收后在体内主要用于重新按一定比例组合成人体蛋白质，同时新的蛋白质又在不断代谢与分解，时刻处于动态平衡中。因此，食物蛋白质的质和量、各种氨基酸的比例，关系到人体蛋白质合成的量，尤其是青少年的生长发育、孕产妇的优生优育、老年人的健康长寿，都与膳食中蛋白质的量有着密切的关系。

物质科学 B

➤好钢用在刀刃上——蛋白质的功能

蛋白质的生理功能十分强大。

它可以构造人的身体。蛋白质是一切生命的物质基础，是肌体细胞的重要组成部分，是人体组织更新和修补的主要原料。人体的每个组织：毛发、皮肤、肌肉、骨骼、内脏、大脑、血液、神经、内分泌等都是由蛋白质组成，所以说饮食造就人本身。蛋白质对人的生长发育非常重要。

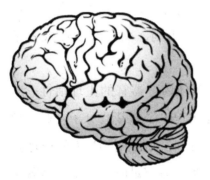

大脑的大致外表

比如大脑发育的特点是一次性完成细胞增殖，人的大脑细胞的增长有二个高峰期。第一个是胎儿三个月的时候；第二个是出生后到一岁，特别是0——6个月的婴儿是大脑细胞猛烈增长的时期。到一岁大脑细胞增殖基本完成，其数量已达成人的9/10。所以0到1岁儿童对蛋白质的摄入要求很有特色，对儿童的智力发展尤关重要。

它也可以修补人体组织。人的身体由百兆亿个细胞组成，细胞可以说是生命的最小单位，它们处于永不停息的衰老、死亡、新生的新陈代谢过程中。例如年轻人的表皮28天更新一次，而胃黏膜两三天就要全部更新。所以一个人如果蛋白质的摄入、吸收、利用都很好，那么皮肤就是光泽而又有弹性的。反之，人则经常处于亚健康状态。组织受损后，包括外伤，不能得到及时和高质量的修补，便会加速机体衰退。

它还可以维持肌体正常的新陈代谢和各类物质在体内的输送。载体蛋白对维持人体的正常生命活动是至关重要的。可以在体内运载各种物质。比如血红蛋白—输送氧（红血球更新速率250万/秒）、脂蛋白—输

物质科学B

送脂肪、细胞膜上的受体还有转运蛋白等。

它更可以维持机体内的渗透压的平衡及体液平衡和维持体液的酸碱平衡。

它甚至能构成人体必需的催化和调节功能的各种酶。我们身体有数千种酶，每一种只能参与一种生化反应。人体细胞里每分钟要进行一百多次生化反应。酶有促

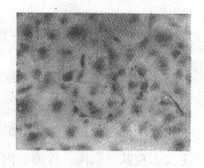

人体内的免疫细胞

进食物的消化、吸收、利用的作用。相应的酶充足，反应就会顺利、快捷的进行，我们就会精力充沛，不易生病。否则，反应就变慢或者被阻断。

蛋白质也是激素的主要原料。具有调节体内各器官的生理活性。胰岛素是由 51 个氨基酸分子合成。生长素是由 191 个氨基酸分子合成。免疫细胞和免疫蛋白有白细胞、淋巴细胞、巨噬细胞、抗体（免疫球蛋白）、补体、干扰素等。七天更新一次。当蛋白质充足时，这个部队就很强，在需要时，数小时内可以增加 100 倍。

牛奶中富含完全蛋白质

蛋白质能构成神经递质乙酰胆碱、五羟色氨等。维持神经系统的正常功能：味觉、视觉和记忆。

另外有一种胶原蛋白，它占了身体蛋白质总量的 1/3，生成结缔组织，构成身体骨架。如骨骼、血管、韧带等，决定了皮肤的弹性，保护大脑（在大脑脑细胞中，很大一部分是胶原细胞，并且形成血脑屏障保护大脑）。

营养学上根据食物蛋白质所含氨基酸

的种类和数量将食物蛋白质分三类：

1、完全蛋白质。这是一类优质蛋白质，它们所含的必需氨基酸种类齐全，数量充足，彼此比例适当。这一类蛋白质不但可以维持人体健康，还可以促进生长发育。奶、蛋、鱼、肉中的蛋白质都属于完全蛋白质。

2、半完全蛋白质。这类蛋白质所含氨基酸虽然种类齐全，但其中某些氨基酸的数量不能满足人体的需要。它们可以维持生命，但不能促进生长发育。例如，小麦中的麦胶蛋白便是半完全蛋白质，含赖氨酸很少。食物中所含与人体所需相比有差距的某一种或某几种氨基酸叫做限制氨基酸。谷类蛋白质中赖氨酸含量多半较少，所以，它们的限制氨基酸是赖氨酸。

3、不完全蛋白质。这类蛋白质不能提供人体所需的全部必需氨基酸，单纯靠它们既不能促进生长发育，也不能维持生命。例如，肉皮中的胶原蛋白便是不完全蛋白质。

蛋白质在细胞和生物体的生命活动过程中，起着十分重要的作用。生物的结构和性状都与蛋白质有关。蛋白质还参与基因表达的调节，以及细胞中氧化还原、电子传递、神经传递乃至学习和记忆等多种生命活动过程。在细胞和生物体内各种生物化学反应中起催化作用的酶主要也是蛋白质。许多重要的激素，如胰岛素和胸腺激素等也都是蛋白质。此外，多种蛋白质，如植物种子（豆、花生、小麦等）中的蛋白质和动物蛋白、奶酪等都是供生物营养生长之用的蛋白质。有些蛋白质如蛇毒、蜂毒等是动物攻防的武器。

蛋白质和人体健康

蛋白质是荷兰科学家格里特在 1838 年发现的。他观察到有生命的东

物质科学 B

物质科学B

西离开了蛋白质就不能生存。蛋白质是生物体内一种极重要的高分子有机物，占人体干重的54%。蛋白质主要由氨基酸组成，因氨基酸的组合排列不同而组成各种类型的蛋白质。人体中估计有10万种以上的蛋白质。生命是物质运动的高级形式，这种运动方式是通过蛋白质来实现的，所以蛋白质有极其重要的生物学意义。人体的生长、发育、运动、遗传、繁殖等一切生命活动都离不开蛋白质。生命运动需要蛋白质，也离不开蛋白质。

人体内的一些生理活性物质如胺类、神经递质、多肽类激素、抗体、酶、核蛋白以及细胞膜上、血液中起"载体"作用的蛋白都离不开蛋白质，它对调节生理功能，维持新陈代谢起着极其重要的作用。人体运动系统中肌肉的成分以及肌肉在收缩、作功、完成动作过程中的代谢无不与蛋白质有关，离开了蛋白质，体育锻炼就无从谈起。

在生物学中，蛋白质被解释为是由氨基酸借肽键联接起来形成的多肽，然后由多肽连接起来形成的物质。通俗易懂些说，它就是构成人体组织器官的支架和主要物质，在人体生命活动中，起着重要作用，可以说没有蛋白质就没有生命活动的存在。每天的饮食中蛋白质主要存在于瘦肉、蛋类、豆类及鱼类中。

蛋白质缺乏会引起成年人肌肉消瘦、肌体免疫力下降、贫血，严重者将产生水肿。而对于未成年人则会使生长发育停滞、贫血、智力发育差，视觉差。蛋白质也不能摄入过量，因为蛋白质在体内不能贮存，多了肌体无法吸收，过量摄入蛋白质，将会因代谢障碍产生蛋白质中毒甚至于死亡。

≫解构蛋白质——蛋白质的结构

蛋白质的生物活性不仅决定于蛋白质分子的一级结构，而且与其特定的空间结构密切相关。异常的蛋白质空间结构很可能导致其生物活性的降低、丧失，甚至会导致疾病，疯牛病、Alzheimer's 症等都是由于蛋白质折叠异常引起的疾病。蛋白质如何在细胞内正确地折叠？为什么这个过程有时会失败？过去四十年间关于蛋白质折叠过程的研究集中在当变性剂被缓冲液稀释后变性的蛋白质如何再重新折叠这一问题上。但是这样的体外研究与真正的细胞内情况相去甚远。强调活体细胞内的蛋白质正常折叠、异常折叠的研究，尤其是折叠催化剂、分子伴侣和大分子的参与是这一领域目前的研究热点。在功能和结构细节上阐明关于蛋白质折叠的过程将对相关疾病的预防和治疗有重要意义。

肽单位（peptide unit）：又称为肽基（peptide group），是肽键主链上的重复结构。是由参与肽链形成的氮原子，碳原子和它们的 4 个取代成分：羧基氧原子，酰氨氢原子和两个相邻 α - 碳原子组成的一个平面单位。

蛋白质一级结构（primary structure）：指蛋白质中共价连接的氨基酸残基的排列顺序。

蛋白质二级结构（protein 在蛋白质分子中的局布区域内氨基酸残基的有规则的排列。常见的有二级结构有 α - 螺旋和 β - 折叠。二级结构是通过骨架上的羧基和酰胺基团之间形成的氢键维持的。

蛋白质三级结构（protein tertiary structure）：蛋白质分子处于它的天然折叠状态的三维构象。三级结构是在二级结构的基础上进一步盘绕，折叠形成的。三级结构主要是靠氨基酸侧链之间的疏水相互作用，氢键，范德华力和盐键

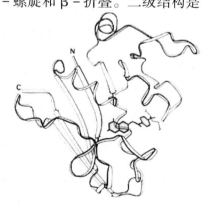

某三级结构的蛋白质

物质科学 B

物质科学 B

（离子键）维持的。此外共价二硫键在稳定某些蛋白质的构象方面也起着重要作用。

蛋白质四级结构（protein quaternary structure）：多亚基蛋白质的三维结构。实际上是具有三级结构多肽（亚基）以适当方式聚合所呈现的三维结构。

超二级结构（super – secondary structure）：也称为基元（motif）。在蛋白质中，特别是球蛋白中，经常可以看到由若干相邻的二级结构单元组合在一起，彼此相互作用，形成有规则的，在空间上能辨认的二级结构组合体。

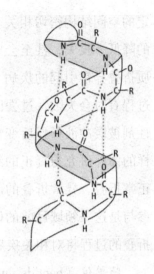

某二级 α – 螺旋结构的蛋白质

结构域（domain）：在蛋白质的三级结构内的独立折叠单元。结构域通常都是几个超二级结构单元的组合。

二硫键（disulfide bond）：通过两个（半胱氨酸）巯基的氧化形成的共价键。二硫键在稳定某些蛋白的三维结构上起着重要的作用。

范德华力（van der Waals force）：中性原子之间通过瞬间静电相互作用产生的一弱的分子之间的力。当两个原子之间的距离为它们范德华力半径之和时，范德华力最强。强的范德华力的排斥作用可防止原子相互靠近。

α – 螺旋（α – heliv）：蛋白质中常见的二级结构，肽链主链绕假想的中心轴盘绕成螺旋状，一般都是右手螺旋结构，螺旋是靠链内氢键维持的。每个氨基酸残基（第 n 个）的羧基与多肽链 C 端方向的第 4 个残基（第 4 + n 个）的酰胺氮形成氢键。在古典的右手 α – 螺旋结构中，螺距为 0.54nm，每一圈含有 3.6 个氨基酸残基，每个残基沿着螺旋的长轴上升 0.15nm。

β-折叠（β-sheet）：蛋白质中常见的二级结构，是由伸展的多肽链组成的。折叠片的构象是通过一个肽键的羧基氧和位于同一个肽链的另一个酰氨氢之间形成的氢键维持的。氢键几乎都垂直伸展的肽链，这些肽链可以是平行排列（由 N 到 C 方向）或者是反平行排列（肽链反向排列）。

β-转角（β-turn）：也是多肽链中常见的二级结构，是连接蛋白质分子中的二级结构（α-螺旋和 β-折叠），使肽链走向改变的一种非重复多肽区，一般含有 2～16 个氨基酸残基。含有 5 个以上的氨基酸残基的转角又常称为环（loop）。常见的转角含有 4 个氨基酸残基有两种类型：转角 I 的特点是第一个氨基酸残基羧基氧与第四个残基的酰氨氮之间形成氢键；转角 II 的第三个残基往往是甘氨酸。这两种转角中的第二个残倚大都是脯氨酸。

最佳蛋白质食物

最适合食用的蛋白质食物不一定是那些蛋白质含量最高的食物。因为我们还要考虑到该种食物中其他营养物质的含量。例如，一块牛排中，蛋白质提供的热量占 25%，其余的 75% 来自脂肪，且多数是饱和脂肪。而在大豆中，蛋白质提供总热量的 1/2，因此它事实上是一种优于羊肉的蛋白质食物来源，但是它真正的价值在于其余的热量都来自对身体有益的合成碳水化合物，且不含任何饱和脂肪。这使得大豆制品成为一种理想的食物，对素食者而言更是如此。

食用大豆最简单的方式就是食用豆腐，它是一种由豆类制成的凝乳状食物。豆腐有很多种类——软的、硬的、醋渍的、熏制的以及烟制的。

软豆腐会令做出的汤口感更加细腻。硬豆腐可以切成丁，和蔬菜一起偏炒、烟炖或用砂锅来炖。由于豆腐没有什么味道，所以最好用味道重一些的食物和调味料进行烹制。

奎奴亚藜的种植已经有 5000 年的历史，且很长时间以来一直被誉为高海拔地区工作者的力量之源。人们将其称为"谷物之母"，因为它具有持续提供能量的特性，它所含有的蛋白质质量要优于肉类之中含有的蛋白质。尽管一直被认作谷物，但是从技术角度讲，它其实是一种水果。它的营养价值是独一无二的，其蛋白质的

富含优质蛋白的奎奴亚藜

含量超过谷物，而且必需脂肪的含量多于水果。此外它还富含维生素和矿物质，其 富含优质蛋白的奎奴亚藜中钙的含量是小麦的 4 倍，还有铁、B 族维生素以及维生素 E。奎仅亚藜的脂肪含量很低：它所含有的油脂大部分是多不饱和脂肪，可以提供必需脂肪酸。因此，奎奴亚藜大概是你可以找到的最理想的食物了。

很多健康食品商店都出售奎奴亚藜，并将其用做稻米的替代品。烹制时，将奎奴亚藜和水按 1：2 的比例配制，然后煮 15 分钟就可以食用了。

≫蛋白质中的叛徒——朊病毒

蛋白质又叫作"朊"。有一种特别的蛋白质称为朊病毒。朊病毒疾病（又称可传播性海绵状脑病）是一类引起人和动物神经组织退化的疾病，包括人的克雅氏病（CJD）、震颤病以及动物的疯牛病（又称牛海绵状脑病）等。人的朊病毒病已发现有 4 种：库鲁病（Ku – rmm）、克——雅氏

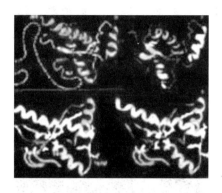

朊病毒的结构

综合症（CJD）、格斯特曼综合症（GSS）及致死性家庭性失眠症（FFI）。

朊病毒的临床变化都局限于人和动物的中枢神经系统。病理研究表明，随着朊病毒的侵入、复制，在神经元树突和细胞本身，尤其是小脑星状细胞和树枝状细胞内发生进行性空泡化，星状细胞胶质增生，灰质中出现海绵状病变。

物质科学 B

朊病毒病属慢病毒性感染，皆以潜伏期长，病程缓慢，进行性脑功能紊乱，无缓解康复，终至死亡为特征。

对于人类而言，朊病毒病的传染有两种方式。其一为遗传性的，即人家族性朊病毒传染；其二为医源性的，如角膜移植、脑电图电极的植入、不慎使用污染的外科器械以及注射取自人垂体的生长激素等。至于人和动物间是否有传染，目前尚无定论。但有消息说，英国已有两位拥有"疯牛病"牛的农场主死于克——雅氏综合症，预示着人和动物间有相互传染的可能性，这有待于科学家的进一步研究证实。由于朊病毒病目前尚无有效的治疗方法，因此只能积极预防。

蛋白质互补食用——事半功倍

无论是那种谷类、蔬果还是肉类，其蛋白质中各种氨基酸的组成和含量与人类实际的需要相比总有些不足。当然了，植物和人的需要千差万别，怎么能一样呢？

每个人的食量也是有限，为了在有限的摄入量范围内达到生命需要的量，食用各种食物，互相搭配，取长补短，来使其接近人体需要，提高其营养价值是非常必要的。这种通过食物搭配，来达到氨基酸平衡的效果，叫做蛋白质的互补作用。

在实际生活中我们也常将多种食物混合食用，这样做不仅可以调整口感，增加食物多样性，还十分符合营养科学的原则。

例如，谷类食物蛋白质的赖氨酸含量不足，蛋氨酸含量较高；而豆类食物的蛋白质恰好相反，蛋氨酸低而赖氨酸高。把大米和大豆一起蒸米饭，混合食用，蛋白质的效用可大大提高（从60提高到73）。再例如，面粉、牛肉单独食用时，其蛋白质的生物价分别为67和

鸡蛋黄

76，若按70%和30%的比例混合着吃（也就是说一个馒头和一两牛肉），其蛋白质的生物价可提高到89。

≫蛋白质的相关学科

1982美国人S. B. Prusiner发现蛋白质因子Prion，更新了医学感染的概念，于1997年获诺贝尔生理医学奖。20世纪最惊人的发现之一就是许多蛋白质的活性状态和失活状态可以互相转化，在一个精确控制的溶液条件下（例如通过透析除去导致失活的化学物质），失活的蛋白质可以转变为活性形式。如何使蛋白质恢复到它们的活性状态使生物化学的一个主要研究领域，称为蛋白质折叠学。

蛋白质的合成是通过细胞中的酶的作用将DNA中所隐藏的信息转录到mRNA中，再由tRNA按密码子—反密码子配对的原则，将相应氨基酸运到核糖体中，按照mRNA的编码按顺序排列成串，形成多肽链，再

进行折叠和扭曲成蛋白质。蛋白质为生命的基础大分子。可视为生命体的砖块。

通过基因工程，研究者可以改变序列并由此改变蛋白质的结构，靶物质，调控敏感性和其他属性。不同蛋白质的基因序列可以拼接到一起，产生两种蛋白属性的"荒诞"的蛋白质，这种熔补形式成为细胞生物学家改变或探测细胞功能的一个主要工具。另外，蛋白质研究领域的另一个尝试是创造一种具有全新属性或功能的蛋白质，这个领域被称为蛋白质工程。

物质科学B

科学家发现与清凉感有关的蛋白质

夏日炎炎，吃一根雪糕或含一块薄荷糖，都能给人清凉的感觉。科学家最近在分子水平上找到了这种清凉感的根源——一种特殊的受体蛋白质。这种蛋白质名叫 TRPM8，科学家已经证实它在实验鼠体内起着能感知温度降低的作用，还能感知薄荷中的清凉物质——薄荷醇的存在。科学家认为，人体内的这种蛋白质有类似作用。

美国加利福尼亚大学旧金山分校的研究小组发现，缺少这种蛋白质的变异实验鼠在遇冷时，皮肤神经的电位几乎没有变化，即它们对温度降低没有感觉。TRPM8 蛋白质与感知高温和辣椒素的蛋白质属于同一类，这些蛋白质存在于某些神经的细胞膜中，形成离子通道，通道在受到外界信号刺激时打开或关闭。较低的温度和薄荷醇都能使 TRPM8 通道打开，让钙离子等带正电的小粒子进入细胞内部。实验室研究显示，在温度降到 27 摄氏度以下时，人类和实验鼠细胞的该通道都会打开。不过 TRPM8 只在中等程度的低温下起关键作用，在温度低于 10 摄氏度时，机

物质科学 B

体对寒冷的反应就不再由它主要负责。

研究人员认为，低温能麻痹皮肤、缓解疼痛。美国斯克里普斯研究所的科学家证实，缺乏 TRPM8 蛋白质的变异鼠对疼痛更敏感，这表明该蛋白质是低温能够减少痛感的原因；某医药研究开发实验室的科学家则发现，TRPM8 蛋白质可能对治疗"冷痛觉过敏"，即对低温过于敏感，并在非伤害性低温下也感觉异常疼痛的疾病有所启发。能使普通实验鼠患上"冷痛觉过敏"的人工手段对缺乏 TRPM8 蛋白质的鼠无效，这意味着针对该蛋白质起作用的药物可能治疗这种疾病。

分解后的蛋白质美丽依然——氨基酸

≫面纱背后的神秘——氨基酸

我们常在广告中听说："我们产品是一种氨基酸产品！"那氨基酸究竟是什么东西呢？氨基酸其实是生物功能大分子蛋白质的基本组成单位，是构成动物营养所需蛋白质的基本物质。其含有一个碱性氨基和一个酸性羧基，氨基一般连在 α—碳上。同时氨基酸也是奥运会运动员比赛后休息时喝的一种饮料。

人体所需的氨基酸约有 22 种，分非必需氨基酸和必需氨基酸（人体无法自身合成）。另有酸性、碱性、中性、杂环分类，是根据其化学性质分类的。

必需氨基酸（essential amino acid）是指人体（或其它脊椎动物）不能合成或合成速度远不适应机体的需要，必需由食物蛋白供给，这些氨基

胱氨酸结构式

酸称为必需氨基酸。共有 8 种其作用分别是：

①赖氨酸（Lysine）：促进大脑发育，是肝及胆的组成成分，能促进脂肪代谢，调节松果腺、乳腺、黄体及卵巢，防止细胞退化；

②色氨酸（Tryptophane）：促进胃液及胰液的产生；

③苯丙氨酸（Phenylalanine）：参与消除肾及膀胱功能的损耗；

④蛋氨酸（又叫甲硫氨酸）（Methionine）：参与组成血红蛋白、组织与血清，有促进脾脏、胰脏及淋巴的功能；

⑤苏氨酸（Threonine）：有转变某些氨基酸达到平衡的功能；

⑥异亮氨酸（Isoleucine）：参与胸腺、脾脏及脑下腺的调节以及代谢；脑下腺属总司令部作用于甲状腺、性腺；

⑦亮氨酸（Leucine）：作用平衡异亮氨酸；

⑧缬氨酸（Viline）：作用于黄体、乳腺及卵巢。

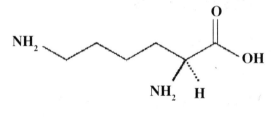

赖氨酸分子式

其理化特性大致有：

1）都是无色结晶。熔点约在 230°C 以上，大多没有确切的熔点，熔融时分解并放出 CO_2；都能溶于强酸和强碱溶液中，除胱氨酸、酪氨酸、二碘甲状腺素外，均溶于水；除脯氨酸和羟脯氨酸外，均难溶于乙醇和乙醚。

2）有碱性［二元氨基一元羧酸，例如赖氨酸（lysine）］；酸性［一元氨基二元羧酸，例如谷氨酸（Glutamic acid）］；中性［一元氨基一元羧酸，例如丙氨酸（Alanine）］三种类型。大多数氨基酸都呈显不同程度的酸性或碱性，呈显中性的较少。所以既能与酸结合成盐，也能与碱结合成盐。

3）由于有不对称的碳原子，呈旋光性。同时由于空间的排列位置不

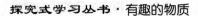
同，又有两种构型：D型和L型，组成蛋白质的氨基酸，都属L型。由于以前氨基酸来源于蛋白质水解（现在大多为人工合成），而蛋白质水解所得的氨基酸均为α—氨基酸，所以在生化研究方面氨基酸通常指α—氨基酸。至于β、γ、δ……ω等的氨基酸在生化研究中用途较小，大都用于有机合成、石油化工、医疗等方面。氨基酸及其衍生物品种很多，大多性质稳定，要避光、干燥贮存。

非必需氨基酸（nonessential amino acid）是指人（或其它脊椎动物）自己能由简单的前体合成，不需要从食物中获得的氨基酸。例如甘氨酸、丙氨酸等氨基酸。

小知识

美研究发现一种氨基酸可抑制赌瘾

美国明尼苏达大学的研究人员通过一个小规模试验发现，一种名为"N–乙酰半胱氨酸"的氨基酸能抑制某些人的赌瘾。

该高校的研究人员报告说，他们给27名赌瘾较大的人补充N–乙酰半胱氨酸，8周后，有16人减少了赌博的欲望。接着，这16人当中的13人继续参加为期6周的研究，其中一部分人继续补充N–乙酰半胱氨酸，另一些人补充无任何作用的安慰剂，结果服用N–乙酰半胱氨酸的小组中约83%的人认为自己的赌瘾更小了，而安慰剂小组中只有约29%的人能够保持较小的赌博欲望。

N–乙酰半胱氨酸是一种常见的氨基酸，它是治疗醋氨酚中毒的重要药物。此项研究的负责人乔恩·格兰特表示，尽管他和同事尚不清楚这种氨基酸抑制赌瘾的机制，但研究结果表明用医疗手段戒除赌瘾并非不可能。

≫氨基酸"手拉手"——肽

两个或两个以上氨基通过肽键共价连接形成的聚合物就是肽。是氨基酸通过肽键相连的化合物，蛋白质不完全水解的产物也是肽。肽按其组成的氨基酸数目为 2 个、3 个和 4 个等不同而分别称为二肽、三肽和四肽等，一般含 10 个以下氨基酸组成的称

$$HN_2-CH-[\overset{O}{\overset{\|}{C}}-NH-CH-\overset{O}{\overset{\|}{C}}-OH$$
$$\overset{|}{R} \qquad\qquad \overset{|}{R}]_n$$

二肽分子结构式

寡肽（oligopeptide），由 10 个以上氨基酸组成的称多肽（polypeptide），它们都简称为肽。肽链中的氨基酸已不是游离的氨基酸分子，因为其氨基和羧基在生成肽键中都被结合掉了，因此多肽和蛋白质分子中的氨基酸均称为氨基酸残基（amino acid residue）。

多肽有开链肽和环状肽。在人体内主要是开链肽。开链肽具有一个游离的氨基末端和一个游离的羧基末端，分别保留有游离的 α – 氨基和 α – 羧基，故又称为多肽链的 N 端（氨基端）和 C 端（羧基端），书写时一般将 N 端写在分子的左边，并用（H）表示，并以此开始对多肽分子中的氨基酸残基依次编号，而将肽链的 C 端写在分子的右边，并用（OH）来表示。目前已有约 20 万种多肽和蛋白质分子中的肽段的氨基酸组成和排列顺序被测定了出来，其中不少是与医学关系密切的多肽，分别具有重要的生理功能或药理作用。

多肽在体内具有广泛的分布与重要的生理功能。其中谷胱甘肽在红细胞中

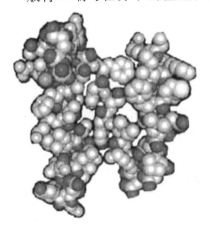

某种多肽的空间结构

含量丰富，具有保护细胞膜结构及使细胞内酶蛋白处于还原、活性状态的功能。而在各种多肽中，谷胱甘肽的结构比较特殊，分子中谷氨酸是以其 γ－羧基与半胱氨酸的 α－氨基脱水缩合生成肽键的，且它在细胞中可进行可逆的氧化还原反应，因此有还原型与氧化型两种谷胱甘肽。

近年来一些具有强大生物活性的多肽分子不断地被发现与鉴定，它们大多具有重要的生理功能或药理作用，又如一些"脑肽"与机体的学习记忆、睡眠、食欲和行为都有密切关系，这增加了人们对多肽重要性的认识，多肽也已成为生物化学中引人瞩目的研究领域之一。

多肽与肥胖

肥胖症已成为世界范围的流行病。肥胖症作为一种全身内分泌代谢疾病，严重影响身心健康，目前已成为医学界、生物学界迫切需要解决的问题。近几十年来的研究表明，无论是内源性还是外源性的多肽，或是调节摄食行为，或是脂肪代谢，或是影响血脂等方面来控制体重，因此对肥胖的预防和治疗有重大意义。

大豆肽与抑制脂肪合成、加速脂肪燃烧相关。给予肥胖老鼠口服从大豆提取的小肽片段，可显著减少体重及子宫周围的脂肪水平。给老鼠喂食大豆多肽的实验结果表明，血清中的胆固醇和甘油三酯明显下降。这说明，大豆肽对高血脂大鼠具有降低胆固醇和甘油三酯的作用。

疾病杀手——多肽药物

传统的多肽类药物主要是多肽类激素，近年来对多肽类药物的开发已经发展到疾病防治的各个领域，特别是在以下各领域发展较快。

物质科学B

抗肿瘤多肽：肿瘤的发生是多种因素作用的结果，但最终都要涉及癌基因的表达调控。现在已发现很多与肿瘤相关的基因以及对肿瘤产生作用的调控因子，筛选与这些基因及与调控因子特异结合的多肽，已成为寻找抗癌药物的新热点。如生长抑素已用于治疗消化系统内分泌肿瘤；美国学者发现了一个能在体内显著抑制腺癌的六肽；瑞士科学家发现一个能诱导肿瘤细胞凋亡的八肽。

抗病毒多肽：病毒通过与宿主细胞上的特异受体结合吸附细胞，依赖其自身的特异蛋白酶进行蛋白加工及核酸复制。因此可从肽库内筛选与宿主细胞受体结合的多肽，或能与病毒蛋白酶等活性位点结合的多肽，用于抗病毒的治疗。目前，加拿大、意大利等国家已从肽库内筛选到很多具有抗病毒性的小肽，有些小肽已进入临床试验阶段。

多肽疫苗：多肽疫苗与核酸疫苗是目前疫苗研究领域内较受重视的研究方面之一，目前世界上对病毒多肽疫苗进行了大量的研究和开发。如 1999 年美国 NIH 公布了两种 HIV－I 病毒多肽疫苗对人体进行的临床试验结果；国外学者从丙肝病毒（HCV）外膜蛋白 E2 内筛选出一种多肽，它可刺激机体产生保护性抗体；美国正在开发疟疾多价抗原多肽疫苗；宫颈癌人乳头瘤病毒多肽疫苗已进入 II 期临床试验。我国在多种多肽疫苗研究方面也已做了大量的工作。

抗菌活性肽：当昆虫受到外界环境刺激时会产生大量具有抗菌活性的阳离子多肽，目前已从中筛选出百余种抗菌肽。体内外实验证实，很多抗菌肽不仅有很强的抗菌、杀菌能力，而且还能杀死肿瘤细胞。用于心血管疾病的多肽：很多植物中含有具有降血压、调血脂、溶血栓等作用的物质，这些物质不

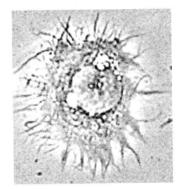

让人闻之色变的肿瘤分子

仅可用作药物，亦可用作保健食品。现已发现其中很多有效成分是小分子肽，因此从植物中发现新的活性肽并进行研究和开发已成为多肽类药物研究的热点途径。

≫ 生命的基础——氨基酸的作用

构成人体的最基本的物质，有蛋白质、脂类、碳水化合物、无机盐、维生素、水和食物纤维等。而作为构成蛋白质分子的基本单位的氨基酸，无疑是构成人体内最基本物质之一。

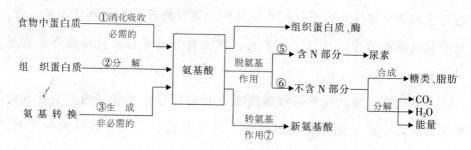

氨基酸作用的简释图

如果人体缺乏任何一种必需氨基酸，就可导致生理功能异常，影响抗体代谢的正常进行，最后导致疾病。同样，如果人体内缺乏某些非必需氨基酸，会产生抗体代谢障碍。精氨酸和瓜氨酸对形成尿素十分重要；胱氨酸摄入不足就会引起胰岛素减少，血糖升高。又如创伤后胱氨酸和精氨酸的需要量大增，如缺乏，即使热能充足仍不能顺利合成蛋白质。总之，氨基酸在人体内通过代谢可以发挥下列一些作用：合成组织蛋白质；变成酸、激素、抗体、肌酸等含氨物质；转变为碳水化合物和脂肪；氧化成二氧化碳和水及尿素，产生能量。因此，氨基酸在人体中的存在，不仅提供了合成蛋白质的重要原料，而且对于促进生长，进行正常代谢、维持生命提供了物质基础。如果人体缺乏或减少其中某一种，人体的正常生命代谢就会受到障碍，甚至导致各种疾病的发生或生命活动终止。

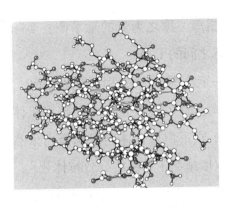

某种蛋白质分子的空间结构

由此可见，氨基酸在人体生命活动中显得多么需要。

蛋白质在机体内的消化和吸收是通过氨基酸来完成的。作为机体内第一营养要素的蛋白质，它在食物营养中的作用是显而易见的，但它在人体内并不能直接被利用，而是通过变成氨基酸小分子后被利用的。即它在人体的胃肠道内并不直接被人体所吸收，而是在胃肠道中经过多种消化酶的作用，将高分子蛋白质分解为低分子的多肽或氨基酸后，在小肠内被吸收，沿着肝门静脉进入肝脏。一部分氨基酸在肝脏内进行分解或合成蛋白质；另一部分氨基酸继续随血液分布到各个组织器官，任其选用，合成各种特异性的组织蛋白质。在正常情况下，氨基酸进入血液中与其输出速度几乎相等，所以正常人血液中氨基酸含量相当恒定。如以氨基氮计，每百毫升血浆中含量为 $4\sim6$ 毫克，每百毫升血球中含量为 $6.5\sim9.6$ 毫克。饱餐蛋白质后，大量氨基酸被吸收，血中氨基酸水平暂时升高，经过 $6\sim7$ 小时后，含量又恢复正常。说明体内氨基酸代谢处于动态平衡，以血液氨基酸为其平衡枢纽，肝脏是血液氨基酸的重要调节器。因此，食物蛋白质经消化分解为氨基酸后被人体所吸收，抗体利用这些氨基酸再合成自身的蛋白质。人体对蛋白质的需要实际上三四是对氨基酸的需要。

当每日膳食中蛋白质的质和量适宜时，

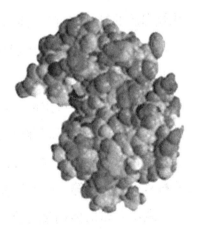

某种酶的空间结构

摄入的氮量由粪、尿和皮肤排出的氮量相等，称之为氮的总平衡。实际上是蛋白质和氨基酸之间不断合成与分解之间的平衡。

正常人每日食进的蛋白质应保持在一定范围内，突然增减食入量时，机体尚能调节蛋白质的代谢量维持氮平衡。食入过量蛋白质，超出机体调节能力，平衡机制就会被破坏。完全不吃蛋白质，体内组织蛋白依然分解，持续出现负氮平衡，如不及时采取措施纠正，终将导致抗体死亡。

氨基酸分解代谢所产生的α-酮酸，随着不同特性，循糖或脂的代谢途径进行代谢。α-酮酸可再合成新的氨基酸，或转变为糖或脂肪，或进入三羧循环氧化分解成 CO_2 和 H_2O，并放出能量。

酶的化学本质是蛋白质（氨基酸分子构成），如淀粉酶、胃蛋白酶、胆碱脂酶、碳酸酐酶、转氨酶等。含氮激素的成分是蛋白质或其衍生物，如生长激素、促甲状腺激素、肾上腺素、胰岛素、促肠液激素等。有的维生素是由氨基酸转变或与蛋白质结合存在。酶、激素、维生素在调节生理机能、催化代谢过程中起着十分重要的作用。

氨基酸在医药上主要用来制备复方氨基酸输液，也用作治疗药物和用于合成多肽药物。目前用作药物的氨基酸有一百几十种，其中包括构成蛋白质的氨基酸有 20 种和构成非蛋白质的氨基酸有 100 多种。由多种氨基酸组成的复方制剂在现代静脉营养输液以及"要素饮食"疗法中占有非常重要的地位，对维持危重病人的营养，抢救患者生命起积极作用，成为现代医疗中不可少的医药品种之一。谷氨酸、精氨酸、天门冬氨酸、胱氨酸、L-多巴等氨基酸单独作用治疗一些疾病，主要用于治疗肝病疾病、消化道疾病、脑病、心血管病、呼吸道疾病以及用于提高肌肉活力、儿科营养和解毒等。此外氨基酸衍生物在癌症治疗上出现了希望。

老年人如果体内缺乏蛋白质分解较多而合成减慢。因此一般来说，老年人比青壮年需要蛋白质数量多，而且对蛋氨酸、赖氨酸的需求量也高于青壮年。60 岁以上老人每天应摄入 70 克左右的蛋白质，而且要求蛋白质所含必需氨基酸种类齐全且配比适当的，这样适当摄入优质蛋白，会使人延年益寿。

日开发出氨基酸单品膳食补充剂产品

日本协和发酵公司最近新开发了 4 种单品氨基酸膳食补充剂——"协和发酵的氨基酸"，它成为目前市场上惟一可以方便地摄取的纯氨基酸单品膳食补充剂产品。

虽然天然存在的氨基酸多达 500 种以上，但其中构成蛋白质的氨基酸只有 20 种，它们各具不同的作用。在关于氨基酸营养生理作用的大量研究报告显示，氨基酸制品大部分是由几种氨基酸复配而成的，或是具有复杂氨基酸组成的蛋白质经水解反应生成的水解生成产物多种氨基酸组合产品。

扬起生命之湖的涟漪——激素

≫荷尔蒙——激素

激素（Hormone）音译为荷尔蒙。希腊文原意为"奋起活动"，它对肌体的代谢、生长、发育和繁殖等起重要的调节作用。

激素就是高度分化的内分泌细胞合成并直接分泌入血的化学信息物质，它通过调节各种组织细胞的代谢活动来影响人体的生理活动。由内分泌腺或内分泌细胞分泌的高效生物活性物质，在体内作为信使传递信息，对机体生理过程起调节作用的物质称为激素。它是我们生命中的重要物质。

现在把凡是通过血液循环或组织液起传递信息作用的化学物质，都称为激素。激素的分泌均极微量，为毫微克（十亿分之一克）水平，但其调节作用均极明显。激素作用甚广，但不参加具体的代谢过程，只对特定的代谢和

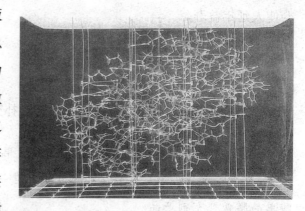

牛胰岛素分子结构模型

生理过程起调节作用，调节代谢及生理过程的进行速度和方向，从而使机体的活动更适应于内外环境的变化。激素的作用机制是通过与细胞膜上或细胞质中的专一性受体蛋白结合而将信息传入细胞，引起细胞内发生一系列相应的连锁变化，最后表达出激素的生理效应。激素的生理作用主要是：通过调节蛋白质、糖和脂肪等物质的代谢与水盐代谢，维持代谢的平衡，为生理活动提供能量；促进细胞的分裂与分化，确保各组织、器官的正常生长、发育及成熟，并影响衰老过程；影响神经系统的发育及其活动；促进生殖器官的发育与成熟，调节生殖过程；与神经系统密切配合，使机体能更好地适应环境变化。

研究激素不仅可了解某些激素对动物和人体的生长、发育、生殖的影响及致病的机理，还可利用测定激素来诊断疾病。许多激素制剂及其人工合成的产物已广泛应用于临床治疗及农业生产。利用遗传工程的方法使细菌生产某些激素，如生长激素、胰岛素等已经成为现实，并已广泛应用于临床上。

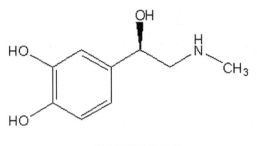

肾上腺素的结构式

激素是内分泌细胞制造的。人体内分泌细胞有群居和散住两种。群居的形成了内分泌腺，如脑壳里的脑垂体，脖子前面的甲状腺、甲状旁腺，肚子里的肾上腺、胰岛、卵巢及阴囊里的睾

丸。散住的如胃肠粘膜中有胃肠激素细胞，丘脑下部分泌肽类激素细胞等。每一个内分泌细胞都是制造激素的小作坊。大量内分泌细胞制造的激素集中起来，便成为不可小看的力量。

人工合成胰岛素的经过

1902 年，伦敦大学医学院的两位生理学家 Bayliss 和 Starling 在动物胃肠里发现了一种能刺激胰液分泌的神奇物质。他们把它称为胰泌素。这是人类第一次发现的多肽物质。由于这一发现开创了多肽在内分泌学中的功能性研究，其影响极为深远，诺贝尔奖委员会授予他们诺贝尔生理学奖。

1931 年，一种命名为 P 物质的多肽被发现，它能兴奋平滑肌并能舒张血管而降低血压。科学家们从此开始关注多肽类物质对神经系统的影响，并把这类物质称为神经肽。

1953 年，由 Vigneand 领导的生化小组第一次完成了生物活性肽催产素的合成。此后整个 50 年代的多肽研究，主要集中于脑垂体所分泌的各种多肽激素。

1952 年，生物化学家 Stanley Cohen 在将肉瘤植入小鼠胚胎的实验中，

发现小鼠交感神经纤维生长加快、神经节明显增大这一现象。8年后的1960年，才发现这是一种多肽在起作用，并将之称为神经生长因子（NGF）。

50年代末，Merrifield发明了多肽固相合成法并因此荣获诺贝尔化学奖。

60年代初期，多肽的研究出现了惊人的发展，多肽的结构分析、生物功能等都相继取得成果。

1965年9月17日，人工合成胰岛素在中国首次成功，这也是世界上第一个蛋白质的全合成。这一成果促进了生命科学的发展，开辟了人工合成蛋白质的时代。这项工作的完成，被认为是六十年代多肽和蛋白质合成领域最重要的成就，极大的提高了我们国家的科学声誉，对我国在蛋白质和多肽合成方面的研究起了积极的推动作用。人工牛胰岛素的合成，标志着人类在认识生命，探索生命奥秘的征途中，迈出了关键性的一步，产生了及其巨大的意义与影响。

≫ 探索无止境——对于激素的研究

1853年，法国的巴纳德研究了各种动物的胃液后，发现了肝脏具有多种不可思议的功能。贝尔纳认为含有一种物质来完成这种功能。可是他没有研究出这种物质，实际上那就是激素。

甲状腺素的分子式

1880年，德国的奥斯特瓦尔德从甲状腺中提出大量含有碘的物质，并确认这就是调节甲状腺功能的物质。后来才知道这也是一种激素。

1889年，巴纳德的学生西夸德发现了另一种激素的功能。他认为动物的睾丸中一定含有活跃身体功能的物质，但一直未能找到。

1901 年，在美国从事研究工作的日本人高峰让吉从牛的副肾中提取出调节血压的物质，并做成晶体，起名为肾上腺素，这是世界上提取出的第一激素晶体。

1902 年，英国生理学家斯塔林和贝利斯经过长期的观察研究，发现当食物进入小肠时，由于食物在肠壁摩擦，小肠粘膜就会分泌出一种数量极少的物质进入血液，流送到胰腺，胰腺接到后就立刻分泌出胰液来。他们将这种物质提取出来，注入哺乳动物的血液中，发现即使动物不吃东西，也会立刻分泌出胰液来，于是他们给这种物质起名为"促胰液"。

后来斯塔林和贝利斯给上述这类数量极少但有生理作用，可激起生物体内器官反应的物质起名为"激素"（荷尔蒙）。

自从出现激素一词后，新的激素又不断地被发现，人们对激素的认识还在不断地加深、扩大。

药茶降低糖尿病患者对胰岛素的依赖

孟加拉国研究人员发明了一种药茶，它有助于降低糖尿病患者对注射胰岛素的依赖。孟加拉国科学和工业研究委员会的研究人员以当地一种名为"Jarul"的树的叶子为原料，开发出了这种药茶。孟加拉国糖尿病协会主席阿扎德·可汗说，由于药茶采用了植物的天然提取物，因此它没有副作用。孟加拉国专家说，这种药茶对长期依赖注射胰岛素的糖尿病患者可能会有助益，药茶可以降低患者血液中的血糖水平，从而降低他们对注射胰岛素的依赖。

一些糖尿病患者由于胰腺中分泌胰岛素的细胞受到破坏，必须人工注射胰岛素以保持糖代谢稳定，并可能因此对胰岛素产生依赖性。

物质科学 B

物质科学B

▶▶平衡的跷跷板——激素的分泌及调节

激素的分泌有一定的规律，既受机体内部的调节，又受外界环境信息的影响。激素分泌量的多少，对机体的功能有着重要的影响。

激素分泌的周期性和阶段性。由于机体对地球物理环境周期性变化以及对社会生活环境长期适应的结果，使激素的分泌产生了明显的时间节律,血中激素浓度也就呈现了以日、月、或年为周期的波动。这种周期性波动与其它刺激引起的波动毫无关系,可能受中枢神经的"生物钟"控制。

激素在血液中的型式及浓度。激素分泌入血液后，部分以游离形式随血液运转，另一部分则与蛋白质结合，是一种可逆性

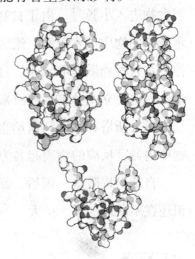

生长激素的模型

过程。即游离型＋结合蛋白 结合型，但只有游离型才具有生物活性。不同的激素结合不同的蛋白，结合比例也不同。结合型激素在肝脏代谢与由肾脏排出的过程比游离型长，这样可以延长激素的作用时间。因此，可以把结合型看作是激素在血中的临时储蓄库。激素在血液中的浓度也是内分泌腺功能活动态的一种指标，它保持着相对稳定。如果激素在血液中的浓度过高，往往表示分泌此激素的内分泌腺或组织功能亢进；过低，则表示功能低下或不足。

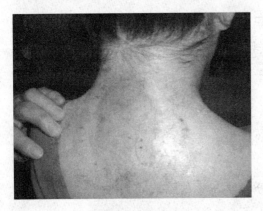

长期服用激素的副作用

物质科学B

激素分泌的调节。已如前述激素分泌的适量是维持机体正常功能的一个重要因素，故机体在接受信息后，相应的内分泌腺是否能及时分泌或停止分泌。这就要机体的调节，使激素的分泌能保证机体的需要；又不至过多而对机体有损害。引起各种激素分泌的刺激可以多种多样，涉及的方面也很多，有相似的方面，也有不同的方面，但是在调节的机制方面有许多共同的特点，简述如下。

当一个信息引起某一激素开始分泌时，往往调整或停止其分泌的信息也反馈回来。即分泌激素的内分泌细胞随时收到靶细胞及血中该激素浓度的信息，或使其分泌减少（负反馈），或使其分泌再增加（正反馈），常常以负反馈效应为常见。最简单的反馈回路存在于内分泌腺与体液成分之间，如血中葡萄糖浓度增加可以促进胰岛素分泌，使血糖浓度下降；血糖浓度下降后，则对胰岛分泌胰岛素的作用减弱，胰岛素分泌减少，这样就保证了血中葡萄糖浓度的相对稳定。又如下丘脑分泌的调节肽可促进腺垂体分泌促激素，而促激素又促进相应的靶腺分泌激素以供机体的需要。当这种激素在血中达到一定浓度后，能反馈性的抑制腺垂体、或下丘脑的分泌，这样就构成了下丘脑——腺垂体——靶腺功能轴，形成一个闭合回路，这种调节称闭环调节，按照调节距离的长短，又可分长反馈、短反馈和超短反馈。要指出的是，在某些情况下，后一级内分泌细胞分泌的激素也可促进前一级腺体的分泌，呈正反馈效应，但较为少见。

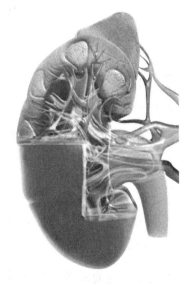

分泌激素的重要器官——肾脏

在闭合回路的基础上，中枢神经系统可接受外环境中的各种应激性及光、温度等刺激，再通过下丘脑把内分泌系统与外环境联系起来形成开口环路，促进各级内分泌腺分泌，使机体能更好地适应于外环境。此时闭合环路暂时失效。这种调节称为开环调节。

激素从分泌入血，经过代谢到消失（或消失生物活性）所经历的时间长短不同。为表示激素的更新速度，一般采用激素活性在血中消失一半的时间，称为半衰期，作为衡量指标。有的激素半衰期仅几秒；有的则可长达几天。半衰期必须与作用速度及作用持续时间相区别。激素作用的速度取决于它作用的方式；作用持续时间则取决于激素的分泌是否继续。激素的消失方式可以是被血液稀释、由组织摄取、代谢灭活后经肝与肾，随尿、粪排出体外。

胰岛素与血管形成有关

糖尿病最常见的有两种类型——Ⅰ型糖尿病和Ⅱ型糖尿病，其中Ⅱ型糖尿的发病率增长的最快。而且Ⅱ型糖尿病患者在首次心脏病发作时的死亡率是未患糖尿病者的两倍之多。此外，糖尿病与缺血性中风心脏病患者的死亡率也明显较高。

现在，Joslin 糖尿病中心的 George L. King 教授领导的一项研究发现了可能导致这种死亡率差异的生理机制。这一发现将有助于开发出能增进糖尿病患者心脏病发后的存活率新疗法。

在这之前，研究人员已经知道糖尿病患者的血管生成较弱，如今则发现了可能的原因。研究人员发现胰岛素能使心脏细胞增加 VEGF 的制造，而 VEGF 又与血管形成密切相关。胰岛素能与心脏细胞膜上的胰岛素受体结合,从而活化制造 VEGF 的 PI3K／AKT 路径;而对胰岛素产生抗性

物质科学 B

的患者来说则反应迟缓,心脏制造较少的 VEGF,因此血管形成也变慢了。

这项研究对肥胖的、罹患 Ⅱ 型糖尿病的 Zucker 老鼠和心脏细胞缺乏胰岛素受体的 MIKRO 老鼠进行分析。在利用胰岛素刺激 Zucker 老鼠的心脏时,其体内胰岛素作用异常——这可能与 VEGF 和血管生成减少有关。进一步的分析显示该路径受到抑制,并使血管形成减少。而缺乏胰岛素受体的老鼠,其 VEGF、血管生成也减少——这意味着受体是关键影响因子。

这项研究揭示出,如果能改善心脏的 VEGF 与胰岛素的作用,将有助于提高新血管的生成,从而有助于降低心脏病死亡率。

非同"小"可——维生素

或许大家小时候都有类似的经历:父母常常告诫我们,要多吃蔬菜瓜果才能摄取到足够的维生素,身体才会健康。那么,这个同健康息息相关的"维生素"到底是何方神圣,它到底多么神通广大呢?在了解它之前,我们先来听听有关维生素的趣闻。

"离不开"的维生素

科学家们研究发现,人体内的某些营养物质缺乏,特别是维生素的缺乏,是造成不能控制心理状态,进而导致暴力行为和犯罪的主要因素。其中以维生素 B1、C、B12、E、B6 与犯罪关系比较密切。维生素 B1 缺乏时,容易出现肌肉无力、麻木、感觉过敏、烦燥、思想不集中;维生素 C 缺乏时,人会感到疲劳、嗜睡、烦躁不安;维生素 B12 缺乏时，会表现为精神发育迟缓、表情呆滞。许多自杀者和暴力倾向着为严重缺乏维生素 B12；维生素 E 缺乏时，人易疲劳、四肢无力、心慌多汗、控制能力差；维生素 B6 缺乏时，会出现头昏眼花、记忆力差、肌肉痉挛、暴躁等；当其它维生素缺乏时，也会不同程度地反应出生理和心理上的不良症状。为此科学家们试图对有暴力倾向的人补充维生素，以达到调解其心理状态和过激行为。并且，据悉最近英国科学家研究生产了一种维生素药丸，服用后会使食物的营养成分发生变化，并使服用者减少暴力行为，这是为控制罪犯的进攻性行为所进行的一次新的尝试。

≫ "二两拨千斤"——维生素

维生素（Vitamin）这个词是波兰化学家卡西米尔·冯克最先提出的，是由拉丁文的生命（Vita）和氨（－amin）缩写而得，因为他当时认为维生素中都属于胺类（后来证明并非如此，但是名称仍然被保留了下来）。在中文中，曾经被翻译为威达敏（陈宰均译）、维生素（高似兰译）、生活素及维他命（直接音译）。维生素有"维持生命的营养素"的意思；而维他命被有人解释为"唯有它才可以保命"，当然实际上即使缺乏维生素生物体也不会死亡。

由于维生素对人类生命活动的重要作用，人类很早就意识到它的存在。早在古埃及时，人们就发现进食某些食品可以避免患夜盲症，但是那是人们还不知道它的具体机理，中国古代中医也已经注意到一些富含维生素的中药对疾病的预防和治疗作用。1747 年英国海军军医詹姆斯·林德总结以前的经验，提出

蔬果补充维生素

了用柠檬预防坏血病的方法，但是他还不知到究竟是什么物质对坏血病有抵抗作用。

1912 年，波兰化学家卡西米尔·冯克从米糠中提取出一种能够治疗脚气病的白色物质（硫胺），他称之为 Vitamin，这是第一次对维生素命名。随着分析科学和医学技术的进步，越来越多的维生素被发现，人们开始用字母来区别不同的维生素，出现了维生素 A、维生素 B1 等名称（在汉语里，曾经使用维生素甲、维生素乙这样的说法，但现在已经基本不再被使用）。

维生素是维持人体生命活动必需的一类有机物质，也是保持人体健康的重要活性物质。维生素在体内的含量很少，但在人体生长、代谢、发育过程中却发

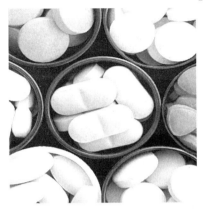

维生素药片

药片补充维生素

挥着重要的作用。各种维生素的化学结构以及性质虽然不同，但它们却有着以下共同点：维生素均以维生素前体的形式存在于食物中；不是构成机体组织和细胞的组成成分，它也不会产生能量，它的作用主要是参与机体代谢的调节；大多数的维生素，机体不能合成或合成量不足，不能满足机体的需要，必须经常通过食物中获得；人体对维生素的需要量很小，日需要量常以毫克（mg）或微克（ug）计算，但一旦缺乏就会引发相应的维生素缺乏症，对人体健康造成损害。维生素与碳水化合物、脂肪和蛋白质三大物质不同，在天然食物中仅占极少比例，但又为人体

物质科学B

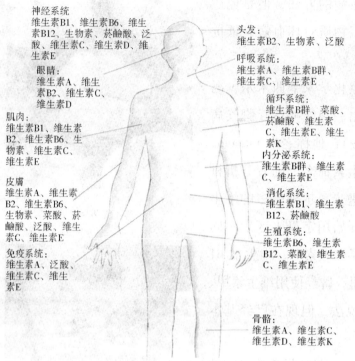

神经系统：
维生素B1、维生素B6、维生素B12、生物素、苏醣酸、泛酸、维生素C、维生素D、维生素E

眼睛：
维生素A、维生素B2、维生素C、维生素D

肌肉：
维生素B1、维生素B2、维生素B6、生物素、维生素C、维生素E

皮肤
维生素A、维生素B2、维生素B6、生物素、菜酸、苏醣酸、泛酸、维生素C、维生素E

免疫系统：
维生素、泛酸、维生素C、维生素E

头发：
维生素B2、生物素、泛酸

呼吸系统：
维生素A、维生素B群、维生素C、维生素E

循环系统：
维生素B群、菜酸、苏醣酸、维生素C、维生素E、维生素K

内分泌系统：
维生素B群、维生素C、维生素E

消化系统：
维生素B1、维生素B12、苏醣酸

生殖系统：
维生素B6、维生素B12、菜酸、维生素C、维生素E

骨骼：
维生素A、维生素C、维生素D、维生素K

所必需。维生素大多不能在体内合成，必须从食物中摄取。维生素本身不提供热能。有些维生素如 B6、K 等能由动物肠道内的细菌合成，合成量可满足动物的需要。动物细胞可将色氨酸转变成烟酸（一种 B 族维生素），但生成量不敷需要；维生素 C 除灵长类（包括人类）及豚鼠以外，其他动物都可以自身合成。植物和多数微生物都能自己合成维生素，不必由体外供给。许多维生素是辅基或辅酶的组成部分。

≫七十二般变化显神通——维生素的分门别类

人体有如一座极为复杂的化工厂，不断地进行着各种生化反应。反应与酶的催化作用有密切关系。酶要产生活性，必须有辅酶参加。已知许多维生素是酶的辅酶或者是辅酶的组成分子。因此，维生素是维持和调节机体正常代谢的重要物质。

可以认为，最好的维生素是以"生物活性物质"的形式，存在于人体组织中。

类别		代表字母	其他名称	生理功能	主要来源
脂溶性维生素		A（A_1、A_2）	抗干眼病醇、抗干眼病维生素、视黄醇	抗干眼病，参与视力作用，预防表皮细胞角化，促进生长	鱼肝油、胡萝卜、绿色蔬菜
		D（D_2、D_3）	骨化醇、抗佝偻病维生素	调节钙磷代谢，预防佝偻病与软骨病	鱼肝油、奶油、用紫外线照射的牛乳
		E	生育维生素、生育酚	预防不育症	谷类的胚芽及其中的油
		K（K_1、K_2、K_3）	止血维生素	促进血液凝固	肝
水溶性维生素	维生素B族	B_1	硫胺素、抗神经炎维生素	抗神经炎、预防脚气病	酵母、谷类胚芽、肝
		B_2	核黄素	预防唇、舌炎等，促进生长	酵母、肝
		P；B_5	烟酸、尼古酸、抗癞皮病维生素	预防癞皮病；形成辅酶I、II的成分	酵母、谷类胚芽、肝、花生
		B_6	吡哆醇、抗皮炎维生素	与氨基酸代谢有关	酵母、米糠、谷类胚芽、肝
		B_{11}	叶酸	预防恶性贫血	肝、植物的叶
		B_{12}	氰钴素	预防恶性贫血	肝
		H	生物素	预防皮肤病，促进脂类的代谢	肝、酵母
水溶性维生素	维生素C族	H_1	对一氨基苯甲酸	有利于毛发的发育	肝、酸母
		C	抗坏血酸、抗坏血病维生素	预防及治疗坏血病，促进细胞间质生长	蔬菜、水果
		P	芦丁、渗透性维生素、柠檬素	增加毛细血管抵抗力，维护血管正常透过性	柠檬、芸香

　　维生素是个庞大的家族，就目前所知的维生素就有几十种，大致可分为脂溶性和水溶性两大类。有些物质在化学结构上类似于某种维生素，经过简单的代谢反应即可转变成维生素，此类物质称为维生素原，例如 β－胡萝卜素能转变为维生素 A；但要经许多复杂代谢反应才能成为维生

物质科学 B

素。水溶性维生素从肠道吸收后，通过循环到机体需要的组织中，多余的部分大多由尿排出，在体内储存甚少。脂溶性维生素大部分由胆盐帮助吸收，循淋巴系统到体内各器官。体内可储存大量脂溶性维生素。维生素 A 和 D 主要储存于肝脏，维生素 E 主要存于体内脂肪组织，维生素 K 储存较少。水溶性维生素易溶于水而不易溶于非极性有机溶剂，吸收后体内贮存很少，过量的多从尿中排出；脂溶性维生素易溶于非极性有机溶剂，而不易溶于水，可随脂肪为人体吸收并在体内储积，排泄率不高。

下面，我们仅以几种维生素为例来介绍。

维生素 A

维生素 A（vitamin A）又称视黄醇，是一个具有酯环的不饱和一元醇，包括维生素 A_1、A_2 两种。维生素 A_1 和 A_2 结构相似。

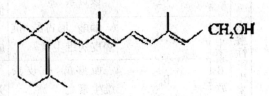

视黄醇（维生素 A_1）化学结构式

早在 1000 多年前，唐朝孙思邈在《千金方》中继在动物肝脏可治疗夜盲症。1913 年，美国台维斯等 4 位科学家发现，鱼肝油可以治愈干眼病。并从鱼肝油中提纯出一种黄色粘稠液体，1920 年英国科学家曼俄特将其正式命名为维生素 A。国际上正式将维生素 A 看作营养上的必须因素，缺乏后会导致夜盲症。

富含维生素 A 的食物

维生素 A 是脂溶性的醇类物质，有多种分子形式。其中 VA_1 主要存在与动物肝脏、血液和眼球的视网膜中，又叫视黄醇，熔点 64℃，分子式 $C_{20}H_{30}O$；VA_2 主要在淡水鱼中存在，熔点只有 17 ～ 19℃，分子式 $C_{20}H_{28}O$。

维生素 A 缺乏症之——夜盲症

富含维生素 A 的食物主要有两类：一是维生素 A 原，即各种胡萝卜素，存在于植物性食物中，如绿叶菜类、黄色菜类以及水果类，含量较丰富的有菠菜、苜蓿、豌豆苗、红心甜薯、胡萝卜、青椒、南瓜等；另一类是来自于动物性食物的维生素 A，这一类是能够直接被人体利用的维生素 A，主要存在于动物肝脏、奶及奶制品（未脱脂奶）及禽蛋中。

维生素 A 的一般作用：防止夜盲症和视力减退，有助于对多种眼疾的治疗（维生素 A 可促进眼内感光色素的形成）；有抗呼吸系统感染作用；有助于免疫系统功能正常；生病时能早日康复；能保持组织或器官表层的健康；有助于祛除老年斑；促进发育，强壮骨骼，维护皮肤、头发、牙齿、牙床的健康；外用有助于对粉刺、脓包、疖疮，皮肤表面溃疡等症的治疗；有助于对肺气肿、甲状腺机能亢进症的治疗。

对维生素 A 每日摄取量的建议，就一般成年男性而，$800\mu g - RE$ 即可防止不足，女性为 $700\mu g - RE$。孕妇需特别注意其安全用量，以免产生畸形儿；怀孕初期，摄取量不建议增加，中后期推荐摄入量为 $900\mu g - RE$。哺乳期女性，可额外增加 $500\mu g - RE$，推荐摄入量为 $1200\mu g - RE$。

当维生素 A 摄入不足时会表现为：暗适应能力下降、夜盲及干眼病，粘膜、上皮改变，生长发育受阻，味觉、嗅觉减弱，食欲下降，头发枯干、皮肤粗糙、记忆力减退、心情烦躁及失眠等。

维生素 B

维生素 B 曾经被认为是像维生素 C 那样具有单一结构的有机化合物，但是后来的研究证明，它其实是一组有着不同结构的化合物。于是它的成员有了独立的名称，如维生素 B_1；而维生素 B 有的时候也被称为维生素 B 族、维生素 B 杂或维生素 B 复合群。

维生素 B 都是水溶性维生素，它们协同作用，调节新陈代谢，维持皮肤和肌肉的健康，增进免疫系统和神经系统的功能，促进

核黄素（维生素 B_2）化学结构式

细胞生长和分裂（包括促进红血球的产生，预防贫血发生）。所有的维生素 B 必须同时发挥作用，称为 VB 的融合作用。单独摄入某种 VB，由于细胞的活动增加，从而使对其它 VB 的需求跟着增加，所以各种 VB 的作用是相辅相成的，所谓"木桶原理"。罗杰. 威廉博士指出，所有细胞对 VB 的需求完全相同。维生素 B 大家族最经常的成员有 B_1、B_2、B_3（烟酸）、B_5（泛酸）、B_6、B_{11}（叶酸）B_{12}（钴胺素）。

维生素 B_1 的主要食物来源为：豆类、糙米、牛奶、家禽。维生素 B_2（核黄素）的主要食物来源为瘦肉、肝、蛋黄、糙米及绿叶蔬菜（小米含很多的维生素 B_2）。维生素 B_3 的主要来源於动物性食物，肝脏，酵母，蛋黄，豆类中量丰，蔬菜水果中则量偏少。维生素 B_5 的主要来源酵母、动物的肝脏，肾脏，麦芽和糙米维生素 B_6 的主要来源瘦肉、果仁、糙米、绿叶蔬菜、香蕉。维生素 B_{12} 的主要来源为肝、鱼、牛奶及肾。B 族维生素的另一个主要来源是肠道微生物，所以在身体健康和饮食均衡的情况下，一般不会缺乏. 长期抗生素治疗可能导致 B 族维生素缺乏。

维生素 B 的一般作用如下：它是糖代谢过程中关键性的物质，身体

物质科学 B

的肌肉和神经所需能量主要由糖类提供，所以最易受累；VB 充足，则神经细胞能量充沛，可以缓解忧虑、紧张，增加对噪音等的承受力；反之，导致应对压力的能力衰退，甚至引发神经炎。心脏功能由于丙酮酸、乳酸的沉积而受影响。肠胃匮缺能量，蠕动无力，消化功能减弱，且产生便秘，严重时引发脚气病（1897 年荷兰医生发现食用精米可导致脚气病，主要是因为缺乏维生素 B₁，所以 B₁ 也叫做抗脚气病维生素）。维生素 B

富含维生素 B 的食物

和糖、蛋白质、脂肪的代谢密切相关；维持和改善上皮组织，如眼睛的上皮组织、消化道黏膜组织的健康，严重缺乏时会有视力疲劳、角膜充血、口角炎等。当口角炎时医生常常会要患者服用核黄素，也就是 B₂。脂肪代谢不良会引起溢脂性皮炎、痘痘、痤疮，补充维生素 B 有很好的效果。缺乏 B 族以至胃肠蠕动无力，消化液分泌不良，造成消化不良、便秘、口臭、大便奇臭。B₃ 在体内构成脱氢酶的辅酶，在碳水化合物、蛋白质、脂肪的代谢中起重要作用，严重缺乏时引起神经、皮肤、消化道病变，叫做癞皮病，也叫三 D 症，表现为皮炎、腹泻和痴呆。帮助身体组织利用氧气，促进皮肤、指甲、毛发组织的获氧量，祛除或改善头皮屑。维生素 B 可以解除酒精和尼古丁等毒

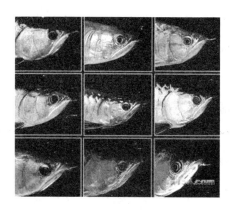

缺乏矿物质、维生素引起的鱼眼病症，如缺乏 VB₂ 和锌引发白内障

素，舒缓头痛、偏头痛、保护肝脏。B_{11}、B_{12} 的缺乏将影响胸腺嘧啶、嘌呤、等的合成，引起 DNA 合成障碍，最终导致红细胞的细胞核不成熟，生成无效性红细胞，这就是巨幼细胞性贫血。如在怀孕头 3 个月内缺乏叶酸，可导致胎儿神经管畸形，从而增加裂脑儿，无脑儿的发生率。同时 B 族维生素（主要是维生素 B_2）具有一种特殊的气味，是蚊子最讨厌的维生素，因而具有一定程度的驱蚊效果。

维生素 C

维生素 C 又称 L – 抗坏血酸，是高等灵长类动物与其他少数生物的必需营养素。抗坏血酸在大多的生物体可借由新陈代谢制造出来，但是人类是最显著的例外。最广为人知的是缺乏维生素 C 会造成坏血病。维生素 C 的药效基团是抗坏血酸离子。在生

水果中富含的维生素很早以前就得到重视

物体内，维生素 C 是一种抗氧化剂，因为它能够保护身体免于氧化剂的威胁，维生素 C 同时也是一种辅酶。但是由于维生素 C 是一种必需营养素，它的用途与每天建议使用量经常被讨论。当它作为食品添加剂，是一种抗氧化剂和防腐剂的酸度调节剂。

远古时代的时候就已知要摄取新鲜蔬菜或是生的动物肉类能够预防疾病。住在边缘地区的原住民把这相关行为与其药用知识混合。温带地区的云杉针叶，或是在沙漠地区的耐旱植物的叶来熬煮。在 1536 年，法国探险雅克·卡蒂亚，探索圣罗伦斯河的时候，用当地原住民的知识，以挽救他的人免死于坏血病。他将煮沸的水加入针叶乔木的树叶作茶，后来发现该茶中每 100 克含有 50 毫克的维生素 C。

在公元前约 400 年的文献资料中，希波克拉底有描述坏血病，而第一次试图使用科学依据判断该病的病因是一位英国皇家海军的外科医生詹姆士·林德。坏血病对偏远水手与士兵这类不易食用新鲜蔬果的人是很常见的。在 1747 年林德在船上做了这个实验，出现坏血病的船员，大家都吃完全相同的食物，唯一不同的药物是当时传说可以治疗坏血病的药方。有些病人每天吃两个橘子和一个柠檬，其他的人喝苹果酒、稀硫酸、醋、海水。而实验的结论是吃柑橘水果的两人好转，其它人病情依然。后来林德在 1753 年出版《坏血病大全》之中发表了他的实验。柑橘是第一种能够携带至船上的富维生素 C 的食物。林德的著作迟迟无法注意到，有部分的原因是他的著作内证据有相互矛盾的地方，还有部分原因是海军看到好转的船员还是很虚弱的。此外，新鲜水果是非常难长时间保存在船上，当时是把果汁煮沸在储存起来，虽然易于延长食用期限，但是维生素就被破坏光了（特别是使用铜制水壶煮沸）。所以船长认为林德的建议没有效用，因为这些果汁无法治疗坏血病。在 1795 年之前英国海军使用柠檬或莱姆来做坏血病的解决方案。

而之后比较常用莱姆来解决病症，因为在英属西印度殖民地能够采得莱姆，而那边并没有柠檬树，所以柠檬比较昂贵。詹姆斯·库克上尉是最先论证使用新鲜蔬果与像德国酸菜的腌渍蔬菜的优点，成功的让他的船员完全没有因坏血病而死亡。因为这个原因英国海军授予奖牌。

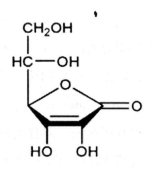

维生素 C 化学结构式

"抗坏血酸"这个名称是出现于大约18、19世纪当时已知能够治疗坏血病的食物而名，既使当时还不知道为何会有坏血病。这些食物包括柠檬、莱姆、橘、德国酸菜、白菜、麦芽等。

1907年阿克塞尔·霍尔斯特（Axel Holst）和西奥多·诺普利（Theodor Frlich）发表使用天竺鼠做坏血病实验的论文。他们喂食饲料给天竺鼠，而这些饲料之前会使鸽子出现脚气病，但是他们很惊讶的发现天竺鼠出现坏血病的症状。而在之前普遍认为只有人类才会出现此症状。1912年，波兰籍美裔生物化学家卡西米尔·冯克，综合了以往的试验结果，发表了维生素的理论。之后从1928年至1933年间，匈牙利的研究团队之中的约瑟夫·L·史文贝力（Joseph L Svirbely）与艾伯特·圣捷尔吉（Albert

富含维生素C的食物

Szent – Gyrgyi），还有查尔斯·葛兰·金（Charles Glen King）这些人首先从生物中分离出维生素C而且证明就是抗坏血酸。而圣捷尔吉在1937年因为研究维生素C而获得诺贝尔生物或化学奖。1928年北极区人类学家Vilhjalmur Stefansson试图证明为何爱斯基摩人能够在毫无蔬菜的饮食中不会得到坏血病，而有类似高肉类饮食的欧洲极地探险家却会出现病症。他认为那些原住民是从微煮的肉类中获得维生素C。所以从1928年开始，一年中他和他的同事在医务人员的监督下采用完全的微煮肉类饮食；而食；而这一年他们并没出现坏血病。1933到1934年间，英国化学家沃尔特·诺曼·哈沃斯（Walter Norman Haworth）与艾德蒙·赫斯特（Edmund Hirst），还有波兰化学家撒迪厄斯·赖希史泰因（Tadeus Reichstein）分别最早成功人工合成维生素C。这使得维生素C得以大量制造。而哈沃斯于1937年因为这项研究获得了诺贝尔化学奖。1934年罗氏药厂成为第一家大量生产维生素C的制药工厂。1959年J.J.伯恩斯表示，之所以一些哺乳动物易患坏血病，是由于自己的肝脏无法产生L-古洛糖酸内酯氧化酶，这是连锁四酶合成维生素C的最后步骤。美国化学家艾尔文·史东是首次利用维生素C来食物保鲜。之后他发表了一项理论，由于人类有个变种的L-古洛糖酸内酯氧化酶编译基因而无法产生该酶。

　　蔬菜水果中含有很多的维生素C。固体的维生素C，维生素C化钙和维生素C化钠都是很稳定的化合物，在干燥的空气和室温下可以无限期地储存。但是维生素C溶解在水中时，就很容易氧化。水果切开后发黄并逐渐转成褐色，蔬菜炒得过熟时变黑，都显示维生素C被氧化的结果。所以生食蔬菜水果可以摄取最多的维生素C。从蔬菜水果中摄取维生素C，是可以防止坏血病的，但是不足以保持所有器官的最理想的状态，更无法积极地对抗病毒传染的疾病。

物质科学B

维生素C治疗坏血病是250年来医学证实的事实。坏血病是长期缺乏维生素C的最终病况，它在人体上的表现是极度疲乏，肌肉无力，皮肤肿胀疼痛，牙龈出血，口臭，皮下及肌肉中血管破裂出血，关节软弱，骨骼脆弱以致骨折，虚脱，泻痢，肺脏及肾脏衰竭而导致昏迷以致死亡。由此可见维生素C对各个主要器官都有影响。

食摄取参考建议每日至少摄取90毫克，但不要超过每日2公克（每日2000毫克）。但是其他无法产生维生素C的物种需要摄取建议量的20倍至80倍。而科学家们也在争论着最佳摄取的频率（每次服用量与服用时间间隔）。不过以一般正常成人而言，即使维生素C摄取不足，只要饮食均衡，还是能够预防急性的坏血病，而对于怀孕、吸烟或是压力大的人就需要摄取多一点。

维生素D

维生素D为固醇类衍生物，具抗佝偻病作用，又称抗佝偻病维生素。维生素D家族成员中最重要的成员是D_2和D_3。维生素D均为不同的维生素D原经紫外照射后的衍生物。植物不含维生素D，但维生素D原在动、植物体内都存在。植物中的麦角醇为维生素D_2原，经紫外照射后可转变为

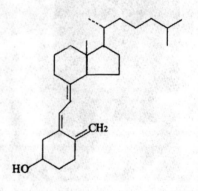

维生素D_3化学结构式

维生素D_2，又名麦角钙化醇；人和动物皮下含的7-脱氢胆固醇为维生素D_3原，在紫外照射后转变成维生素D_3，又名胆钙化醇。维生素D_2分子式$C_{28}H_{44}O$维生素D_3分子式$C_{27}H_{44}O$。

那么，哪些人群需要特别补充VD呢？首先，住在都市的人，特别是浓烟污染的地域的人应该摄取更多的维生素D。

其次，夜间工作者、修女，或者是因为服装、生活方式而不能充分

得到阳光的人要特别注意在饮食中增加维生素 D 的摄取。再次，如果您正服用抗痉挛的药物，则必须增加对维生素 D 的摄取。还有，饮用未添加维生素 D 牛奶的小孩以及皮肤颜色较黑且住在北方气候地域的人需要更多的维生素 D。

一般人每日从食物中得到的维生素 D 很难超过 100IU，包括婴儿在内。VD 主要靠日光照射在皮肤内生成，所以需开窗或在室外接受日照，夏季可在荫凉处接受反射的日光照射。1920 年代以来，用海鱼的肝脏制成鱼肝油，内含多量维生素 A 与 D。1936 年以来，发达国家在牛奶中强化 D_2 或 D_3（400IU/L）对预防佝偻病起了很大作用。现各国的婴儿配方奶粉也都强化了 D_2 或 D_3，约 400IU/100g。

维生素 D 主要有以下生理功能：提高肌体对钙、磷的吸收，使血浆钙和血浆磷的水平达到饱和程度；促进生长和骨骼钙化，促进牙齿健全；通过肠壁增加磷的吸收，并通过肾小管增加磷的再吸收；维持血液中柠檬酸盐的正常水平；防止氨基酸通过肾脏损失。

维生素 D 既来源于膳食又可以皮肤

享受日光浴的人们

富含维生素 D 的海鱼和鱼肝油

物质科学B

合成，因而难以估计膳食维生素D的摄入量。在钙和磷充足的条件下，儿童、青少年、孕妇、乳母及老人的推荐摄入量为10ug/d，16岁以上的成人为5ug/d，维生素D的可耐受最高摄入量为20ug/d。

一些学者认为，长期每日摄入25μg维生素D可引起中毒，这其中可能包括一些对维生素D较敏感的人，并且长期每天摄入125μg维生素D则肯定会引起中毒。中毒的症状是异常口渴，眼睛发炎，皮肤瘙痒，厌食、嗜睡、呕吐、腹泻、尿频以及钙在血管壁、肝脏、肺部、肾脏、胃中的异常沉淀，关节疼痛和弥漫性骨质脱矿化。而维生素D缺乏症：佝偻病、严重的蛀牙、软骨病、老年性骨质疏松症。

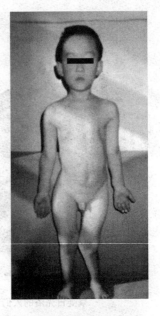

佝偻病是在婴儿期由于维生素D缺乏引起体内钙、磷代谢紊乱，而使骨骼钙化不良的一种疾病。

维生素E

说起维生素E，相信大家或许并不陌生。在生活中中老年人常常服用维生素E延缓衰老，女性则喜欢选择添加了维生素E的化妆品美容嫩肤。

维生素E，又名生育酚或产妊酚；顾名思义，能维持生殖器官正常机能，对机体的代谢有良好的影响。它在食油、水果、蔬菜及粮食中均存在，于1988年人工合成成功，现有片剂、注射剂、栓剂等剂型。

1922年国外专家发现一种脂溶性膳食因子对大白鼠的正常繁育必不可少。1924年这种因子便被命名为维生素E。在之后的动物实验中，科学家们发现，小白鼠如果缺乏维生素E则会出现心、肝和肌肉退化以及不生育；大白鼠如果缺乏维生素E则雄性永久不生育，雌性不能怀足月

维生素 E 及其类似物的分子结构

胎仔，同时还有肝退化、心肌异常等症状；猴子缺乏维生素 E 就会出现贫血、不生育、心肌异常。80 年代，医学专家们发现，人类如果缺乏了维生素 E 则会引发遗传性疾病和代谢性疾病。随着研究的深入，医学专家又认识到维生素 E 在防治心脑血管疾病、肿瘤、糖尿病及其他并发症、中枢神经系统疾病、运动系统疾病、皮肤疾病等方面具有广泛的作用。

维生素 E 有很强的抗氧化作用，可防止脂肪化合物、维生素 A、硒（Se）、两种硫氨基酸和维生素 C 的氧化作用。维生素 E 是一种很重要的血管扩张剂和抗凝血剂。维生素 E 能够延缓细胞因氧化而老化，保持青春的容姿；供给体内氧气，使人更有耐久力。另外，它和维生素 A 一起作用，抵御大气污染，保护肺脏。维生素 E 是局部性外伤的外用药（可透过皮肤被吸收）和内服药，皆可防止留下疤痕；加速灼伤的康复。此外，它还以利尿剂的作用来降低血压；防止流产；有助于减轻腿抽筋和手足僵硬的状况；降低患缺血性心脏病的机会等等。

以下人群要注意补充维生素 E：饮用以氯消毒的自来水的人，服用避孕药、阿斯匹林、酒精、激素的人，心血管病、巴金森症患者、孕妇

物质科学B

和中老年人；儿童发育中的神经系统对维生素 E 缺乏很敏感，维生素 E 缺乏的时候如不及时使用维生素 E 补充治疗，可迅速发生神经方面的症状。

富含维生素 E 的食物有麦芽、大豆、植物油、坚果类、芽甘蓝、绿叶蔬菜、菠菜、添加营养素的面粉、全麦、未精制的谷类制品、蛋等。营养补品一般是可买到脂溶性的胶囊和水溶性的片剂。如果要多补充维生素 E，吃的会比擦的效果好。因为维生素 E 经过皮肤摄取释放出来的效果仍然有限。食用维生素 E 的食物或营养补充品，可以由内而外抗氧化，从身体内部到皮肤外表达到全面延缓老化的目的。

成人的建议每日摄取量是 8 ~ 10IU；一天摄取量的 60% ~ 70% 将随着排泄物排出体外。维生素 E 和其他脂溶性维生素不一样，在人体内贮存的时间比较短，这和维生素 B、C 一样；医学专家认为，维生素 E 常用口服量应为每次数 10 至于 100 毫克，每日 1 至 3 次。大剂量服用指每日 400 毫克以上，长期服用指连续服用 6 个月以上。一般饮食中所含维生素 E，完全可以满足人体的需要。因此，老

富含维生素 E 的豆类

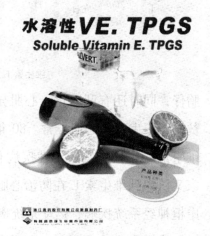

水溶性维生素 E

精制植物油

年人长期服用维生素 E 不仅是不需要的，而且是不安全的，还能产生副作用。

美国医学专家罗伯特提出忠告：长期服用大剂量维生素 E 可引起各种疾病。其中较严重的有：血栓性静脉炎或肺栓塞，或两者同时发生，这是由于大剂量维生素 E 可引起血小板聚集和形成；血压升高，停药后血压可以降低或恢复正常；男女两性均可出现乳房肥大；头痛、头晕、眩晕、视力模糊、肌肉衰弱；皮肤皲裂、唇炎、口角炎、荨麻疹；糖尿病或心绞痛症状明显加重；激素代谢紊乱，凝血酶原降低；血中胆固醇和甘油三酯水平升高；血小板增加与活力增加及免疫功能减退。维生素 E 缺乏症：红血球被破坏、肌肉的变性、贫血症、生殖机能障碍等。

维生素 K

人体需要量少、新生儿却极易缺乏的维生素 K，是促进血液正常凝固及骨骼生长的重要维生素。深绿色蔬菜及优酪乳是日常饮食中容易取得的维生素 K 补给品。经常流鼻血的人，应该多从天然食物中摄取维生素 K。

维生素 K 分为二大类，一类是脂溶性维生素，即从绿色植物中提取的维生素 K_1 和肠道细菌（如大肠杆菌）合成的维生素 K_2。另一类是水溶性的维生素，由人工合成即维生素 K_3 和 K_4。最重要的是维生素 K_1 和 K_2。

脂溶性维生素 K 吸收需要胆汁协助，水溶性维生素 K 吸收不需要胆汁。

维生素 K_1

维生素 K_2

维生素 K_3

在 20 年代晚期，丹麦科学家 Henrik·Dam 研究以胆固醇量低饲料养鸡观察胆固醇的角色。几个星期后，动

物质科学 B

1943 年诺贝尔生物医学奖得主：Henrik·Carl·Peter·Dam，发现了维生素 K

1943 年诺贝尔生物医学奖得主：Edward·Adelbert·Doisy，发现了维生素 K 的化学性质

物被开始有出血现象和开始流血。这些毛病不能以增加胆固醇量低饲料来恢复健康。似乎暗示某化合物与胆固醇一起从食物被提取出来，因外这种化合物称凝血维生素。这个新的维生素以 K 标示是因为最初的发现在德国学报报告，德文便是 Koagulations 维生素。圣路易士大学的 Edward·Adelbert·Doisy 再加以研究，因比发现其结构及化学特性。Dam 和 Doisy 在维生素 K 的研究贡献而同时分享 1943 年医学诺贝尔奖。几十年来，鸡模型的维生素缺乏症是唯一的方法定量各种食物中的维生素 K：小鸡先被引起维生素 K 缺乏症，然后被喂食以知含量的维生素 K 的食物。血液凝集被饮食恢复的程度被采用为其维生素 K 含量指标。

维生素 K 的主要功能有：防止新生婴儿出血疾病；预防内出血及痔疮；减少生理期大量出血；促进血液正常凝固。

以下人群要特别注意补充维生素 K：经常流鼻血者，近期有严重灼伤或外伤者，正服用抗生素者，早产婴儿，缺乏足够胆汁吸收脂肪者（需经由注射补充）。

维生素 K 的来源有：牛肝、鱼肝油、蛋黄、乳酪、优酪乳、优格、海藻、紫花苜蓿、菠菜、甘蓝菜、莴苣、花椰菜，豌豆、香菜、大豆油等。

一般来说，婴儿假设肠内尚无细菌可合成维生素 K，建议自食物中摄取每公斤体重 2mcg 的量，一般成年人一天约自食物中摄取每公斤体重 1mcg——2mcg 的量便足够。

维生素 K 缺乏表现在：新生儿出血疾病，如吐血、肠子、脐带及包皮部位出血；成人不正常凝血，导致流鼻血、尿血、胃出血及瘀血等症状；低凝血酶原症，症状为血液凝固时间延长、皮下出血；小儿慢性肠炎；热带性下痢。

营养丰富的蛋黄

物质科学 B

≫是"天使"也是"魔鬼"——维生素服用须知

在人们心目中，维生素类药物都是"补品"，是蔬菜、水果的"代用品"，副作用少、安全性大，因此，不少人吃维生素类药犹如吃蔬菜、水果，非常随便，有时饭前吃，有时饭后服，没有规律。多数医师也不明确告诉患者，维生素到底应在饭前服还是在饭后服。而多数维生素类药生产厂家在瓶签上也只标有用法与用量，没有标明注意事项，亦无饭前服还是饭后服的说明。其实，服用维生素类药和用其他药一样，也有一定的规定、要求和注意事项，那就是

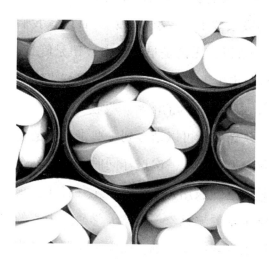

维生素是"毒药"还是"补药"?

饭后服。因维生素类药口服后主要由小肠吸收，若在饭前服用，因胃肠道没有食物，空腹服时药物被迅速吸收入血，致使维生素在血液中的浓度增高，尚未被人体利用之前即经过肾脏通过尿道排出体外，使药效明显降低。

如维生素 B_1、B_2 和 B_6 空腹服利用率减少，而饭后服吸收率稳定，吸收率随给药量上升而直线上升。这是由于进食后使胃内容物排出速度减慢，使药物被缓慢运送到小肠上部，避免了吸收机制中的饱和现象。辅酶维 B_{12} 与维生素 C 二药饭后服更利于吸收，但二药不能同时服，若同时服可使 B_{12} 的生物利用度降低，药效大减。为避免 B_{12} 缺乏，两者应相隔 2 ~3 小时服用。维生素 A、D（鱼肝油丸）、维生素 E 及维生素 PP（烟酸、尼克酸）也应于饭后服。VA、VD 丸适宜于饭后 15 分钟服，并进食油脂性食物，以助吸收。因维生素 PP 的副作用有皮肤潮红、瘙痒、灼热，甚至出现心悸、荨麻疹、恶心、呕吐等，饭后服可使副作用明显减轻。为避免长期和大剂量服用本品对胃肠道的刺激反应，故应在饭后服。

维生素 A、D、E 和 K 都是脂溶性维生素，这几种维生素只有在食物中含有脂肪的时候才能达到最好的吸收效果。专家建议：一日三餐我们很难找到一顿没有一点脂肪的饭，所以，无论是早饭、中饭还是晚饭，你都可以服用脂溶性维生素。如口服维生素 D_2 亦宜饭后服，最好先吃一些油脂性食品（如油条、猪肉等），以利于该药的溶解、吸收。

避免和钙离子同时服用维生素。钙离子可以结合到一些维生素的亚基上，从而阻碍维生素被人体吸收。如果偶尔一次这样同时服用并不会发生什么问题，但是如果日复一日的这样服用，那么就很不一样了。很有可能钙离子会导致你的身体对维生素的缺乏。美国营养学研究中心的主任 Jean Mayer 推荐每天早上服用维生素补充药剂，而晚上再服用钙离子。这样就可以尽量减少两者的冲突可能。

是朋友也是敌人——脂肪

≫双重"人格"——认识脂肪

脂类是油、脂肪、类脂的总称。食物中的油脂主要是油和脂肪，一般把常温下是液体的称作油，而把常温下是固体的称作脂肪。脂肪所含的化学元素主要是 C、H、O。脂肪是重要的营养物质，是食物的一个基本构成部分。摄入过多的饱和脂肪酸容易诱发心脑血管病，会导致肥胖症，还将诱发高血压、糖尿病等。对于以植物油作为食用油的人，一般不会出现脂肪缺乏症。只要在膳食中补充一定量的 ω－3 不饱和脂肪酸，可以预防高血脂症和老年痴呆症，在婴幼儿、儿童及青少年的饮食中补充适量的 ω－3 不饱和脂肪酸，可提高智商和记忆力。

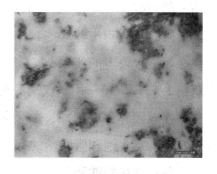

固体状态下的脂肪

甘油三酸酯分子

脂肪是由甘油和脂肪酸组成的甘油三酸酯，其中甘油的分子比较简单，而脂肪酸的种类和长短却不相同。因此脂肪的性质和特点主要取决于脂肪酸，不同食物中的脂肪所含有的脂肪酸种类和含量不一样。自然界有 40 多种脂肪酸，因此可形成多种脂肪酸甘油三酯。脂肪酸一般由 4 个到 24 个碳原子组成。脂肪可溶解于多数有机溶剂，但不溶于水。

➤➤种类虽少，作用不小——脂肪的分类及各自的特性

脂类物质被统称为脂肪，一般来说，脂肪可以分为以下三类：

饱和脂肪酸

不含双键的脂肪酸成为饱和脂肪酸，所有的动物油都是饱和脂肪酸。饱和脂肪酸（SFA）是含饱和键的脂肪酸。膳食中饱和脂肪酸多存在于动物脂肪及乳脂中，这些食物也富含胆固醇。故进食较多的饱和脂肪酸也必然进食较多的胆固醇。实验研究发现，若进食大量饱和脂肪酸，肝脏的3—羟基—3—甲基戊二酰辅酶A（HMG—CoA）还原酶的活性增高，这将使胆固醇合成增加，如果胆固醇的含量过高，则可能导致疾病。在植物中，富含饱和脂肪酸的有椰子油、棉籽油和可可油。

单不饱和脂肪酸

单不饱和脂肪酸是指含有1个双键的脂肪酸。以前通常指的是油酸（Oleic acid），以C18∶l∆9表示。现在的研究证实，单不饱和脂肪酸的种类和来源极其丰富。现已发现的单不饱和脂肪酸包括：①肉豆蔻油酸（C14∶1，顺–9）。主要存在于黄油、羊脂和鱼油中，但含量不高。②棕榈油酸（C16∶1，顺–9）。许多鱼油中的含量都较多，如menhaden油中含量高达15%，棕榈油、棉子油、黄油和猪油中也有少量。③油酸（C18∶1，顺–9）。最为普遍的一种脂肪酸，几乎存在于所有的植物油和动物脂肪中，其中以橄榄油、棕榈油、低芥酸菜子油、花生油、茶子油、杏仁油和鱼油中含量最高。④反式油酸（C18∶1，反–9）。是油酸的异构体，在动物脂肪中含有少量，在部分氢化油

富含棕榈油酸的鱼油

油酸含量较高的橄榄油

中也有存在。⑤蓖麻油酸（C18：1，顺 - 9）。在其第十二个碳上连接有一个羟基，是蓖麻油中的主要脂肪酸。⑥芥酸（C22：1，顺 - 13）。在许多从十字花科植物里所提取的油中存在，如芥菜和芥子（Sinapis arvensis）。以前的大部分菜子油中都含有芥酸，在不发达国家所产的菜子油中仍然含有极多的芥酸。有证据表明芥酸有可能会导致 Lipidosis 心脏病。⑦鲸蜡烯酸（C22：1，顺—9）。是芥酸的一种异构体，存在于鱼油中，对健康无害，在食品中的使用不受芥酸含量的限制。此外，该类中还包括上述一些脂肪酸的反式结构体，如肉豆蔻酸反油酸（C14：1，反 - 9）、棕榈反油酸（C16：1，反 - 9）和巴西烯酸（C22：1，反 - 13）[1]。向日葵油、红花子油、卡诺菜子油和 Trisun（通过生物技术从菜花植物中获取的富含油酸的植物油）等油也属于富含高单不饱和脂肪酸的油类。也有研究显示，在昆虫脂肪中也含有大量的单不饱和脂肪酸，不过，在脂肪中单不饱和脂肪酸绝大多数以油酸为主，含量多在 30% ±10% 左右。

单不饱和脂肪酸对胆固醇的升高有明显的抑制作用，还可以降低血糖，能够满足糖尿病患者的营养需求；适当增加单不饱和脂肪酸的摄入量能有效调节血脂，降低心血管疾病的发生率。

多不饱和脂肪酸

不饱和脂肪酸根据双键个数的不同，分为单不饱和脂肪酸和多不饱和脂肪酸二种。多不饱和脂肪酸有亚油酸、亚麻酸、花生四烯酸等。人体不能直接合成亚油酸和亚麻酸，必须从膳食中摄取。根据双键的位置及功能又将多不饱和脂肪酸分为 $\omega-6$ 系列和 $\omega-3$ 系列。亚油酸和花生四烯酸属 $\omega-6$ 系列，亚麻酸、DHA（二十二碳六烯酸）、EPA（二十碳五烯酸）属 $\omega-3$ 系列。亚油酸、$\alpha-$ 亚麻酸、$\gamma-$ 亚麻酸、花生四烯酸、多存在于植物油中，如红花、月见草、大豆、玉米、棉籽、亚麻、葵花籽菜籽等油脂中。多不饱和脂肪酸在人体内易于乳化、输送和代谢，不易在动脉壁上沉淀，有着良好的降血脂作用。近来有报道谈到过高的摄入多不饱和脂肪酸会在降低胆固醇的同时，将对人体有益的高密度脂蛋白胆固醇也给降低了。所以不提倡过多地食入，但不可缺少。尤其对高血脂人群来讲，适量食用是有益的。

DHA 的分子结构图

EPA 的分子结构图

多不饱和脂肪酸在维持人类生理功能方面发挥的作用不容小觑：

①保持细胞膜的相对流动性，以保正细胞的正常生理功能；

②使胆固醇酯化，降低血液中胆固醇和甘油三酯的含量；

③是合成人体内前列腺素和凝血噁烷的前躯物质；

④降低血液粘稠度，该善血液微循环；

⑤提高脑细胞的活性，增强记忆力和思维能力。

膳食中不饱和脂肪酸不足时，易产生下列病症：

①血中低密度脂蛋白（蛋白补充产品）和低密度胆固醇增加，产生动脉粥样硬化，诱发心脑血管病。

②ω－3 不饱和脂肪酸是大脑和脑神经的重要营养成份，摄入不足将影响记忆力和思维力，对婴幼儿将影响智力发育，对老年人将产生老年痴呆症。

然而，如果在膳食中过多摄入多饱和脂肪酸，那么人体对生长因子、细胞质、脂蛋白的合成将会受到干扰，特别是 ω－6 系列不饱和脂肪酸，若摄入过多，人体将难以利用 ω－3 不饱和脂肪酸，这就容易诱发肿瘤。

物质科学 B

≫肥胖的元凶——脂肪施"巫术"

都说胖人的脂肪多，那么，脂肪是如何导致肥胖的呢？再说了，上面谈到了脂肪的诸多好处，多一点有什么关系？怎么会引起肥胖？看了这一部分，你就明白脂肪"恶"的一面了。

脂肪组织光镜结构

脂肪组织主要是由脂肪细胞组成的。脂肪细胞是人体里个头最大的细胞，正常的时候皮下脂肪细胞的平均直径是 67～98μm，每一个脂肪细胞里又平均含有大约 0.6μg 的油脂，所以形象的比喻一下，所谓脂肪细胞，通俗地说就是包着一滴油滴的大个细胞。

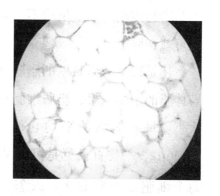

脂肪细胞

在脂肪组织里，由少量的纤维母细胞和少量的细胞间胶原物质，还有通过这里的毛细血管和神经纤维构建成一种脚手架一样的胶原结构。含着一大口油脂的脂肪细胞就舒适地呆在这种结构之间。

我们身体里脂肪细胞的数目，一般认为是全身脂肪细胞数加在一起

世界肥胖小姐

一共有大约 $26.8 \pm 1.8 \times 10^9$ 个，当然这只是个参考值，因为很难测定出相对准确的数目。这个数目是由遗传因素和幼年时的饮食因素所控制的。也就是说，如果有遗传肥胖的因素在，而且在很小的时候就已经吃成了个小胖子的话，身体里脂肪细胞的数目就会增多！

成年之后，脂肪细胞的数量就相对稳定了。我们是胖还是瘦，主要就是已有脂肪细胞改变体积的大小，也就是每个细胞里的油脂滴大一点，还是小一点的区别。所以在 20 岁以后才发生的肥胖，几乎全是由于原有脂肪细胞的变胖变肥大造成的，不能全推卸到遗传因素上。这话反过来说，就是没有肥胖的遗传因素也不能掉以轻心，因为脂肪细胞的数量虽然不一定多，但是每个细胞都胖一点的话，整个人可就会胖很多了。

还是以皮下脂肪里的脂肪细胞做例子，当我们逐渐长胖的时候，随着体脂的不断积聚，脂肪细胞里的含脂量也逐渐增加，体积也明显被撑大了。每一细胞的平均含脂量会从原来的 $0.6\mu g$ 增加到 $0.91 \sim 1.36\mu g$，平均直径更是可能从原来的 $67 \sim 98\mu m$ 增大到 $127 \sim 134\mu m$！

每个细胞都被吃胖了，人怎么可能不胖呢！

在临床上，把脂肪细胞总量没有什么增加，但是脂肪细胞体积扩大所造成的的肥胖，称为肥大性肥胖，相

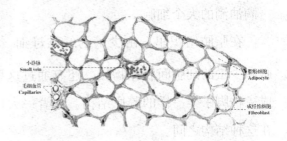

高倍显微镜下的脂肪组织 H·E 染色

对来说减肥会容易一些。而因为脂肪细胞数目增加造成的的肥胖，就叫增生性肥胖，相对就很难减下去，尤其是还没出生就胖和刚出生就已过重的婴儿，就更难减下去了。

脂肪组织的分布是有规律的，它主要在皮下、网膜、肠系膜、腹膜后、胸腔纵隔和胸腹浆膜之下的等等地方，起着保护和机械支持的作用。皮下脂肪组织是人体里最大的脂肪库，大概占到体脂总量的一半。所以胖人相对不怎么怕冷，因为皮下脂肪较厚，保温更好一些。附产品就是怕热，因为散热也困难一些。

我们要知道的是，这些位置分布的脂肪，并不是象一大团油脂一样堆积在身体里，它是结缔组织的一种特殊形式，是我们机体中较大的组织之一。成年男性的脂肪组织占总体重的 15－20％，女性要多一些是 10－25％。脂肪组织和其他代谢活跃的组织有一样有细胞结构，有通过其间的毛细血管和神经纤维，并且在内分泌激素的激发之下，脂肪组织的合成和分解代谢都是非常活跃的。正因为这一点，我们才可能会长胖，也才有可能减肥，否则，如果它呆在体内不动，除了手术外就没有办法"消灭"它了。

≫ 永无休止的循环——脂肪的降解与生物合成

在脂肪酶的作用下，脂肪水解成甘油和脂肪酸。甘油经过磷酸化及脱氢反应，转变成磷酸二羟丙酮，进入糖代谢途径。脂肪酸与 ATP 和 CoA 在脂酰 CoA 合成酶的作用下，生成脂酰 CoA。脂酰 CoA 在线粒体内膜上的肉毒碱——脂酰 CoA 转移酶系统的帮助下进入线粒体基质，经 β－氧化降解成乙酰 CoA，再通过三羧酸循环彻底氧化。β－氧化过程包括脱氢、水合、再脱氢和硫解这四个步骤，每进行一次 β－氧化，可以生成 1 分子 $FADH_2$、1 分子 $NADH＋H^+$、1 分子乙酰 CoA 以及 1 分子比原

物质科学 B

物质科学B

先少两个碳原子的脂酰CoA。此外，某些组织细胞中还存在α-氧化生成α?羟脂肪酸或CO2和少一个碳原子的脂肪酸；经ω-氧化生成相应的二羧酸。

萌发的油料种子和某些微生物拥有乙醛酸循环途径。可利用脂肪酸β-氧化生成的乙酰CoA合成苹果酸，作为糖异生和其它生物合成代谢的碳源。乙醛酸循环的两个关键酶是异柠檬酸裂解酶和苹果酸合成酶，前者催化异柠檬酸裂解成琥珀酸和乙醛酸，后者则催化乙醛酸与乙酰CoA缩合生成苹果酸。

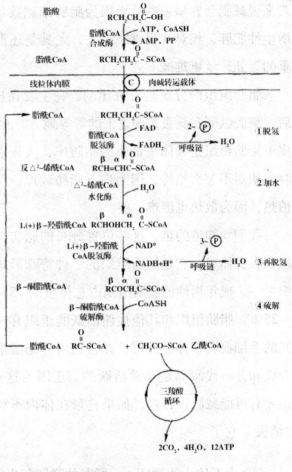

脂肪酸的β氧化过程

脂肪酸的氧化过程其实是很复杂的，相比之下，脂肪的生物合成则比较简单。

一般说来，脂肪的生物合成包括三个方面：饱和脂肪酸的从头合成，脂肪酸碳链的延长和不饱和脂肪酸的生成。脂肪酸从头合成的场所是细胞液，需要 CO_2 和柠檬酸的参与，C2供体是糖代谢产生的乙酰CoA。反应有二个酶系参与，分别是乙酰CoA羧化酶系和脂肪酸合成酶系。首先，乙酰 CoA 在乙酰 CoA 羧化酶催化下生成，然后在脂肪酸合成酶系的催化下，以 ACP 作酰基载体，乙酰 CoA 为 C2 受体，丙二酸单酰 CoA 为 C2 供体，经过缩合、还原、脱水、再还原几个反应步骤，先生成含 4 个碳原子的丁酰 ACP，每次延伸循环消耗一分子丙二酸单酰 CoA、两分子 NAD-PH，直至生成软脂酰 ACP。产物再活化成软脂酰 CoA，参与脂肪合成或在微粒体系统或线粒体系统延长成 C18、C20 和少量碳链更长的脂肪酸。在真核细胞内，饱和脂肪酸在 O_2 的参与和专一的去饱和酶系统催化下，进一步生成各种不饱和脂肪酸。高等动物不能合成亚油酸、亚麻酸、花生四烯酸，必须依赖食物供给，这一点在上面已经提到过。

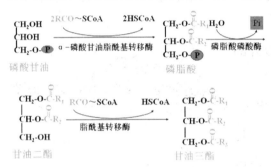

脂肪的合成过程

3 - 磷酸甘油与两分子脂酰 CoA 在磷酸甘油转酰酶作用下生成磷脂酸，在经磷酸酶催化变成二酰甘油，最后经二酰甘油转酰酶催化生成脂肪。

从脂肪的总代谢过程来看，氧化比较困难，而合成相对比较容易，为什么增肥容易减肥难，这也是其中一个原因。

≫谁主沉浮——决定脂肪"来去"的因素

有的人很疑惑，同样吃了一整盒冰激凌，为什么要好的朋友没有增加一丁点儿体重，而自己却能明显感觉到脂肪的堆积呢？为什么食物里的成分在我的体内更容易转换成脂肪呢？做着同样辛苦的工作，为什么同事那么苗条而自己却怎么劳累也还是那么胖呢？

这样的问题，困扰着很多人。

物质科学 B

关于肥胖的科学研究从来都没有冷却过。科学家们从各个不同的角度寻找着导致肥胖的蛛丝马迹。在庞杂的身体系统里，各种基因、蛋白参与着身体的运转，担负着不同的角色。

说到肥胖，怎么也和脂肪脱不了干系。了解最新的科学研究、把那些决定脂肪来去的因子找出来，也许能让我们对肥胖有一些新的认识。

"马无夜草不肥"

BMAL1 蛋白（又称 ARNTL、MOP3）是今年年初刚刚科学家被发现的一个促进脂肪堆积的因子。有趣的是，它是一种随时钟变化的因子。这种蛋白质的产量白天减少、夜晚增加。因此为常言"马无夜草不肥"提供了科学的依据。

BMAL1 蛋白主要存在于脑以外的脂肪组织中。动物实验表明，BMAL1 和其他一些蛋白会在黑暗环境中出现，其中 BMAL1 出现的频率最高，变化最大。研究人员用基因技术培育出体内不合成 BMAL1 蛋白的实验鼠，结果证明，即使给这种实验鼠大量喂食，它们也不会肥胖。相反，如果使实验鼠体内参与合成 BMAL1 蛋白相关的

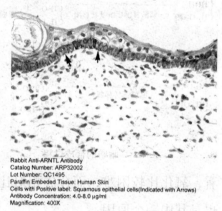

Rabbit Anti-ARNTL Antibody
Catalog Number: ARP32002
Lot Number: QC1495
Paraffin Embedded Tissue: Human Skin
Cells with Positive label: Squamous epithelial cells(Indicated with Arrows)
Antibody Concentration: 4.0-8.0 µg/ml
Magnification: 400X

来源于兔的 ARNTL 抗体

基因表达更活跃，不但脂肪细胞内堆积了大量脂肪，连通常不吸收脂肪的细胞也开始积聚脂肪了。此外，研究人员还发现，人体内也存在 BMAL1 蛋白。他们发现，晚上 10 点到次日凌晨 2 点，人体内 BMAL1 蛋白质的量达到峰值。而下午 3 点左右，这种蛋白质的量最少，只有最高峰时的 5%。

因此可以想象，现代人由于工作紧张，早午餐通常简单、快速解决，

而把一天中的饮食重点放在了晚餐，有些加班到深夜的人更增添了夜宵加餐的习惯。尤其许多人把晚餐当成一种交际、应酬的方式，这种情况下大量饮酒、吸烟、高脂、高热量饮食更是不可避免。而这时 BMAL1 蛋白正好产量增多，脂肪因此就趁机堆积了。

研究人员们指出，根据 BMAL1 在体内出现的规律控制饮食，或抑制体内产生 BMAL1 的量，也许有助于预防肥胖。

"瘦素不瘦"

瘦素（leptin）是促进脂肪分解的重要激素，它是肥胖基因（ob）的产物。在正常情况下，当机体脂肪储量增加、脂肪细胞体积增大时，脂肪细胞就会分泌更多的瘦素。瘦素通过血液到达大脑，作用于中枢神经系统使得食欲下降，能量消耗增加，从而防止脂肪的进一步积聚。

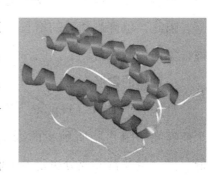

瘦素的分子结构

但是临床实验甚至表明，在人类绝大多数肥胖患者中，血浆中瘦素浓度为正常人的两倍，消瘦者的三倍以上，瘦素竟然与体重指数、脂肪组织含量呈显著正相关。瘦素为什么不瘦呢？

研究人员认为，这主要是因为这些肥胖者体内，瘦素发挥作用的通路不敏感了，从而使得瘦素不能发挥其正常的生物学效应。近年来的研究显示，瘦素的正常生物学作用的抵消可能有以下原因：第一，

左边为未注射瘦素的 ob 胖小鼠右边为注射瘦素 2 周的 ob 胖小鼠

瘦素从血液转运到脑脊液的通路（血脑屏障）发生了障碍；第二，血清中存在某种能够与瘦素结合的成分，从而减弱了瘦素与瘦素受体的结合；第三，瘦素与受体结合后，信号传递通路存在缺陷（如 SOCS3 在肥胖大鼠下丘脑神经元表达增强，抑制了瘦素受体正常信号传递）；第四，瘦素与瘦素受体结合力下降；第五，瘦素作用的靶器官受损。

另外，大鼠动物实验表明，年龄的增长也可能使得瘦素受体信号通路不敏感，导致瘦素不能发挥正常的效用。

因此，也许当年龄的增长，身体的某些感应不再灵敏时，我们更应该自觉地控制饮食。

一种新的胃肠激素

过饱激素 PYY（Peptide YY）是一种新近发现的胃肠激素。它是一个能够间接阻止脂肪堆积的因子。人们发现严重肥胖的人 PYY 水平极低。摄食量及营养成分决定着 PYY 效应的大小和持续时间。PYY 的作用机制十分复杂，涉及肠神经系统、中枢神经系统和其他胃肠激素。

PYY 在机体的胃肠道中虽然仅以很小量存在，却对消化道动力、分泌、黏膜上皮增殖等有着重要的调节作用。它能够延迟胃排空的时间以及食糜在小肠和结肠通过的时间，从而一方面显著提高营养成分的消化吸收率，另一方面通过抑制胃排空，控制摄食。体外实验表明，过饱激素可明显抑制胃平滑肌收缩，对人、恒河猴和犬等的食物胃排空有明显的抑制作用。外周给药还可以强烈抑制啮齿类动物和人胃酸分泌。

实验表明，无论是消瘦还是肥胖的机

Peptide YY 抗体（绿色部分）

体，被静脉输注 PYY 后，都会出现食欲减退，摄食量下降。儿童研究发现，肥胖儿童体内 PYY 水平明显低于消瘦儿童，空腹 PYY 水平与超重程度呈负相关。这些结果意味着 PYY 或者基于其研制的药物可用于治疗严重超重的病人。

然而，也有些实验并未成功证明每天注射 PYY 能够减轻体重。一些研究者认为，PYY 能否发挥其抑制食欲，减少肥胖发生的作用，关键取决于输注的剂量模式。哪种给药方式能更有效的发挥 PYY 的过饱激素的生物学作用还有待于更多的科研和临床发现去证明。

因此对于某些肥胖者来说，肥胖的原因也许是因为 PYY 分泌不足而使食欲永不满足。因此，对于这个人群来说，每餐必须自己有意识地定量也许是关键。

包裹在脂肪油滴表面的重要因子

周脂素（Perilipin）是一把双刃剑，对脂肪的储存和动员发挥着基本的调节作用。周脂素包被于脂肪细胞中性脂滴表面。在基础状态下周脂素保护脂肪不被分解，降低脂解速率；在相关因素刺激下，周脂素使得脂肪酶（HSL）更易于接触脂滴内的脂肪，从而加快脂解速率。

近来的研究表明，周脂素与胰岛素抵抗、肥胖、脂代谢紊乱以及动脉粥样斑块的形成有一定的内在联系。

有研究表明，肥胖妇女体重指数和脂肪细胞体积匹配的情况下，脂解率升高的人周脂素浓度相对较低。研究人员进而分

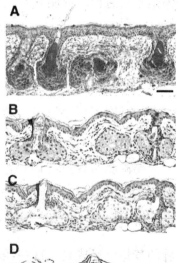
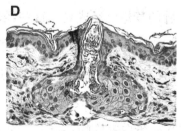

周脂素 Perilipin 在皮脂腺的表现

析认为，肥胖个体中周脂素基因表达水平及蛋白浓度发生改变，使脂解率升高，导致游离脂肪酸增加；但机体内同时还存在血浆瘦素及脂联素浓度升高以及 β 氧化作用增强等代谢补偿机制，可以清除由于脂解率升高而产生的多余的游离脂肪酸。可见，周脂素与其他参与调节脂解作用的因子（如瘦素及脂联素等）共同维持了机体脂肪合成与分解的动态平衡，其基因表达水平及蛋白浓度的变化必将导致这种平衡的改变，平衡向一方倾斜的结果导致了肥胖的发生。

基于目前对周脂素的研究程度，由于实验对象不同、研究的脂肪组织部位不同、体重指数跨度范围不同等原因，对于周脂素在肥胖中的具体作用还有争议，它在肥胖中的具体作用机制还需要进一步的研究证实。但是不管怎样，周脂素及其基因表达很可能成为肥胖症治疗的潜在靶点。

Wnt10b 蛋白与吃不胖的梦想

美国密歇根大学医学院的研究者们正在进行一项实验，他们培育的基因工程小鼠过着节食者梦寐以求的生活。它们毫无节制地大嚼高脂肪含量的饲料，但是身体脂肪含量仅为喂食低脂肪饲料普通小鼠的 50%。不过吃不

Perirenal WAT

Wnt10b 小鼠与正常小鼠肾外脂肪沉积体的比较
（左图为正常小鼠的肾外脂肪沉积体）

胖的梦想已经成真。这些经过遗传修饰的实验小鼠虽然比普通小鼠消瘦，但它们也存在一些我们不愿见到的问题，如乳腺发育不良、体温异常（产热障碍），而且最可怕的是，它们的皮肤厚度为普通小鼠的两倍。

所有这些改变似乎与一种名为 Wnt10b 的蛋白质有关。Wnt10b 是 Wnt 蛋白家族的一员，这个家族包括 19 种相关蛋白，参与调节脂肪组织的发育过程。这些实验小鼠脂肪组织中的 Wnt10b 水平被人为地提高了。

Wnt10b 基因激活后可以抑制脂肪细胞的发育。无论饮食中脂肪含量的高还是低，Wnt10b 的高水平表达均能使动物体脂含量显著下降（50% 左右），并使脂肪细胞数量减少。

物质科学 B

注射了 Wnt10b 的消瘦小鼠

他们发现 Wnt10b 对正常小鼠体内两种不同类型的脂肪组织（白色脂肪是多余能量的储存方式；棕色脂肪是脂肪组织的特殊类型，多见于小型哺乳动物和人类的新生儿，其主要作用是通过产热保持动物的体温。）有着不同的调节作用。在这项研究中，转基因小鼠的白色脂肪只有普通小鼠的一半，而根本没有棕色脂肪。这使得转基因小鼠难以维持身体内部正常的温度，非常易患感冒。不过令人惊奇的是，这些转基因小鼠们虽然有这样那样的问题，它们的健康状况普遍良好。

Wnt10b 就像小鼠体内的一个去脂机，使它们不管吃多少食物，都能够保持苗条的身材。也许下一步科学家们会进一步验证肥胖人群中 Wnt10b 这种去脂蛋白是否有减少的现象。

其实，脂肪的存贮和动员原本就是一个天平的两端。只是这个天平的平衡是由体内的各种因子共同作用维持着的。也许是因为有一天有一个因子出了差错，天平倾向能量存贮那一端，肥胖就发生了。肥胖到了一定量级就是肥胖症，会引发一系列相关的疾病，例如代谢紊乱、糖尿病等。那么治疗肥胖，是不是首先应该找出这个捣乱的因子是哪个？科学的新发现正在为我们解开肥胖的原因，寻找治疗肥胖的新药。科学地认识肥胖的原因也许可以让我们对眼下眼花缭乱的减肥商品有一个更为理性的认识。

物质科学B

≫脂肪的"反骨兄弟"——反式脂肪

什么是反式脂肪？

反式脂肪又叫反式脂肪酸，反式脂肪酸在自然食品中含量很少，人们平时食用的反式脂肪酸大多都是由植物油加氢制成，这是一个人为的加工过程，就是把植物油脂中液态的不饱和脂肪通过加氢硬化。说白了，就是液态的植物油为了防止它变质、便于保存或者改善口感，而把它变成固态或半固态的油脂，这就是反式脂肪酸。

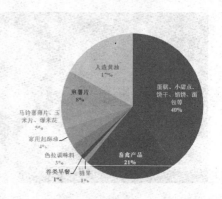

反式脂肪酸在食物中的分布

反式脂肪酸目前被食品加工业者广泛应有于食品中。因为食品中添加反式脂肪酸后，会增加食品的口感，让食品变得更松脆美味。反式脂肪酸常见于人造黄油、奶油蛋糕之类的西式糕点、烘烤食物，如饼干、薄脆饼、油酥饼、炸面包圈、薯片以及油炸快餐食品，如炸薯条、炸鸡块等食物。

反式脂肪有哪些危害？

过去认为氢化油是由不饱和脂肪酸制成，无危害健康的成分，可放心食用。但最近研究表明，植物油的氢化实际上是把植物油的不饱和脂肪酸变成饱和或半饱和状态的过程，此过程中会产生反式脂肪酸，它可以使人体血液中的有害胆固醇（低密度脂蛋白胆固醇）增加，使有益胆固醇（高密度脂蛋白胆固醇）减少，诱发血管硬化，增加心脏

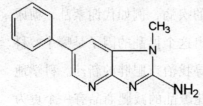

Phlp 的分子结构式

物
质
科
学
B

病、脑血管意外的危险。研究显示，如果每天食用5克反式脂肪，一个人心脏病的发病概率就会增加25%。

同时，反式脂肪酸还会减少男性荷尔蒙分泌，对精子产生负面影响，中断精子在身体中的反应。此外，反式脂肪酸还与乳腺癌发病相关。新近美国医师医药责任协会对7家的烤鸡产品样品进行检测，结果每一个样品都显示"PhIP呈阳性"。PhIP是一种危险的致癌物，是致癌物杂环胺中的一种。2005年美国政府已经将杂环胺列入致癌物名单。美国FDA（食品暨药物管理局）规定从2006年1月1日起，食品制造商必须在食品标示上标示产品中八种主要过敏原与反式脂肪含量，要求反式脂肪酸含量不得超过2%。

其实，早在10年前，欧洲8个国家就联合开展了多项有关人造脂肪危害的研究。结果显示，人造脂肪导致心血管疾病的几率增加是饱和脂肪酸的3—5倍，甚至还会损害人们的认知功能；还会诱发哮喘、2型糖尿病、过敏等疾病，对胎儿体重、青少年发育也有不利影响。

≫脂肪的"正义使者"——脂肪细胞的抗炎作用

科学家在脂肪细胞里发现一种过去不曾知道的、对有害炎症有抑制作用的分子信号通路。但是，肥胖造成的细胞应力可以改变这种具有保护作用的功能，使其引发有胰岛素抵抗、糖尿病和其他代谢紊乱危险的慢性炎症。哈佛大学公共卫生学院（HSPH）的研究人员首次证明，脂肪细胞含有一种具有保护作用的抗炎免疫机制。这种机制可以预防细胞对一些诱导炎症的刺激，如食物中的脂肪酸，不至于产生过度的反应。

HSPH（哈佛大学公共卫生学院）

这一信号通路可以平衡促炎、胰岛素抵抗以及心脏病等信号链。体型瘦的人这些通路维持在一个健康的平衡状态。过度肥胖会破坏这种通路的保护作用，使其偏向促进炎症的通路上。科学家还发现了决定在不同情况下哪些通路被激活的分子开关。通过这一发现我们就可以开发一些药物，使其偏向有保护

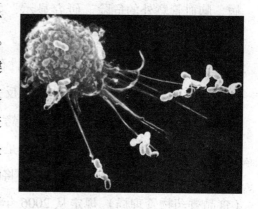

巨噬细胞吞噬细胞

作用的一边，这样就可以抑制一些炎症，降低胰岛素抵抗、糖尿病和其他疾病的发病危险。在证明这个通路和分子开关的同时，科学家还进一步了解了肥胖是如何通过脂肪细胞产生信号而对健康产生不利影响的。

HSPH 的研究人员在过去发现，随着肥胖，脂肪细胞会产生促炎刺激物，如游离脂肪酸。这些刺激会激活脂肪组织里的免疫细胞——M1 巨噬细胞。这些细胞再释放具有促炎作用的细胞因子，如 α - 肿瘤细胞坏死因子，引起脂肪组织机能障碍和胰岛素抵抗。细胞因子是免疫细胞之间进行通信的化学信使，它们也可以由脂肪细胞来产生。另外一种 M2 巨噬细胞具有相反的作用，它可以抑制游离脂肪酸引起的炎症反应。诱导 M2 巨噬细胞的过程被认为是"选择性激活"。到目前为止，控制脂肪组织里的 M2 巨噬细胞激活的机制还不清楚，也可能是脂肪细胞自身控制这一过程。有的研究者认为，实际上脂肪细胞在促成了巨噬细胞的去向。

研究者认为，激活脂肪组织 M2 通路的是脂肪细胞产生的各种细胞因子。这些 Th2 的细胞因子包括 IL13 和 IL4（M1 的激活是通过其它的细胞因子）。研究人员发现，Th2 激活的关键是巨噬细胞里的 PPARd（Peroxisome Proliferative Activated Receptor Delta）。PPARd 是接收 Th2 细胞因子

物质科学B

信号、开启 M2 巨噬细胞激活基因的"核心受体"。小鼠实验证明，敲除 PPARd 后就不能开启 M2 巨噬细胞通路。给予高脂肪饮食后，这些小鼠就会肥胖，对胰岛素也会产生抵抗，说明 PPARd 是两条通路的关键开关。让研究人员惊讶的是，同样的开关机制在肝细胞中也存在，它们在肝脏中控制脂肪的代谢。缺乏 PPARd 的小鼠会出现脂肪肝，人类在代谢障碍时也会出现同样的疾病。

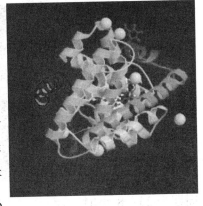

PPAR Delta 晶体结构

面对肥胖和糖尿病的诸多问题，研究者希望针对 PPARd 的药物在治疗胰岛素抵抗和糖尿病方面会有效。现在，在肝脏中发现了同样的机制，那么同一种治疗对脂肪肝也会有效。鉴于肥胖、炎症和动脉粥样硬化之间的联系，PPARd 药物也有预防心脏疾病的潜能。

≫ "多多不益善"——脂肪摄入过量导致生物钟紊乱

美国科学家的一项最新研究表明，脂肪摄入过量会引起机体内在生理节奏的变化，从而影响其对各种生理过程的调控。这一发现意味着生物钟和代谢之间或许存在更为复杂的相互影响和关联，并有望加深科学家对糖尿病和肥胖等疾病的理解。

生物钟主要受到光照和进食时间的影响。之前的研究表明，生物钟紊乱会导致对高脂肪食物的渴望，最近的一项研究还发现了缺乏睡眠的孩子有超重的风险。科学家们正在试图阐明生物钟与健康状况之间的关联。

在最新的研究中，美国西北大学的内分泌学专家 Joseph Bass 和同事

物质科学 B

物质科学B

饲养了一些雄性小鼠，并控制它们45%的卡路里来源于脂肪。随后，研究人员纪录下了这些小鼠每日开始滚轮跑的时间。结果发现，摄入高脂肪的小鼠生理周期为23.8小时，而

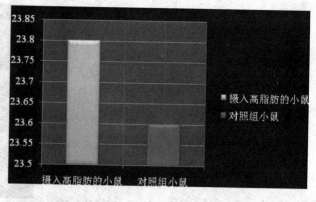

摄入脂肪量不同的两种小鼠生理周期比较

对照组小鼠（16%卡路里来自脂肪）的周期为23.6小时。同时，研究人员注意到，这种内部时变在小鼠开始增重前就已经出现。

并未参与研究的美国芝加哥大学的睡眠学家Eve Van Cauter表示，"这种现象首次表明了食物代谢对生物钟行为表现的影响。如果这种现象发生在人类身上，这意味着一个人可能会在理应睡觉的时间无法入睡，造成失眠或者夜晚吃东西的情况。"

Bass表示，发现生物钟与代谢的关联并不奇怪，因为这两大系统有许多共同的分子信号路径。一些与类脂物代谢相关的基因的表达模式会以24小时为周期变化，而一些由甾醇（sterols，脂肪代谢的一类产物）激活的核受体调控着生物钟基因的表达。反之，小鼠的一些生物钟基因变异也会带来一些代谢异常的记号，包括肥胖以及与食欲调控相关的基因表达。

不过，脂肪代谢影响生物钟的精确机制仍是未知数。Bass表示，"通过不断发现将代谢与生物钟联系起来的分子开关，我们终会揭示出新的路径或者改变代谢状态的标靶。"

有科学家指出，营养状态与生物钟长短的关联也有可能是间接的。日本金泽大学（Kanazawa University）的Hitoshi Ando表示，有可能是小

鼠建立的饮食习惯而非特定的食物影响了它们的生物钟。Ando 曾对高脂肪食物对雌鼠生物钟的影响进行了研究，并没有发现太大的影响。

物质科学 B

皮下脂肪有益健康

脂肪，尤其是大量脂肪堆积会是健康的？听起来似乎有点儿不可思议，但一项关于小鼠的脂肪移植研究首次给予了肯定的答案：脂肪可以是健康的。尽管我们已经知道一些类型的脂肪特别不好，但还没人对某些脂肪是否有利直接进行研究。研究者表示现在的研究还只是初步的，但这项研究很有意思。

对于多数体重超标的人来说，多余的脂肪主要堆积在两个地方，一是腹内，即内脏脂肪；二是堆积在臀部和大腿周围的皮下脂肪。研究者已多次证实内脏脂肪危害更大。内脏脂肪含量高的人比皮下脂肪含量高的更容易得糖尿病、心脏病或其他疾病。但是确切原因还不很清楚，到底是脂肪自身的不同？还是因为所处位置有问题？

美国 Joslin 糖尿病中心的肥胖研究主任 C. Ronald Kahn 及其同事设计了一个简单的相关实验。他们给 42 只自然发胖的健康小鼠移植脂肪。这些小鼠被分成 4 组，接受了不同类型的手术。一些接受了腹部的内脏或皮下脂肪移植；另一些接受了腰下相当于臀部位置的内脏脂肪或皮下脂肪移植；还有 13 只小鼠作为对照组，他们接受了手术但并没有被移植多余的脂肪。

Kahn 的研究小组发现，腹部接受皮下脂肪移植的小鼠出现了一些令人吃惊的好处。

腹部皮下脂肪移植的小鼠比对照组仅增重了 60%（对照组和多数小鼠一样体重持续增加），并且它们的血糖和胰岛素水平也比较好。那些在腰臀部接受皮下脂肪的小鼠的状态也比对照组要好，不过没有第一组那么好。而那些接受内脏脂肪移植的小鼠状况则变得更糟。

南加州大学的糖尿病和肥胖专家 Richard Bergman 说，研究暗示皮下脂肪会产生一些对你有利的东西，而内脏脂肪产生一些有害物质。德克萨斯西南医学中心的糖尿病和肥胖专家 Philipp Scherer 则认为，尽管一些研究涉及到人体皮下脂肪与改进胰岛素水平有关，但这项新的研究是迄今为止最直接的。

不过对于 Bergman 来说，研究结果还不是他所预期的，他希望能看到更多的证据，特别是关于"魔术因子"的线索，则可能解释对身体的益处。他说，在内脏附近聚集皮下脂肪这种事儿并不会自然发生，所以很难解释。